Organización y ejecución del montaje de instalaciones de climatización y ventilación-extracción

Alberto Abel Segura Manzano

ic editorial

Organización y ejecución del montaje de instalaciones de climatización y ventilación-extracción

1ª Edición

Editado por: IC Editorial
c/ Cueva de Viera, 2, Local 3
Centro Negocios CADI
29200 Antequera (Málaga)
Teléfono: 952 70 60 04
Fax: 952 84 55 03
Correo electrónico: iceditorial@iceditorial.com
Internet: www.iceditorial.com

ISBN: 978-84-1184-899-2
Depósito Legal: MA 932-2025

Impresión: PODiPrint
Impreso en Andalucía – España

Nota de la editorial: IC Editorial pertenece a Innovación y Cualificación S. L.

Presentación del manual

El **Certificado de Profesionalidad** es el instrumento de acreditación, en el ámbito de la Administración laboral, de las cualificaciones profesionales del Catálogo Nacional de Cualificaciones Profesionales adquiridas a través de procesos formativos o del proceso de reconocimiento de la experiencia laboral y de vías no formales de formación.

El elemento mínimo acreditable es la **Unidad de Competencia.** La suma de las acreditaciones de las unidades de competencia conforma la acreditación de la competencia general.

Una **Unidad de Competencia** se define como una agrupación de tareas productivas específica que realiza el profesional. Las diferentes unidades de competencia de un certificado de profesionalidad conforman la **Competencia General,** definiendo el conjunto de conocimientos y capacidades que permiten el ejercicio de una actividad profesional determinada.

Cada **Unidad de Competencia** lleva asociado un **Módulo Formativo,** donde se describe la formación necesaria para adquirir esa **Unidad de Competencia**, pudiendo dividirse en **Unidades Formativas.**

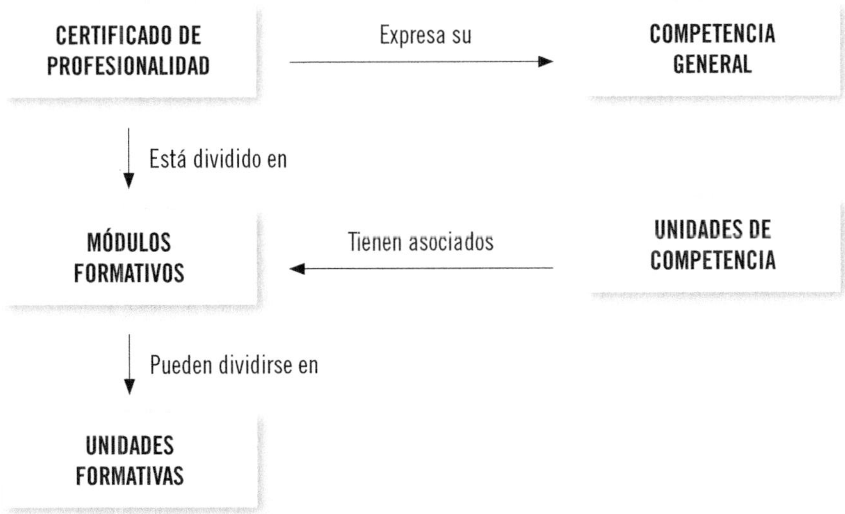

El presente manual desarrolla la Unidad Formativa **UF0418: Organización y ejecución del montaje de instalaciones de climatización y ventilación-extracción,**

perteneciente al Módulo Formativo **MF1158_2: Montaje de instalaciones de climatización y ventilación-extracción,**

asociado a la unidad de competencia **UC1158_2: Montar instalaciones de climatización y ventilación-extracción,**

del Certificado de Profesionalidad **Montaje y mantenimiento de intalaciones de climatización y ventilación-extracción**

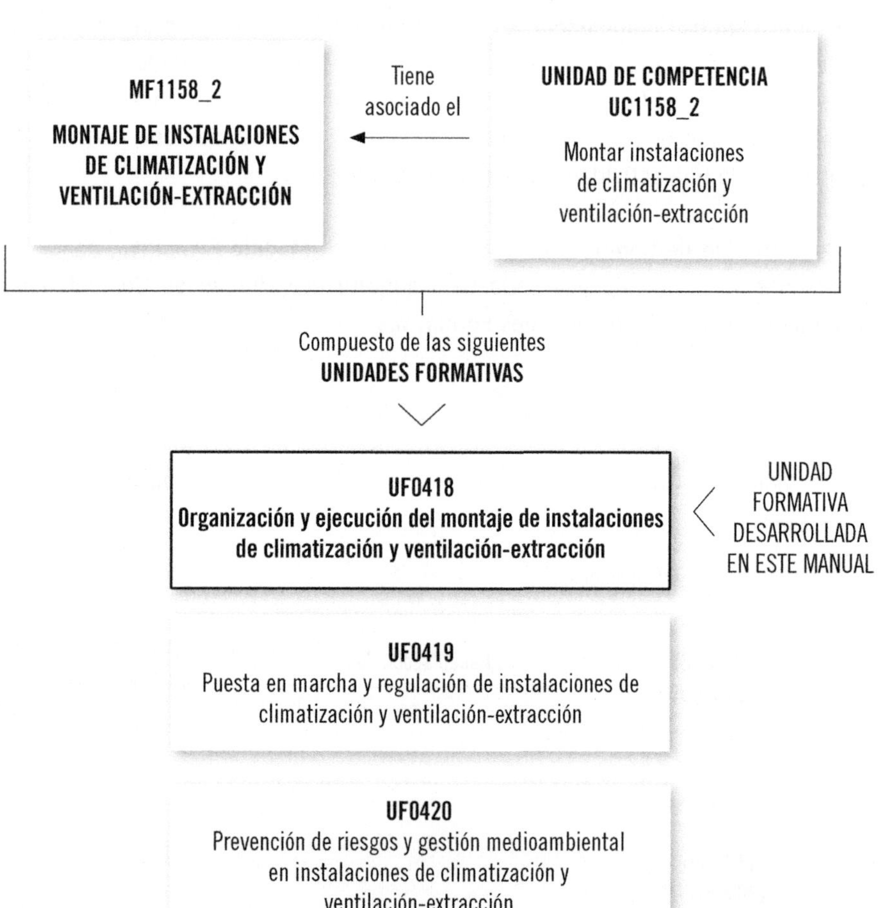

FICHA DE CERTIFICADO DE PROFESIONALIDAD

(IMAR0208) MONTAJE Y MANTENIMIENTO DE INSTALACIONES DE CLIMATIZACIÓN Y VENTILACIÓN-EXTRACCIÓN

(R. D. 1378/2009, de 28 de agosto, modificado por el R. D. 715/2011, de 20 de mayo)

COMPETENCIA GENERAL: Realizar las operaciones de montaje, mantenimiento y reparación de instalaciones de climatización, ventilación-extracción y filtrado de aire, de acuerdo con los procesos y planes de montaje y mantenimiento, con la calidad requerida, cumpliendo con la normativa y reglamentación vigente, en condiciones de seguridad personal y medioambiental

Cualificación profesional de referencia	Unidades de competencia		Ocupaciones o puestos de trabajo relacionados:
IMA0369_2 MONTAJE Y MANTENIMIENTO DE INSTALACIONES DE CLIMATIZACIÓN Y VENTILACIÓN EXTRACCIÓN (R. D. 182/2008, de 8 de febrero)	UC1158_2	Montar instalaciones de climatización y ventilación-extracción	• 7220.006.9 Instalador de aire acondicionado y ventilación • 7613.015.7 Mecánico reparador de equipos industriales de refrigeración y climatización • 7613.024.1 Instalador-ajustador de instalaciones de refrigeración y aire acondicionado • 8163.017.6 Operador de planta de aire acondicionado • 8163.016.5 Operador de planta de ventilación y calefacción • Instalador-montador de equipos de climatización y ventilación-extracción en redes de distribución y equipos terminales • Mantenedor-reparador de equipos de climatización y ventilación-extracción en redes de distribución y equipos terminales
	UC1159_2	Mantener instalaciones de climatización y ventilación-extracción	

Correspondencia con el Catálogo Modular de Formación Profesional

Módulos certificado	Unidades formativas	Horas U.F.
MF1158_2 Montaje de instalaciones de climatización y ventilación-extracción	UF0418: Organización y ejecución del montaje de instalaciones de climatización y ventilación-extracción	80
	UF0419: Puesta en marcha y regulación de instalaciones de climatización y ventilación-extracción	80
	UF0420: Prevención de riesgos y gestión medioambiental en instalaciones de climatización y ventilación-extracción	60
MF1159_2 Mantenimiento de instalaciones de climatización y ventilación-extracción	UF0421: Mantenimiento preventivo de instalaciones de climatización y ventilación-extracción	80
	UF0422: Mantenimiento correctivo de instalaciones de climatización y ventilación-extracción	80
	UF0420: Prevención de riesgos y gestión medioambiental en instalaciones de climatización y ventilación-extracción	60
MP0092: Módulo de prácticas profesionales no laborales		120

Índice

Capítulo 1

Documentación técnica en el montaje de instalaciones de climatización y ventilación-extracción

Contenido

1. Introducción

En todo proyecto que se inicia, cabe un tiempo para la organización del trabajo que se va a desarrollar. Para que la organización sea efectiva, han de seguirse unas pautas aceptadas por todos los integrantes del proyecto.

Los planos de instalación y los documentos técnicos que lo acompañan, se utilizan cuando se debe realizar el planeamiento ordenado de la instalación de un equipo de climatización o de ventilación-extracción, facilitando el proceso.

Todas las instalaciones en general deben seguir una normativa de aplicación que regule los requisitos que deben cumplir y, por tanto, sus elementos, tanto en las fases de diseño, dimensionado y montaje, como durante su uso y mantenimiento.

En la actualidad, en función de la potencia eléctrica o el caudal de aire tratado, este tipo de instalaciones deben ser registradas en las administraciones públicas correspondientes con el fin de identificar focos de riesgo eléctrico o bacteriológico.

Cabe destacar, por tanto, un lenguaje particular que debe ser conocido para poder participar del proyecto. A continuación, se presentará este lenguaje, expresado en forma de símbolos, en forma de esquemas y también en forma de documentación técnica.

2. Normalización y simbología

Con el objetivo de crear un lenguaje común entre los diferentes miembros de un sector, se crean normas y símbolos que evitan la arbitrariedad de las obras y sus interpretaciones. A continuación, se verá cómo se articula dicho lenguaje.

2.1. Generalidades de normalización

La normalización, también denominada **estandarización,** es la redacción y posterior aprobación de un conjunto de reglas, recomendaciones y prescripciones que establecen los diferentes países con la finalidad de favorecer el comercio, la obtención y la realización de objetos unificados.

Las normas de expresión de la normalización son:

- **Especificaciones:** documentos en los que se indica que un producto cumple necesariamente una serie de condiciones.
- **Reglamentos:** especificaciones de obligado cumplimiento.
- **Normas:** especificaciones que no tienen carácter de obligatoriedad; unas son de consulta y otras son recomendaciones. Las normas hay que estudiarlas con detenimiento y son de aplicación sencilla. Sus fines son:
    - Reducir al mínimo posible las operaciones y variaciones de los productos.
    - Adoptar soluciones tipo, unificando modelos.
    - Precisar y especificar las características de los materiales.

Ejemplo

El Reglamento General del Servicio Público de Gases Combustibles, aprobado por Decreto de 26 de octubre de 1973 (2913/73 del Ministerio de Industria).

La normalización persigue fundamentalmente tres objetivos:

- **Simplificación:** se trata de reducir los modelos, quedándose únicamente con los más necesarios.
- **Unificación:** para permitir la intercambiabilidad a nivel internacional.
- **Especificación:** se persigue evitar errores de identificación creando un lenguaje claro y preciso.

Nota

Las elevadas sumas de dinero que los países desarrollados invierten en los organismos normalizadores, tanto nacionales como internacionales, es una prueba de la importancia que se da a la normalización.

2.2. Clasificación de las normas

Las normas, establecidas por consenso entre las partes interesadas, pueden ser:

- Nacionales. Estas a su vez pueden ser:
  - Normas oficiales.
  - Normas del sector o gremio.
  - Normas de empresas.
- Internacionales.

Las normas internacionales tienen como objetivo orientar y coordinar las normas nacionales dentro del mercado internacional para su libre distribución de productos y servicios. Entre ellas, se encuentran las dictadas por:

- ISO (Organización Internacional de Normalización).
- CEI (Comisión Electrotécnica Internacional).
- UNESCO (Organización de las Naciones Unidas para la Educación, la Ciencia y la Cultura).
- CENELEC (Comité Europeo de Normalización de Electrotecnia).
- FAO (Organización Mundial para la Alimentación y la Agricultura).
- OMS (Organización Mundial de la Salud).

Las normas oficiales son las emitidas por el organismo nacional de normalización de cada país. Alguno de los anagramas utilizados en diferentes países para sus normas oficiales son los siguientes:

- DIN: Alemania.
- NBN: Bélgica.
- NF: Francia.
- UNI: Italia.
- PN: Portugal.
- BS: Reino Unido.
- ANSI: Estados Unidos.
- UNE: España.

En España, es la Asociación Española de Normalización y Certificación (AENOR) la encargada del estudio, aprobación, impresión y difusión de las normas UNE (Una Norma Española). Cada norma UNE tiene un número y un título.

Ejemplo

UNE-EN ISO 24096-1:2024: Documentación técnica de producto.

Las normas de sector son las adoptadas por un grupo de industrias de la misma especialidad: automoción, metalúrgica, eléctrica, etcétera.

Las normas de empresa son las establecidas para su aplicación particular en grandes empresas (Renfe, Iberdrola, Endesa, Repsol, Telefónica, etcétera).

Importante

La normalización y certificación no son lo mismo: normalización consiste en la elaboración, difusión y aplicación de normas, mientras que la certificación es la acción llevada a cabo por una entidad reconocida, por ejemplo AENOR, independiente de las partes interesadas, mediante la que se manifiesta la conformidad, solicitada con carácter voluntario, de una determinada empresa, producto, servicio, proceso o persona, con los requisitos mínimos definidos en las normas o especificaciones técnicas.

2.3. Normalización española

Tal y como ya se ha indicado, en España el órgano encargado de la elaboración de la normativa es la Asociación Española de Normalización y Certificación (AENOR), apoyada por las Comisiones Técnicas de Trabajo (CTT).

Nota

AENOR dispone de unas 100 Comisiones Técnicas de Trabajo (CTT), formada cada una de ellas por especialistas en cada una de las materias de las que se trate, bien sean para fabricantes, técnicos, logísticas, etcétera.

El Departamento de Normalización de AENOR elabora tres tipos de documentos UNE:

- **Propuesta UNE:** proyectos de normas UNE que están en estudio y pendientes de su aprobación.
- **Norma UNE:** reglas recomendadas y establecidas por AENOR para la resolución de cuestiones susceptibles de una solución específica.

- **Instrucción UNE:** reglas recomendadas por AENOR para la resolución de problemas de carácter general.

Cada norma UNE se designa por un número formado por tres grupos separados por un guión:

- El primer grupo es un número de una o dos cifras, indicando la CTT correspondiente.
- El segundo grupo es un número de hasta tres cifras, indicando el orden cronológico de su redacción.
- El tercer grupo indica, por medio de dos cifras, el año de su redacción y publicación.

Ejemplo

UNE-EN 12792:2004. Ventilación de edificios. Símbolos, terminología y símbolos gráficos.

UNE 100166:2019. Ventilación de aparcamientos.

Elaboración de una norma UNE

Cualquier persona o entidad puede ser la que inicie el proyecto de elaboración de una norma UNE. La CTT estudia el asunto, empleando para ello los datos, bien de las propias normas UNE, bien de normas del sector o de normas de otros países. Posteriormente, la información se pública durante un periodo determinado por la Administración (aproximadamente de tres meses), durante el cual se pueden realizar las sugerencias y observaciones a la propuesta, que son posteriormente analizadas por la CTT.

A continuación, se redacta la propuesta definitiva, que es enviada a AENOR para su aprobación y registro.

Actualmente, para la materia de este manual, en España rige el Real Decreto 1027/2007, de 20 de julio, por el que se aprueba el Reglamento de Instalaciones Térmicas en los Edificios RITE y sus instrucciones técnicas complementarias ITE, donde se hace amplio uso del procedimiento de referencia a normas UNE.

Artículo 5. Remisión a normas UNE de referencia

En ciertos casos, estas normas constituyen una mera ayuda para el desarrollo de este reglamento; tal es el caso de aquellas normas referentes a terminología, condiciones climáticas, procedimientos de cálculo, etcétera. En otros casos, sin embargo, se hace referencia a las normas UNE con relación a requisitos o especificaciones técnicas de materiales, equipos y aparatos, y sus pruebas o ensayos, los cuales permiten demostrar la satisfacción de los requisitos esenciales que han de cubrir estas instalaciones.

Nota

En caso de ausencia de normas UNE, se podrán emplear las normas técnicas de otros países que sean parte del acuerdo del Espacio Económico Europeo o, en su defecto, de países terceros.

El procedimiento generalizado de utilizar las normas como referencia constituye, de acuerdo con la política comunitaria llamada «nuevo enfoque», un medio conveniente para establecer el cumplimiento de los requisitos esenciales que afectan a las instalaciones, sin que ello deba suponer una barrera técnica para los productos que forman parte de estas instalaciones. Por ello, de acuerdo con lo dispuesto en el Real Decreto 542/2020, de 26 de mayo, por el que se modifican y derogan diferentes disposiciones en materia de calidad y seguridad industrial, los fabricantes deberán demostrar la idoneidad al uso previsto de los mismos mediante el empleo del marcado CE, significando esto que las características de los productos se corresponden con las especificaciones técnicas armonizadas y los procedimientos de certificación que sean de aplicación, de conformidad a la directiva citada. Transitoriamente y mientras no se publiquen, mediante las correspondientes disposiciones, las referencias de las especificaciones técnicas armonizadas o reconocidas de acuerdo con el Reglamento (UE) n.º 305/2011 del Parlamento Europeo, se estará a lo dispuesto en el citado Real Decreto 542/2020, de 26 de mayo, para los procedimientos especiales que regulan la situación transitoria para todo tipo de productos, cualquiera que sea su origen, es decir, ya se trate de productos nacionales, que provengan de otros Estados miembros de la Unión Europea, de Estados que formen parte del Acuerdo sobre el Espacio Económico Europeo o bien provengan de países terceros.

Las normas UNE a las que se hace referencia en las ITE son:

- UNE 74105-1: 1990. Acústica. Métodos estadísticos para la determinación y la verificación de los valores de emisión acústica establecidos para máquinas y equipos. Parte 1: Generalidades y definiciones.
- UNE 74105-2: 1991. Acústica. Métodos estadísticos para la determinación y la verificación de los valores de emisión acústica establecidos para máquinas y equipos. Parte 2: Métodos para valores establecidos para máquinas individuales.
- UNE 74105-3: 1991. Acústica. Métodos estadísticos para la determinación y la verificación de los valores de emisión acústica establecidos para máquinas y equipos. Parte 3: Método simplificado (provisional) para valores establecidos para lotes de máquinas.
- UNE 74105-4: 1992. Acústica. Métodos estadísticos para la determinación y la verificación de los valores de emisión acústica establecidos para máquinas y equipos. Parte 4: Método para valores establecidos para lotes de máquinas.
- UNE-EN 12792:2004. Ventilación de Edificios: Simbología, Terminología y símbolos gráficos.
- UNE 100001: 2001. Climatización. Condiciones climáticas para proyectos.
- UNE 100002: 1988. Climatización. Grados-día base 15 grados C.
- UNE-EN 16798-3:2018. Eficiencia energética de los edificios. Ventilación de los edificios. Parte 3: Para edificios no residenciales.

Requisitos de eficiencia para los sistemas de ventilación y climatización (Módulos M5-1, M5-4).

- UNE 100014:2004 IN. Climatización. Bases para el proyecto. Condiciones exteriores de cálculo.
- UNE 100030:2023.Prevención y control de la proliferación y diseminación de Legionella en instalaciones.
- UNE 100100: 2000. Climatización. Código de colores.
- UNE-EN 1505:1999. Ventilación de edificios. Conductos de aire de chapa metálica y accesorios, de sección rectangular. Dimensiones.
- UNE-EN 1507:2007. Ventilación de edificios. Conductos de aire de chapa metálica de sección rectangular. Requisitos de resistencia y estanquidad.
- UNE-EN 12236:2003. Ventilación de edificios. Soportes y apoyos de la red de conductos. Requisitos de resistencia.
- UNE-EN 13403:2003. Ventilación de edificios. Conductos no metálicos. Red de conductos de planchas de material aislante.
- UNE-EN 14336:2005. Sistemas de calefacción en edificios. Instalación y puesta en servicio de sistemas de calefacción por agua.
- UNE 100152:2004 IN. Climatización. Soportes de tuberías.
- UNE 100153:2004 IN. Climatización. Soportes antivibratorios. Criterios de selección.
- UNE 100155:2004. Climatización. Diseño y cálculo de sistemas de expansión.
- UNE 100156:2004 IN. Climatización. Dilatadores. Criterios de diseño.
- UNE 100171: 1989 IN. Climatización. Aislamiento térmico. Materiales y colocación. (Será anulada por PNE 92320 Productos aislantes térmicos para equipos en la edificación e instalaciones industriales. Climatización. Materiales e instalación).
- UNE 100172: 1989. Climatización. Revestimiento termo acústico interior de conductos. (Será anulada por PNE 92320 Productos aislantes térmicos para equipos en la edificación e instalaciones industriales. Climatización. Materiales e instalación).
- UNE 123001:2012, Cálculo, diseño e instalación de chimeneas modulares.
- UNE-EN ISO 16890-1:2017. Filtros de aire utilizados en ventilación general. Parte 1: Especificaciones técnicas, requisitos y clasificación

según eficiencia basado en la materia particulada (PM). (ISO 16890-1:2016).

- UNE-EN ISO 7730:2006. Ergonomía del ambiente térmico. Determinación analítica e interpretación del bienestar térmico mediante el cálculo de los índices PMV y PPD y los criterios de bienestar térmico local (ISO 7730:2005.

Por otra parte, el reglamento que se aprueba, constituye el marco normativo básico en el que se regulan las exigencias de eficiencia energética y de seguridad que deben cumplir las instalaciones térmicas en los edificios para atender la demanda de bienestar e higiene de las personas.

Proceso de elaboración de una norma UNE

Trabajos preliminares

↓

Elaboración del proyecto de norma

↓

Información pública en el BOE

↓

Elaboración de la propuesta norma

↓

Registro, edición y difusión de la norma

Recuerde

En España rige el Real Decreto 1027/2007, de 20 de julio, por el que se aprueba el Reglamento de Instalaciones Térmicas en los Edificios RITE y sus instrucciones técnicas complementarias ITE.

Suponga que se encuentra en pleno proceso de diseño de una instalación para un edificio. ¿Qué normativa o directiva habría que seguir?

SOLUCIÓN

Una vez se tenga dimensionada la instalación en cuanto a necesidades térmicas, se deben determinar las normas que deberán seguirse.

1. R. D. 1.027/2007, de 20 de junio (BOE de 29 de agosto de 2007). Reglamento de Instalaciones Térmicas en los edificios RITE y sus ITE;
2. Disposiciones de Aplicación de la Directiva del Consejo de las Comunidades Europeas 92/42/CE (BOE de 27 de marzo de 1995).
3. Real Decreto 187/2011, de 18 de febrero, relativo al establecimiento de requisitos de diseño ecológico aplicables a los productos relacionados con la energía.
4. Código Técnico de la Edificación (CTE), R. D. 314/2006 (BOE de 28 de marzo de 2006).
5. Directiva 2010/31/UE del Parlamento Europeo y del Consejo, de 19 de mayo de 2010, relativa a la eficiencia energética de los edificios.
6. Real Decreto 390/2021, de 1 de junio, por el que se aprueba el procedimiento básico para la certificación de la eficiencia energética de los edificios.
7. Etiquetado energético de los acondicionadores de aire de uso doméstico, R. D. 142/2003 (BOE de 14 de febrero de 2003).
8. Reglamento electrotécnico de baja tensión, R. D. 842/2002 (BOE de 18 de septiembre de 2002).

9. Diversas Normas UNE:

- UNE-EN ISO 7730:2006. Ergonomía del ambiente térmico. Determinación analítica e interpretación del bienestar térmico mediante el cálculo de los índices PMV y PPD y los criterios de bienestar térmico local (ISO 7730:2005).
- UNE 100001:2001. Climatización. Condiciones climáticas para proyectos.
- UNE 100014:2004 IN. Climatización. Bases para el proyecto. Condiciones exteriores de cálculo.
- UNE-EN 378-4:2017+A1:2020. Sistemas de refrigeración y bombas de calor. Requisitos de seguridad y medioambientales. Parte 4: Operación, mantenimiento, reparación y recuperación.

Continúa en página siguiente >>

<< Viene de página anterior

- UNE 100030:2023. Prevención y control de la proliferación y diseminación de Legionella en instalaciones.
- UNE 60601:2013. Salas de máquinas y equipos autónomos de generación de calor o frío o para cogeneración, que utilizan combustibles gaseosos.

2.4. Simbología

La simbología es la forma de representar, mediante figuras, los elementos que componen una instalación determinada, en este caso la de climatización y ventilación-extracción. A continuación, se observan algunos símbolos que representan elementos determinados en la instalación:

Medidor de agua	—— - -┼(M)┼- - ——
Tubería de agua fría	—— - —— - —— - ——
Tubería de agua caliente	—— - - —— - - ——
Tubería de retorno de agua caliente	—— - - - —— - - - ——
Tubería de agua contra incendio	——I——I——I——
Cruce de tuberías sin conexión	
Cruz	
Codo de 90º	
Codo de 45º	
Codo de 90º sube	
Codo de 90º baja	
TEE	
TEE con subida	

Continúa en página siguiente >>

<< Viene de página anterior

TEE con bajada	
Tapón macho	
Tapón hembra	
Unión universal	
Unión con bridas	
Unión flexible	F
Unión o conexión siamesa	
Reducción	
Válvula de paso (macho)	
Válvula de compuerta	
Válvula de globo	
Válvula de retención (check)	
Válvula de flotador	
Válvula reguladora de presión	R
Gabinete contra Incendio	GCI
Grupo de riego	
Aspersor de riego	
Válvula reductora de presión	R
Válvula de alivio	A

3. Elaboración de esquemas y planos de instalaciones de climatizacion y ventilación-extracción

El esquema de instalación, por ejemplo, para aire acondicionado, se utiliza cuando los equipos que se deben montar son muy complejos y cuando su colocación no es simplemente fijar una unidad interior y una unidad exterior a la pared.

Por lo general, este tipo de esquemas se utilizan cuando se tienen equipos complejos, como los de aire acondicionado por conductos, por ejemplo.

Los tipos de esquema de instalación de aire acondicionado permiten agilizar este proceso, haciéndolo más rápido y efectivo.

Nota

Habrá que tener en cuenta que cuanto más tiempo lleve el trabajo, probablemente más hay que abonar por la mano de obra.

Un mapa da la posibilidad de sentar por escrito todas la pautas relativas a la colocación de aire acondicionado, que ayudará a quienes lo instalan a saber dónde va cada pieza, cómo debe colocarse, con qué otra pieza deberá ensamblarse, etcétera.

Si se desestiman las pautas de instalación, puede que alguna conexión quede mal hecha y luego no se pueda realizar la puesta en marcha del equipo de aire acondicionado. La prueba piloto tras la instalación ayudará a determinar posibles problemas con el equipo de aire acondicionado. Si el equipo trae algún problema de fábrica, probablemente se podrá detectar en la prueba que se hace para ver el funcionamiento del equipo tras su instalación.

Importante

Es fundamental que los pasos que sirven como directivas de colocación estén mencionados en los tipos de esquema de instalación de aire acondicionado para que sean seguidos por el instalador y el equipo quede bien conectado.

3.1. El esquema: concepto y ventajas

El esquema es una síntesis que resume, de forma estructurada y lógica, los lazos de dependencia entre los ítems principales, los secundarios, los detalles, los matices y las puntualizaciones.

Entre las ventajas más significativas que presenta la utilización de los esquemas, están:

- Técnica activa que incrementa el interés y la concentración sobre el mismo y, como consecuencia, la memorización.
- Se estructura de forma lógica, por lo que facilita la comprensión.
- Al ofrecer los datos a través de un medio óptico, pone en funcionamiento la memoria visual, con lo cual se refuerza la capacidad de recuerdo, pues pone en juego más sentidos y más capacidades mentales.
- Permite captar de un solo golpe de vista la estructura de la instalación y da una visión de conjunto que favorece la comprensión y el recuerdo.
- Su confección desarrolla tanto la capacidad de análisis como la de síntesis, diferenciando las instalaciones principales de las secundarias.
- Supone un gran ahorro en el tiempo invertido en la tarea de familiarizarse con la instalación.

3.2. ¿Cómo confeccionar el esquema? Representación del esquema de los circuitos

Se admiten dos tipos de representación de los esquemas de los circuitos.

Cada uno de ellos tiene un cometido distinto en función de lo que se requiere expresar.

Esquema unifilar

El esquema unifilar o simplificado se utiliza tanto para la representación de equipos eléctricos como para los referidos a sistemas de acondicionamiento térmicos o automatismos. Este tipo de esquemas supone una ligera pérdida de detalle, al simplificar los hilos de conexión agrupándolos por grupos, viéndose relegado a la representación de circuitos únicamente de distribución o a documentos en los que no sea necesario expresar el detalle de las conexiones.

Todos los órganos que constituyen el sistema se representan los unos cerca de los otros, tal como se implantan físicamente, para fomentar una visión globalizada.

El esquema unifilar no permite la ejecución del cableado.

Esquema de componentes y distribución de un climatizador de techo

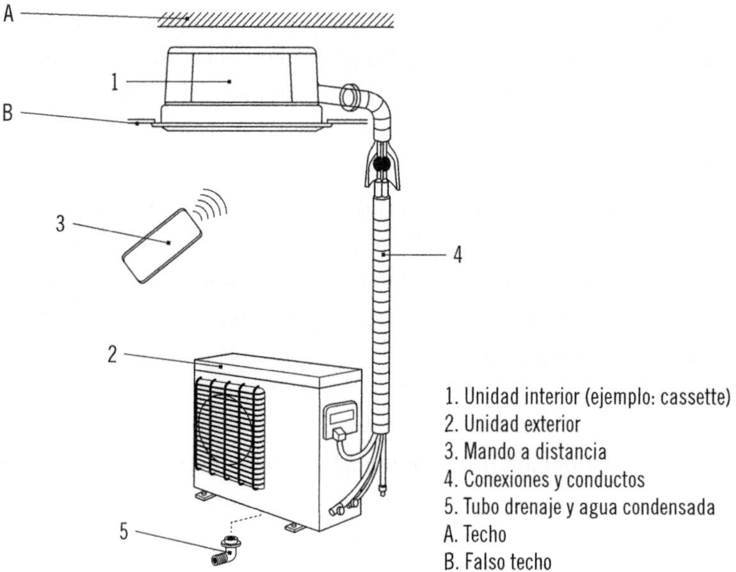

Importante

La normativa internacional obliga a todos los fabricantes de equipos eléctricos a facilitar todos los esquemas necesarios para su mantenimiento y reparación, con el máximo detalle posible para no generar errores o confusiones, por lo que se recomienda el uso de esquemas desarrollados.

Esquema desarrollado

Este tipo de esquemas es explicativo y permite comprender el funcionamiento detallado del equipo, ejecutar el cableado y facilitar su reparación.

Mediante el uso de símbolos, este esquema representa los equipos con sus correspondientes conexiones eléctricas y otros enlaces que intervienen en su funcionamiento.

Los órganos que constituyen la instalación no se representan los unos cerca de los otros (tal como se implantarían físicamente), sino que se separan y sitúan de tal modo que faciliten la comprensión del funcionamiento. Salvo excepción, el esquema no debe contener trazos de unión entre elementos constituyentes del mismo aparato (para que no se confundan con conexiones eléctricas) y, cuando sea estrictamente necesaria su representación, se hará con una línea fina de trazo discontinuo.

Se hace referencia a cada elemento por medio de la identificación de cada aparato, lo que permite definir su tipo de interacción.

Ejemplo

Cuando se alimenta el circuito de la bomba con el contacto KM2, se hace una llamada mediante un icono, símbolo o número que luego es representado en otro punto del esquema y referenciado también con el mismo icono, símbolo o número, reflejando las mismas siglas (KM2).

Se puede utilizar el hábito de preceder las referencias a los aparatos de un guión (-) para distinguir rápidamente las siglas identificadoras del aparato de otras siglas, números de serie o referencias que puedan acompañar la representación del símbolo. Además, suelen diferenciarse con diferentes colores y grosores las líneas de unión de los aparatos (cableado eléctrico, tuberías de distribución, etcétera).

Ejemplo de conexionado de un aerotermo CR-25

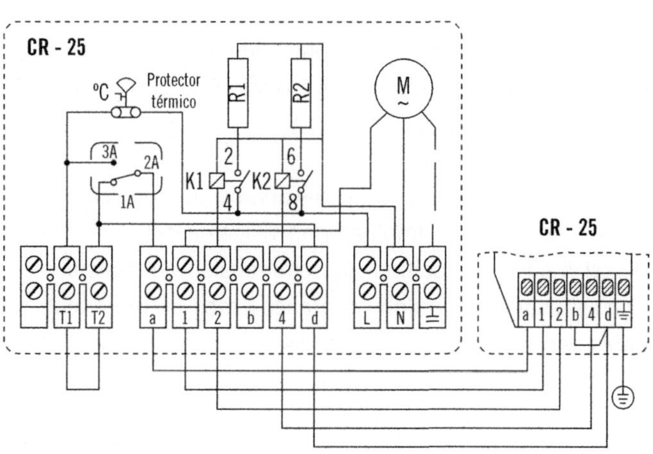

3.3. Ventajas e inconvenientes de estos sistemas de esquematización

Cada forma de realizar el esquema tiene sus ventajas y sus inconvenientes. Es interesante conocerlos para, en cada momento, poder utilizar el que más se adapte a las necesidades del trabajo.

El esquema tiene la ventaja de que es más gráfico y hace uso de la memoria visual, lo que favorece el mejor conocimiento de la instalación.

Su principal inconveniente es que, si la instalación es muy extensa y no se hacen subdivisiones, puede perderse la noción de unidad de la instalación.

Por tanto, es aconsejable, cuando la instalación es extensa y compleja, hacer, además de un esquema genérico de la instalación, tantos sub-esquemas como sean necesarios de instalaciones auxiliares, como puedan ser los referidos a instalaciones eléctricas, de fluidos, de ventilación, etcétera.

Es muy útil en los esquemas el rigor científico y técnico, de forma que cualquier técnico pueda conocer la instalación teniendo unas nociones básicas de la simbología y el nomenclátor usado para estas instalaciones.

En ocasiones, a posteriori, una vez ejecutada la instalación, el esquema puede resultar engorroso, lo que puede acarrear una pérdida de tiempo en su interpretación. Por ello es recomendable que cada encargado realice un repaso de la instalación "esquema en mano" y sepa analizarla y memorizarla de la mejor forma posible para familiarizarse con ella.

Nota

El inconveniente de los esquemas de instalaciones es la monotonía. Los esquemas saturados de líneas, de comentarios y carentes de colores distintivos producen despistes y pérdida de tiempo.

3.4. ¿Cómo seguir un esquema de instalación de aire acondicionado?

A menudo, cuando se instala un equipo doméstico, el técnico instalador no necesita un esquema de instalación de aire acondicionado, debido a que posiblemente haya efectuado numerosas instalaciones similares, de forma que va memorizando el método. Los lugares donde más se utilizan estos mapas son los equipos industriales y aquellos equipos que son específicamente solicitados para un lugar en particular. En este caso, el equipo tendrá ciertas especificaciones de instalación que, por lo general, quedan estandarizadas en equipos comunes y habrá que seguir paso a paso las directivas de quien lo confeccionó para que este quede conectado de la manera correcta.

Consejo

Los dibujos del esquema de instalación de aire acondicionado pueden resultar también bastante útiles para saber cuánta cantidad de materiales se deben comprar y pueden ayudar a reducir gastos innecesarios.

Si se realiza un esquema de instalación de aire acondicionado con la suficiente antelación y previendo los lugares donde se colocarán la unidad interior y la unidad exterior, se sabrá exactamente cuantos metros de canaleta, con su respectiva tapa, se deberán comprar.

3.5. Planos de instalación de aire acondicionado

Los planos de instalación deben hacer tanto una descripción gráfica como dimensional de las ramificaciones de las instalaciones, ya sean de canalizaciones de líquido, de aire o de redes eléctricas interiores o exteriores, además de otras informaciones que ayuden a una correcta ejecución de las instalaciones, por lo que se realizarán tantos como sean necesarios.

Deben mostrar tanto su distribución en planta, como las secciones o detalles, auxiliándose de otros planos si es necesario para una interpretación unívoca por parte del técnico instalador.

Importante

Se empleará siempre un lenguaje común, una simbología específica y se expresará en las magnitudes más eficaces (diámetros de tuberías en mm, planos de situación y distribución a la escala apropiada, etcétera).

En cuanto a su presentación formal, existen diversas normalizaciones UNE, todas ellas encaminadas a identificar los elementos constitutivos de las instalaciones y su interrelación. En ellos se debe identificar al autor de los planos, escalas, fecha de creación y nombre de cada uno de los planos y, en el caso en que no se parta desde cero, debe hacerse mención a las instalaciones existentes antes de la intervención.

En gran medida, los planos y esquemas facilitan el proceso de montaje, ya que, generalmente, los equipos grandes contienen muchas piezas y partes y se vuelve primordial poder organizarlas antes de comenzar a montar el equipo.

Los planos guiarán el armado del equipo. Es muy importante que el equipo esté bien conectado. Si este está bien conectado, permitirá la posibilidad de probar si su funcionamiento es correcto.

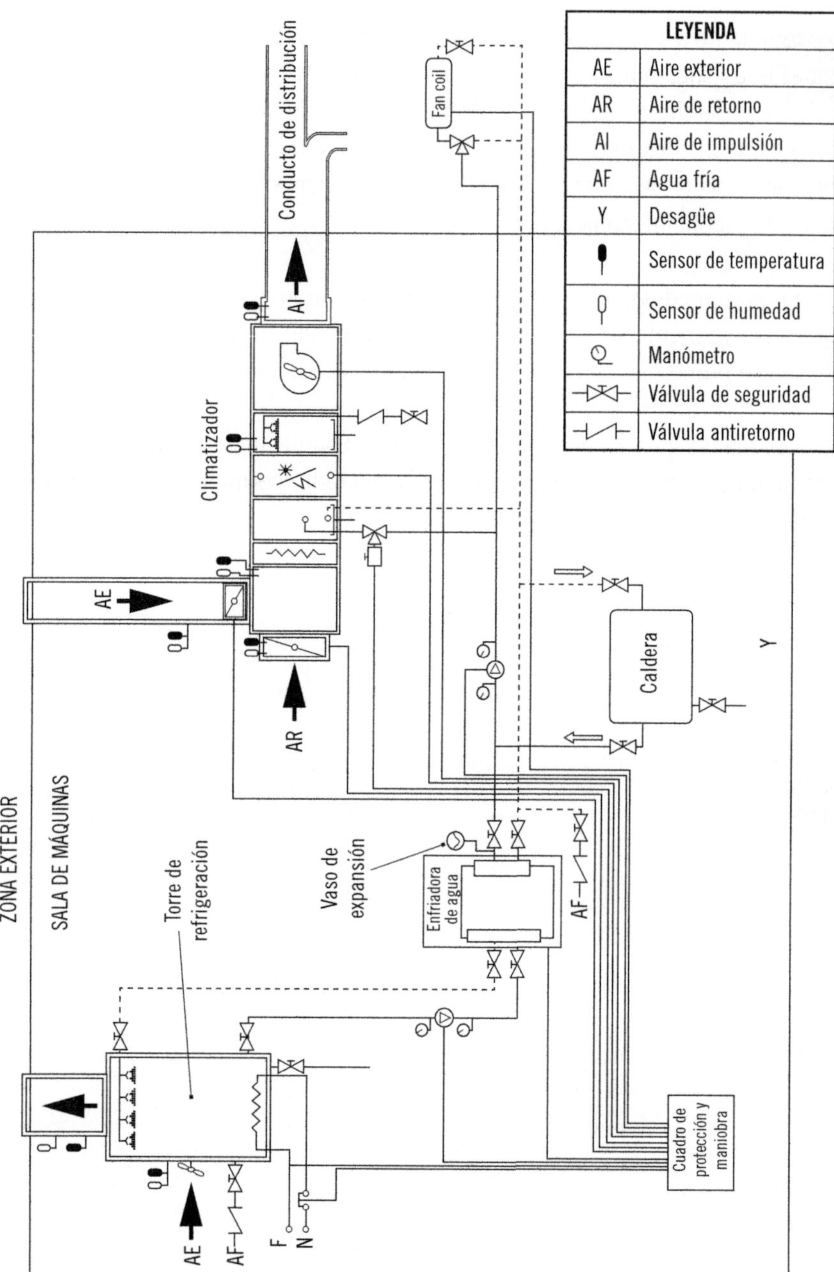

Ejemplo de esquema general de una instalación de climatización con salida a conductos (zonas comunes) y a unidades individuales (despachos).

Sabía que...

Algunos servicios técnicos de instalación de aire acondicionado permiten consultar los precios de la instalación. Con los grandes equipos, aquellos que llevan planos de instalación, no hay un precio fijado, debido a que dependerá del trabajo que haya que hacer. Por ejemplo, metros lineales o diámetros de tubería, potencias y caudales de máquinas, valvulería, etc.

4. Identificación de elementos, equipos, máquinas y materiales sobre planos de instalaciones de climatización y ventilación-extracción

Una instalación está compuesta por una serie de máquinas y elementos más simples que la constituyen, todas ellas piezas más sencillas que, correctamente ensambladas, constituyen una máquina completa y funcional.

Nota

Tanto las máquinas como los elementos, no tienen por qué ser necesariamente sencillos, pero sí ser reconocibles como componentes individuales, dentro o fuera de la máquina de la que forman parte, y, por tanto, dentro de la instalación de la que pueden formar parte.

A continuación, se reflejan los símbolos utilizados para la identificación de los elementos y máquinas más usuales en los esquemas de instalaciones de climatización y ventilación-extracción, conforme al Comité Técnico de Normalización CTN 200.

APARATOS PRINCIPALES HOJA 1/4	
SÍMBOLO	**SIGNIFICADO**
	Compresor alternat. con carácter cerrado
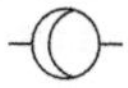	Compresor rotativo
	Compresor de tornillo
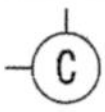	Compresor centrífugo
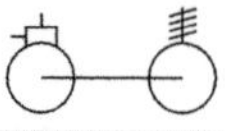	Conjunto motor-compresor a pistón (Acoplamineto directo)
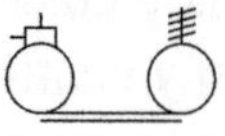	Conjunto motor-compresor a pistón (Acoplamineto por correas)
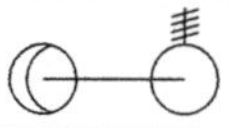	Conjunto motor-compresor rotativo (Acoplamineto directo)
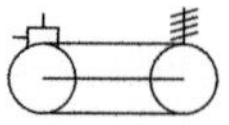	Conjunto motor-compresor a pistón (Hermético, hermético accesible o semihermético)
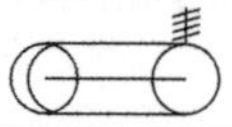	Conjunto motor-compresor rotativo (Hermético, hermético desmontable)
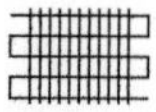	Condensador por aire por convección natural
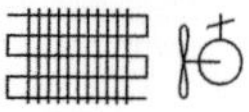	Condensador por aire por convección forzada
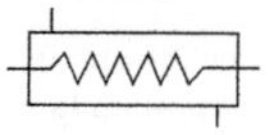	Condensador por agua de inmersión
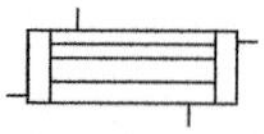	Condensador por agua multipolar horizontal o vertical
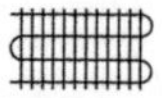	Evaporador (enfriador) de aire de convección natural
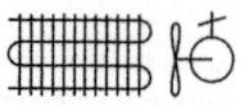	Evaporador (enfriador) de aire de convección forzada
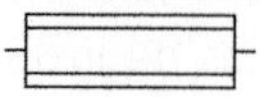	Condensador por agua de doble tubo
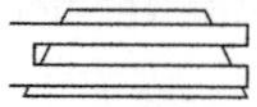	Condensador de lluvia

Continúa en página siguiente >>

<< Viene de página anterior

APARATOS PRINCIPALES HOJA 1/4

SÍMBOLO	SIGNIFICADO
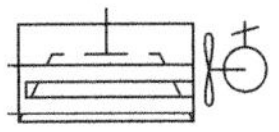	Condensador evaporativa (evaporación forzada) I.
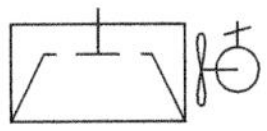	Torre de enfriamiento economizador de agua
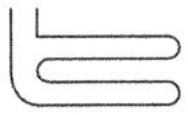	Evaporador (enfriador) de líquido (tipo inundado) I.
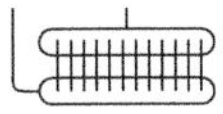	Evaporador (enfriador) de líquido (tipo inundado) I.
1	Evporador multipolar
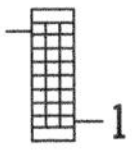 1	Evaporador multipolar vertical
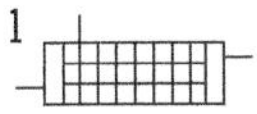 1	Evaporador multitubular. Exp. seca tipo R-717 (nh3)
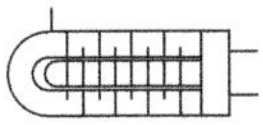	Evaporador multitubular exp. seca tipo R = 12, R = 22, R = 502 etc. (Tubos en horquilla)
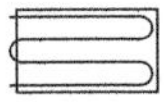	Evaporador tipo placa
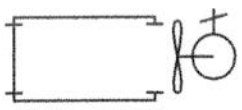	Evaporador "lecho"
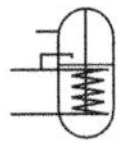	Evaporador intermedio vertical
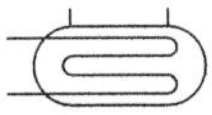	Evaporador intermedio horizontal
	Compresor centrífugo
	Compresor alternativo hermético
	Motor-compresor alternativo hermético

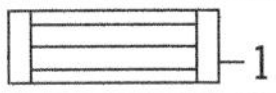

Continúa en página siguiente >>

<< Viene de página anterior

APARATOS PRINCIPALES HOJA 1/4	
SÍMBOLO	**SIGNIFICADO**
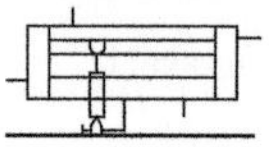	Condensador de agua multitubular con reserva de líquido
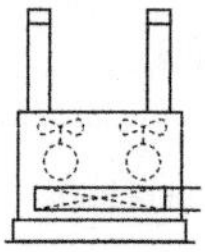	Condensador de aire por convección forzada con conductos distribuidores
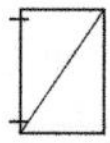	Batería refrigerante de agua fría o helada
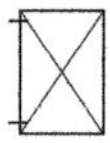	Batería de calentamiento con agua caliente
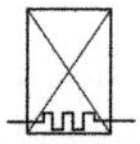	Bateria de calentamiento eléctrica

Símbolos para la identificación de elementos y máquinas

5. Manejo e interpretación de documentación técnica (manuales, catálogos y normativa de aplicación) para la organización y el montaje de instalaciones de climatización y ventilación-extracción

Graham Kellog definió el concepto de manual del siguiente modo:

> *El manual presenta sistemas y técnicas específicas. Señala el procedimiento a seguir para lograr el trabajo de todo el personal o de cualquier otro grupo de trabajo que desempeña responsabilidades específicas. Un procedimiento por escrito significa establecer debidamente un método estándar para ejecutar algún trabajo.*

Para que la organización y el montaje de instalaciones de climatización y ventilación-extracción sea óptima, es preciso que el instalador utilice manuales que le orienten en todo momento sobre qué procedimientos tendrá que seguir para llevar a cabo su trabajo.

A continuación, se estudiarán diferentes aspectos relacionados con este tipo y otros de documentación técnica que este profesional deberá manejar.

5.1. Finalidades de los manuales de procedimiento

De acuerdo con la clasificación y grado de detalle, los documentos técnicos referidos a manuales de procedimientos permiten cumplir con los siguientes objetivos dentro del campo de la climatización y la ventilación-extracción:

- Instruir al personal, acerca de aspectos tales como objetivos y funciones de los elementos y equipos de las instalaciones; procedimientos, normas, fisonomía y representación de todos los componentes de una instalación industrial, etcétera.
- Conocer el funcionamiento de todos los componentes de la instalación en lo que respecta a descripción de su funcionamiento, a la ubicación que deben tener y requerimientos que deben cumplir los artefactos y el instalador para un correcto funcionamiento.
- Coordinar actividades y evitar duplicidades de componentes que formarán parte de la instalación.
- Aumentar la eficiencia de los empleados, indicándoles lo que deben hacer y cómo deben hacerlo, propiciando la uniformidad en el trabajo, pues establecen una guía de referencia para el entendimiento de las instalaciones y su representación.
- Uniformar y controlar el cumplimiento de los trabajos y evitar su alteración arbitraria, de modo que ayuden a planear de forma cómoda los plazos que deben cumplirse durante la ejecución.
- Construir una base para el análisis posterior del trabajo y la mejora continua de los sistemas, procedimientos y métodos, lo que igualmente permite abordar las tareas de mantenimiento y reparaciones imprevistas de la manera más cómoda posible, dentro de las complejidades que suponen las instalaciones de este tipo.

Nota

Los manuales facilitan el conocimiento de las distintas representaciones empleadas para la ejecución e interpretación de planos de instalaciones industriales.

5.2. El manual del fabricante y el manual de usuario

Son documentos de carácter técnico en los que se describen las características de un producto, incluyen modelo, serie y especificaciones, detallan la forma de hacer la instalación y dan unas referencias acerca del correcto funcionamiento y mantenimiento del producto. Su estilo hace que el mensaje sea más coherente, eficaz y correcto.

Nota

Generalmente, son incluidos al adquirir una máquina y pueden venir tanto en formato papel como en forma de documento digital, e incluso poder ser consultados por internet.

En general, un manual deberá poder ser entendido por cualquier usuario principiante, como también ser útil a usuarios avanzados. En este sentido, el fabricante elabora un manual según el destinatario. De este modo, se pueden encontrar:

- Un manual para los diseñadores, en el cual se detallan características técnicas, como potencias, caudales, dimensiones, etcétera.
- Otro para los instaladores, en el que se refleja el modo en que deben realizarse las conexiones y, en general, todo el montaje.
- Un manual de usuarios, en el que se describen las operaciones básicas de funcionamiento (encender, apagar, fijar temperaturas, variación de direcciones del aire impulsado, apagado automático, etcétera).

Contenidos

Un manual de usuario completo suele tener:

- Identificación del producto y certificado de conformidad.
- Precauciones de seguridad.
- Accesorios y piezas suministradas.
- Precaución en la elección del emplazamiento de la máquina interior y exterior.
- Esquema e instrucciones de instalación de la máquina interior y exterior.
- Operaciones de instalación de unidades interiores y exteriores, cableado, tuberías de drenaje, tuberías de refrigerante, purgado de aire y comprobación de fugas, carga y recarga de refrigerante, bombeo de vacío y refrigeración forzada.
- Primera puesta en marcha y ajustes de ahorro energético.
- Pruebas y resolución de problemas.

Metodología

La metodología usada en la elaboración del manual que conforma la documentación técnica de un producto se divide en capítulos, según la instalación que desarrollan.

Se comienza con la introducción del lector a través de la recopilación de la normativa y simbología que le ayuden a comprender mejor el desarrollo del manual. Posteriormente, se hace un repaso a todos los elementos que componen la instalación, las diferentes configuraciones y sistemas, mostrando "Qué es" y "Cómo se representa" mediante el empleo de ejemplos, gráficos, tablas, planos y fotografías. El contenido de cada capítulo termina con una colección de planos de instalaciones reales para mejorar la compresión de los conocimientos, desarrollados en el grueso del capítulo.

Por último, en el capítulo se presenta un apartado donde se recopila bibliografía utilizada para facilitar al lector un apoyo para el dominio de esta materia.

Recuerde

En general, un manual deberá poder ser entendido por cualquier usuario principiante, como también ser útil a usuarios avanzados. En este sentido, el fabricante elabora un manual según el destinatario.

Normativa de aplicación

Respecto a la normativa de aplicación, esta constituye el marco normativo básico por el que se regulan los requisitos que deben cumplir las instalaciones térmicas destinadas a atender la demanda de bienestar térmico e higiene en los edificios, tanto en las fases de diseño, dimensionado y montaje, como durante su uso y mantenimiento.

Como se dijo anteriormente, actualmente en España rige el Real Decreto 1027/2007, de 20 de julio, por el que se aprueba el Reglamento de Instalaciones Térmicas en los Edificios RITE y sus instrucciones técnicas complementarias ITE, donde se hace amplio uso del procedimiento de referencia a normas UNE.

El IDAE (Instituto para la Diversificación y Ahorro de la Energía) dependiente del ministerio correspondiente, con el fin de incrementar la eficiencia y el ahorro energético de las instalaciones térmicas de los edificios, ha promovido la redacción de una serie de guías técnicas dirigidas a proyectistas, instaladores, mantenedores, inspectores y usuarios de las mismas.

Sabía que...

Todas estas informaciones pueden ser consultadas en su dirección web: <http://www.idae.es/>.

1 - ÍNDICE

Índice genérico de un manual de usuario

6. Elaboración de informes técnicos

El RITE contempla en sus artículos los conceptos a tener en cuenta a la hora de elaborar diferentes documentos técnicos. De este modo, en el artículo 15 (Documentación técnica de diseño y dimensionado de las instalaciones térmicas), se hace mención a los ámbitos de aplicación de dicho reglamento en función de la importancia de la instalación en kW, en función de los generadores de calor, frío, o de ambos tipos, según la potencia térmica nominal de la instalación, con apoyo o no de instalaciones solares térmicas u otras energías renovables, en instalaciones nuevas o reformadas, en cuyos casos han de justificarse los rendimientos energéticos, contemplando, además, los posibles cambios de uso previsto para un edificio y la idoneidad de las instalaciones existentes.

Se podría diferenciar, por tanto, entre instalaciones que requieren proyecto técnico (REBT 2002, Guía BT 04) y aquellas en las que es suficiente con una memoria técnica que la describa.

6.1. Creación de proyectos de instalaciones y memorias técnicas de instalaciones

Se extracta ahora un fragmento del RITE referido exclusivamente a la creación de proyectos de instalaciones y memorias técnicas.

Artículo 16. Proyecto

1. Cuando se precise proyecto, este debe ser redactado y firmado por técnico titulado competente.
   El proyectista será responsable de que el mismo se adapte a las exigencias del RITE y de cualquier otra reglamentación o normativa que pudiera ser de aplicación a la instalación proyectada.
2. El proyecto de la instalación se desarrollará en forma de uno o varios proyectos específicos, o integrado en el proyecto general del edificio.
   Cuando los autores de los proyectos específicos fueran distintos que el autor del proyecto general, deben actuar coordinadamente con este.
3. El proyecto describirá la instalación térmica en su totalidad, sus características generales y la forma de ejecución de la misma, con el detalle

suficiente para que pueda valorarse e interpretarse inequívocamente durante su ejecución. En el proyecto se incluirá la siguiente información:

- Justificación de que las soluciones propuestas cumplen las exigencias de bienestar térmico e higiene, eficiencia energética y seguridad del RITE y demás normativa aplicable.
- Las características técnicas mínimas que deben reunir los equipos y materiales que conforman la instalación proyectada, así como sus condiciones de suministro y ejecución, las garantías de calidad y el control de recepción en obra que deba realizarse.
- Las verificaciones y las pruebas que deban efectuarse para realizar el control de la ejecución de la instalación y el control de la instalación terminada.
- Las instrucciones de uso y mantenimiento, de acuerdo con las características específicas de la instalación, mediante la elaboración de un "Manual de uso y mantenimiento", que contendrá las instrucciones de seguridad, manejo y maniobra, así como los programas de funcionamiento, mantenimiento preventivo y gestión energética de la instalación proyectada, de acuerdo con la IT 3.

4. Para extender el visado de un proyecto, los Colegios Profesionales comprobarán que se cumple lo establecido en el apartado tercero de este artículo. Los organismos que, preceptivamente, extiendan visados técnicos sobre proyectos, comprobarán, además, que lo reseñado en dicho apartado se ajusta a este reglamento.

Artículo 17. Memoria técnica

1. La memoria técnica se redactará sobre impresos, según modelo determinado por el órgano competente de la Comunidad Autónoma, y constará de los documentos siguientes:

   a. Justificación de que las soluciones propuestas cumplen las exigencias de bienestar térmico e higiene, eficiencia energética y seguridad del RITE.
   b. Una breve memoria descriptiva de la instalación, en la que figuren el tipo, el número y las características de los equipos generadores

de calor o frío, sistemas de energías renovables y otros elementos principales.

c. El cálculo de la potencia térmica instalada de acuerdo con un procedimiento reconocido. Se explicitarán los parámetros de diseño elegidos.
d. Los planos o esquemas de las instalaciones.

2. Será elaborada por instalador autorizado o por técnico titulado competente. El autor de la memoria técnica será responsable de que la instalación se adapte a las exigencias de bienestar e higiene, eficiencia energética y seguridad del RITE y actuará coordinadamente con el autor del proyecto general del edificio.

6.2. Redacción de informes técnicos

A continuación, se muestra la estructura generalmente seguida para la elaboración tanto de proyectos como de informes técnicos.

Nota

Ha de entenderse que, aun siguiendo la misma estructura, la diferencia entre proyecto e informe técnico dependerá fundamentalmente de la relevancia del mismo y de la entidad de la empresa a acometer.

Contenido

El proyecto o informe debe contener cuantos datos, razonamientos y conclusiones sean necesarios y suficientes a su fin y, en forma especial, aquellos que resulten precisos para la realización del mismo.

Entre otros datos cabe destacar:

- Definición del objeto del proyecto o informe.
- Posibles soluciones.
- Justificación de las soluciones adoptadas, ya sea únicamente desde el punto de vista industrial, ya sea a los efectos de la obtención de las correspondientes autorizaciones oficiales o de las entidades no oficiales que regulen la materia.
- Cálculos de comprobación.
- Planos constructivos y otras especificaciones técnicas o, en su caso, resultados gráficos o artes finales.
- Pliego de condiciones técnicas, facultativas, económicas o legales, cuando sea conveniente o así lo exijan los reglamentos (Ayuntamientos, obras contratadas con el Estado, etcétera), o pliego de especificaciones técnicas.
- En determinados casos, un presupuesto.
- Análisis económicos cuando así convenga.
- Programa de trabajo, de carácter indicativo o como justificación del plazo de ejecución, cuando sea exigido por los organismos administrativos o empresas particulares.
- Estudio de impacto ambiental, cuando la actividad objeto del proyecto esté sometida a evaluación de impacto según la Ley 21/2013, de 9 de diciembre, de evaluación ambiental.
- Estudio de seguridad y salud o Estudio básico de seguridad y salud, según corresponda conforme al Real Decreto 1426/97 de 24 de octubre, por el que se establecen disposiciones mínimas de seguridad y de salud en las obras de construcción.

Ejemplo

La justificación la pueden extender ayuntamientos, delegaciones de Industria y Energía, Campsa, Telefónica, etcétera.

Estructura

La estructura con la que se presenta la documentación puede ser tan importante como su propio contenido, pues deja ver entre líneas y de forma empírica al grado de orden y rigor que se ha tenido al elaborar dicho documento.

A continuación, se muestra el contenido que se ha de tener presente en la elaboración:

Documento n.º 1: Memoria

Este documento reunirá ordenadamente los datos, razonamientos y conclusiones precisos para:

1. Definir el objeto, motivación y justificación del proyecto.
2. Justificar la elección de las soluciones funcionales, orgánicas, formales y estéticas adoptadas, en su caso.
3. Exponer los cálculos de comprobación de las dimensiones fijadas o procesos de desarrollo.
4. El análisis económico cuando así proceda y no sea de tal extensión que requiera un documento independiente.

Documento n.º 2: Planos

Este documento estará formado por una colección de planos generales, de conjunto y de detalle, tal que sí solos o conjuntamente con los pliegos de condiciones técnicas que se cita a continuación, sea suficiente para la correcta ejecución.

Documento n.º 3: Pliego de condiciones

Cuando así convenga o sea preceptivo según reglamento a aplicar, se redactarán los correspondientes pliegos de condiciones de tipo generales, técnicas, facultativas, económicas o legales.

Nota

Con frecuencia las condiciones técnicas quedan especificadas en los planos.

Documento nº. 4: Presupuesto

Si lo requiere la naturaleza del proyecto o informe técnico, se incluirá un presupuesto, donde se reunirán ordenadamente:

1. Los precios de los materiales y los transportes.
2. Justificación de los salarios.
3. Justificación de los precios simples y descompuestos.
4. Estado de mediciones de las distintas instalaciones.
5. Presupuestos parciales y totales.

Sabía que...

A veces, la justificación de los salarios y de los precios simples y descompuestos se acostumbran a incluir en un solo apartado.

Documento n.º 5: Estudio económico

En general, para ciertas negociaciones de créditos ante las instituciones financieras oficiales y privadas, se precisa de un documento que recoja todo el estudio económico, donde se expondrán los datos y conclusiones relativas a la retribución del personal, estudios de mercado, ratios generales y particulares, amortizaciones, rentabilidad, etcétera.

Documento n.º 6: Programa de trabajo

En determinadas circunstancias, se incluirá un programa de trabajo de carácter indicativo.

Documento n.º 7: Estudio de impacto ambiental

Se analizarán diferentes soluciones alternativas y se justificará la solución y las medidas correctoras adoptadas.

Documento n.º 8: Estudio de seguridad y salud

Estudio de seguridad y salud o Estudio basico de seguridad y salud, segun corresponda, conforme a normativa recogida en el Real Decreto 1627/1997, de 24 de octubre, por el que se establecen disposiciones mínimas de seguridad y de salud en las obras de construcción.

Presentación formal

En la medida de lo posible, se regirá según la norma UNE 157001:2014 Criterios generales para la elaboración formal de los documentos que constituyen un proyecto técnico A continuación, se muestran, en detalle, los requisitos por apartado.

Título

El título debe expresar de forma clara, concisa y unívoca el objeto del mismo.

Ejemplo

Forma incorrecta: "Climatización de centro comercial ".

Forma correcta: "Climatización de centro comercial X. Término municipal de Y. Provincia de Z".

Primera página del proyecto o informe técnico

En la portada, en la primera página y en los espacios al efecto preparados, figurarán:

a. El título del proyecto o informe y el nombre del autor.
b. Un breve resumen del proyecto o informe, tal que permita al lector juzgar si puede estar interesado en la lectura de dicho documento.

Índice

Preceptivamente y a continuación, figurará el índice, cuya estructura debe reflejar la de los documentos del proyecto o informe.

Dicho índice estará formado por los enunciados de todos los capítulos y sus apartados correspondientes, según el orden de presentación. Los planos se indicarán por su número y designación. La salida tendrá bien la numeración de la página o la numeración del apartado al que hace referencia.

Nota

Si el proyecto o informe es muy extenso, al final del mismo incluirá un índice por materias ordenado alfabéticamente y con salida análoga al anterior.

Materia de la memoria

La memoria propiamente dicha deberá constar de:

- Objeto.
- Motivación.
- Justificación del proyecto.
- Normativa considerada.
- Enunciación y justificación de prestaciones y parámetros funcionales.
- Exposición de las soluciones elegidas.
- Cálculos justificativos, etcétera.

Objeto

El apartado bajo este título definirá completa y unívocamente tanto el objeto como el alcance del proyecto o informe.

Motivación

Conviene incluir una breve y clara expresión de aquellas motivaciones que dan lugar al desarrollo del proyecto o informe técnico.

Justificación

Su valor no está tanto en el objeto del proyecto o informe, sino en la mayor o menor perfección con que el mismo ha sido desarrollado.

Normativa que se ha tenido en cuenta

Se indicará una relación de todas las normas y reglamentos que afecten al proyecto o informe y se hayan tenido en cuenta en su desarrollo, tanto si son de obligado cumplimiento como si no lo son.

Exposición de la solución elegida

Si se considera necesario, se hará una breve exposición de las posibles soluciones, seguida de una clara referencia justificativa de la solución o soluciones elegidas.

Cálculos de comprobación

Los parámetros funcionales, así como las dimensiones del conjunto y de detalles de cada uno de los elementos del proyecto o informe, deben ser comprobados mediante el cálculo correspondiente.

A tal efecto, la memoria debe incluir las hipótesis de cálculo adoptadas y los cálculos numéricos correspondientes.

Además, en la memoria se incluirá la justificación de las hipótesis elegidas, excepto cuando estas sean de carácter general.

Bibliografía

La bibliografía será referida según las Normas APA 2019.

Las referencias bibliográficas serán situadas en página aparte, a continuación de la última que contenga materia de la memoria.

Nota

Igualmente, deberán reseñarse como "Otras fuentes bibliográficas" las referidas a revistas, programas informáticos, páginas web y todas aquellas que pudieran ser de interés para el usuario.

Otros anexos

Los anexos que se estimen oportunos, figurarán numerados sucesivamente, situándose a continuación de la bibliografía.

Se estima conveniente incluir como anexos:

a. Normas específicas empleadas.
b. Catálogos de elementos constitutivos del objeto del proyecto o informe.
c. Otros documentos que refuercen los conceptos desarrollados en el proyecto o informe.

Ejemplo

Las normas UNE, DIN, ISO, EN, normas de compañías suministradoras como ENDESA, IBERDROLA, AQUAGEST, etc.

Estilo de presentación formal

La presentación formal de la memoria se ceñirá en todo lo posible a las siguientes reglas:

a. Títulos completos.
b. Numeración correlativa de capítulos y apartados.
c. Oraciones completas, con el mínimo posible de oraciones auxiliares intercaladas.
d. Estilo impersonal.

Ejemplo

- "Servidumbres debidas a la propiedad anterior", en lugar de "Propiedad anterior. Servidumbres debidas".
- "A continuación han sido analizadas...", en lugar de "A continuación analizamos...".

Materias contenidas en los planos y dibujos

Siempre que la estructura del mismo así lo aconseje, en una serie de planos y dibujos, que según su función se clasificará como:

a. Plano de situación a escala (por ejemplo: 1:50.000).
b. Planos de conjuntos (por ejemplo: plantas generales).
c. Planos de detalle, donde se estudiarán particularmente los distintos elementos.
d. Siempre que sea conveniente, se incluirán gráficos, diagramas de procesos y, en general, cuantos esquemas sean precisos para la perfecta ejecución. Pueden ir incluidos en los anexos a la memoria.
e. Resultados gráficos y/o artes finales.

Ejemplo

Esquemas eléctricos, redes de distribución de aguas, vapor, aire acondicionado, aire comprimido, etcétera.

Materias contenidas en el pliego de condiciones

Cuando así se requiera, se incluirá el conjunto de pliegos de condiciones, que pueden ser:

a. **Pliego de condiciones generales de índole facultativa:** podrá referirse tanto a los derechos y obligaciones del ejecutor del proyecto como a cuestiones relacionadas con la forma de realizar ciertos trabajos, tipos de materiales o de maquinaria a instalar, recepciones de obras e instalaciones indicadas en el proyecto, etcétera.
b. **Pliego de condiciones generales de índole económica:** incluirá todas las circunstancias que afecten al coste y pago de las obras e instalaciones realizadas según se indica en el proyecto (plazos de entrega, fianzas, etcétera).
c. **Pliego de condiciones generales de índole legal:** se redactará señalando las circunstancias que concurren en los contratos, adjudicaciones, subastas y concursos, responsabilidad, policía de obra, accidentes, etcétera, respecto a la realización de lo proyectado.

Nota

Cuando sea necesario, en el pliego de condiciones generales se especificarán los reglamentos oficiales y normas de usual aplicación.

Estilo de presentación formal de los pliegos de condiciones

Estos documentos serán en todo iguales a la presentación formal de la memoria, con la salvedad de que los distintos capítulos y apartados se redactarán por epígrafes y artículos.

Materias contenidas en el presupuesto

Ya se han indicado las materias mínimas que deberá contener todo presupuesto.

Cuando se considere preciso, se confeccionarán presupuestos de ejecución por administración y por contrata.

Recuerde

El presupuesto reunirá ordenadamente:

1. Precios de materiales y transportes.
2. Justificación de salarios.
3. Justificación de precios simples y descompuestos.
4. Estado de mediciones de las distintas instalaciones.
5. Presupuestos parciales y totales.

Materias contenidas en el estudio económico

El estudio económico deberá ser iniciado con la exposición de:

a. Estudio técnico, resumen de los documentos anteriores.
b. Estudio económico, incluyéndose en este capítulo los gastos de explotación, costos de las primeras materias, forma de contabilizar el coste por unidades, cálculo del precio medio neto de venta, etcétera.
c. Fijación del capital circulante.
d. Balance de situación.
e. Rentabilidad de la explotación.
f. Cuadros, resúmenes y conclusiones.

Materias contenidas en el estudio de impacto ambiental

El estudio de impacto ambiental contendrá:

a. Estudio de soluciones alternativas.
b. Análisis y justificación de medidas correctoras.

Presentación material del proyecto o informe

Los distintos documentos del proyecto se presentarán materialmente de la siguiente forma:

Memoria, pliegos de condiciones, estudio económico, programa de trabajo, estudio de impacto ambiental y estudio de seguridad y salud

En formato UNE A-4, a un espacio y dispuesto sin sangrado, con los títulos de cada capítulo en mayúsculas y negritas, y minúsculas y negritas en los distintos apartados de cada capítulo.

La separación entre capítulos será de tres espacios y de dos espacios entre los apartados o párrafos del mismo apartado.

Se dispondrá un margen de 30 mm a la izquierda del texto y uno de 10 mm a la derecha. Cuando el formato sea recuadrado serán tan solo de 5 mm en cada margen.

Nota

Las fórmulas y posibles esquemas o gráficos se centrarán en el texto y se numerarán de forma consecutiva, así como las posibles tablas que pudiese contener el documento.

Planos, resultados gráficos y artes finales

Todos los planos serán confeccionados sobre papel en los formatos normalizados según UNE EN ISO 5457:2000, e impresos de conformidad con las recomendaciones ISO y las normas UNE.

Todos los planos se plegarán de acuerdo con la UNE 157001:2014. Criterios generales para la elaboración formal de los documentos que constituyen un proyecto técnico.

Conjunto y encarpetado

La encuadernación se realizará preferentemente en pasta dura, a más razón en el caso de proyectos de entidad relevante.

Los originales de los planos, impresos en papel, se plegarán según la norma comentada.

Si los planos han sido realizados por ordenador, el CD, DVD o memoria externa USB conteniendo los ficheros de dichos dibujos irá situado en la contraportada de la carpeta, en una funda dispuesta a tal efecto.

Presentación en formato electrónico (CD/DVD o USB)

En este apartado, se presenta una propuesta de las normas que podrían servir de guía en la confección de las copias en formato electrónico (soporte CD/DVD o USB) para definir su estructura formal.

La copia en formato electrónico deberá ser fiel al documento original en papel.

La estructura de directorios y el formato de los ficheros con la documentación en soporte informático podrán ajustarse al siguiente formato.

Formato de los ficheros de documentación

El formato PDF se considera el modelo de "papel virtual" óptimo, por la seguridad y compatibilidad que ofrece, independiente del dispositivo sobre el que se visualice (PC, tablet, smartphone,...) y del sistema operativo disponible *(Windows, Linux, iOS, Android,* etcétera).

Sabía que...

La aplicación informática lectora de la documentación en PDF es gratuita y se puede descargar de la red. También existen aplicaciones informáticas gratuitas generadoras de ficheros PDF, cuya instalación introduce una impresora virtual en el sistema que permite la generación de dicho formato, manteniendo todas las opciones de papel (orientación, tamaño, etcétera).

Dado que se trata de documentación electrónica para lectura y consulta, los ficheros se podrán a una resolución de 300 ppp, consiguiendo así un tamaño reducido.

Estructura y contenido del soporte electrónico a presentar

El CD/DVD o USB son los soportes clásicos para contener un fichero ".pdf" de los documentos que debe componer un proyecto o informe.

Dependiendo del destino de los documentos pueden emplearse otros medios certificados para la presentación electrónica de documentos, como pueden ser los documentos visados por colegios profesionales o los firmados por su autor mediante firma digital, necesaria en muchas ocasiones para la entrega de documentos en organismos públicos, en todos casos al pie de documento aparecerá una secuencia alfanumérica verificable mediante un Código Seguro de Verificación (CSV), en la sede electrónica del organismo gestor del código.

Requisitos del PDF

Todos los documentos en PDF tendrán las mismas especificaciones (márgenes, tipos letra, etcétera) que las indicadas para el soporte papel.

El indice, número, nombre, contenido y ordenación de los documentos que contenga el CD/DVD, USB o documento electrónico serán iguales a los del proyecto o informe en formato papel.

Finalmente, dado que se trata de un fichero para lectura y consulta, podría ser suficiente con que los ficheros ".pdf" se generasen con una resolución mínima de 150 ppp.

Etiquetado del soporte y carcasa

Si se decide presentar un El CD/DVD o USB, para su identificación, será necesaria una etiqueta adhesiva, que incluirá la información necesaria para la plena identificación del proyecto o memoria.

Ejercicio práctico

Exponga brevemente la estructura que deben seguir los documentos que formarán parte del proyecto de instalaciones.

SOLUCIÓN

El proyecto de instalaciones debe considerar la inclusión de los siguientes documentos y su ordenamiento en la forma que se expresa a continuación:

- Documento n.º 1: Memoria.
- Documento n.º 2: Planos.
- Documento n.º 3: Pliego de condiciones.
- Documento n.º 4: Presupuesto.
- Documento n.º 5: Estudio económico.
- Documento n.º 6: Programa de trabajo.
- Documento n.º 7: Estudio de impacto ambiental.
- Documento n.º 8: Estudio de seguridad y salud.

7. Resumen

Como se ha visto, en España rige el Real Decreto 1027/2007, de 20 de julio, por el que se aprueba el Reglamento de Instalaciones Térmicas en los Edificios RITE y sus instrucciones técnicas complementarias ITE, donde se hace amplio uso del procedimiento de referencia a normas UNE referentes a terminología, condiciones climáticas, procedimientos de cálculo, requisitos o especificaciones técnicas de materiales, equipos y aparatos y sus pruebas o ensayos, los cuales permiten demostrar la satisfacción de los requisitos esenciales que han de satisfacer estas instalaciones.

Los planos de instalación se utilizan cuando se debe realizar el planeamiento ordenado de la instalación de un equipo de aire acondicionado o de ventilación-extracción, facilitando el proceso. En ellos, es necesario un lenguaje de comunicación particular entre los diseñadores y los posteriores instaladores, formado principalmente por símbolos, esquemas y planos; en este sentido existen los manuales del fabricante y/o de usuario, que describen las características de un producto, incluyen modelo, serie y especificaciones, detallan la forma de hacer la instalación y dan unas referencias acerca del correcto funcionamiento y mantenimiento del producto.

Todas las instalaciones en general deben seguir una normativa de aplicación que regule los requisitos que deben cumplir y, por tanto, sus elementos, tanto en las fases de diseño, dimensionado y montaje, como durante su uso y mantenimiento.

El RITE define los contenidos de proyectos o informes que darán lugar a las futuras instalaciones. Además, existen ciertas reglas en cuanto a la forma de elaborar diferentes documentos técnicos, que pasan tanto por su estructura como por su presentación.

Ejercicios de repaso y autoevaluación

1. Todos los planos serán confeccionados sobre papel en los formatos normalizados según UNE ____________, e impresos de conformidad con las recomendaciones ISO y las normas UNE.

a. 1027-95.
b. EN ISO 5457:2000.
c. 50-104-94.
d. 74105-1.

2. Los pasos que sirven como directivas de colocación suelen estar mencionados en...

a. ... los esquemas de instalación.
b. ... el manual del fabricante.
c. ... el manual de usuario.
d. Todas las opciones son correctas.

3. Los esquemas de instalaciones con multitud de líneas y de comentarios y realizados en un solo color favorcccn...

a. ... una fácil y segura compresión.
b. ... tener toda la instalación en un solo plano.
c. ... despistes y pérdida de tiempo.
d. Todas las opciones son incorrectas.

4. En España, el órgano encargado de la elaboración de la normativa es:

____

____

5. En caso de ausencia de normas UNE, ¿cómo debe actuarse?

a. No se podrá realizar el trabajo.
b. Emplear las normas técnicas de cualquier otro país.

c. Emplear las normas técnicas de otros países que sean parte del acuerdo del Espacio Económico Europeo.
d. Todas las opciones son incorrectas.

6. La memoria técnica se redactará sobre impresos, según modelo...

a. ... predefinido por la empresa instaladora.
b. ... predefinido por la empresa de ingeniería que diseña la instalación.
c. ... no importa el modelo, solo el contenido.
d. ... del órgano competente de la Comunidad Autónoma.

7. La siguiente imagen corresponde a...

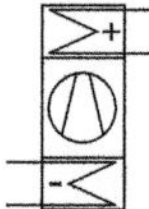

a. ... compresor.
b. ... soplador.
c. ... interruptor.
d. ... bomba de calor agua-agua.

8. Los reglamentos son:

a. Referencias de consulta.
b. Recomendaciones técnicas.
c. Directrices arbitrarias.
d. Especificaciones de obligado cumplimiento.

9. Las normas son especificaciones que no tienen carácter de obligatoriedad.

☐ Verdadero
☐ Falso

Capítulo 2

Instalaciones de climatización y ventilación-extracción

Contenido

1. Introducción

Desde las antiguas losas de mármol que los egipcios hacían refrescar cada noche en el desierto para luego llevarlas cada mañana a su faraón hasta los más sofisticados sistemas de acondicionamiento térmico, se ha buscado incesantemente el confort humano.

Fue a alrededor de 1900, cuando W.H. Carrier realizó el mayor logro en acondicionamiento térmico, cuando se revolucionó este sector, mejorando las instalaciones destinadas a ser ocupadas por personas y principalmente llevando al sector industrial los avances que requerían los procesos productivos de la época.

Hoy día, lo que comúnmente se conoce como refrigeración o climatización es uno de los sectores más importantes a nivel mundial, no solo en cuanto a los movimientos económicos que genera, sino también a nivel del consumo energético que supone.

En este capítulo, se verán las diferentes formas de acondicionar un espacio, independientemente de su destino industrial o de confort, y los parámetros que influyen sobre la carga térmica del lugar.

Asimismo, los sistemas se clasificarán según la distribución de los elementos que la forman (unitaria, semi-centralizada o centralizada) y según el fluido caloportador en que se base su funcionamiento (aire, agua, refrigerante o una combinación de ellos).

Finalmente, se describirán las configuraciones más usuales de dichos sistemas, cómo se aplican, sus ventajas y sus inconvenientes.

2. Conocimientos básicos y características generales

Al iniciar cualquier proyecto de acondicionamiento, han de estudiarse las condiciones que van a darse durante su uso y que parámetros lo afectarán y, en función de ellos, determinar el tipo de instalación más aconsejable.

2.1. Conceptos generales de acondicionamiento térmico

Han de diferenciarse distintos modos de acondicionar térmicamente una estancia. Entre los más destacados se encuentran los siguientes:

Climatización

Consiste en establecer las condiciones de temperatura, humedad e higiene del aire adecuadas para el confort dentro de los espacios habitados.

Actualmente, se considera un término desvinculado del aire acondicionado, pues el aire acondicionado comúnmente utilizado solo hace referencia a la refrigeración (verano, genera únicamente frío), y ha de considerarse la climatización como una referencia al acondicionamiento térmico a lo largo de todas las épocas del año.

Ventilación

Es la renovación del aire del interior de un espacio delimitado físicamente de forma natural o de forma forzada mediante diferencia de presiones entre el interior y el exterior del dicho espacio.

Nota

En todo el proceso, no existe maquinaria alguna que de forma propia genere frío o calor para variar la temperatura del habitáculo logrando extraer el aire viciado para dar cabida a una masa de aire fresca.

La extracción de aire se asocia al concepto de ventilación cuando el aire a renovar carece de la temperatura apropiada, o bien se encuentra cargado de partículas nocivas, como las existentes en un garaje, trastero o sala de máquinas.

Sabía que...

La ventilación extracción es una acción preferible y prioritaria frente a la climatización, en cuanto a criterios de consumo energético y, por tanto, económico.

Un ejemplo de ello en el uso de grandes ventiladores de techo en espacios altos y diáfanos, como aeropuertos, donde romper la estratificación de capas de aire, hace contener la temperatura dentro de un rango, permitiendo retrasar o disminuir el uso de equipos climatizadores.

Otras formas de contribuir al ahorro energético son el empleo de sistemas de geotermia y aerotermia.

Filtración

Se denomina así al proceso de separación y/o contención de un sólido en suspensión en un medio aéreo o líquido al atravesar un recinto poroso, permitiendo, por tanto, una limpieza del medio a la salida.

Calefacción

Consiste en el aumento de la temperatura de un área, a fin de adecuarla térmicamente dentro de los parámetros de confort.

Refrigeración

Es el proceso contrario a la calefacción y, por tanto, consiste en reducir la temperatura. Basado en el ciclo de Carnot, se realiza extrayendo energía térmica de un medio A, cediendo parte de su calor a otro medio B, lo que contribuye a reducir la temperatura del primero.

El uso de refrigerantes y sistemas de refrigeración se regula mediante el Real Decreto 552/2019, relativo a la seguridad de las instalaciones frigoríficas, y sus instrucciones técnicas complementarias ITCs.

Humectación

Principalmente en invierno, el uso de aire caliente para acondicionar los espacios provoca una disminución en la humedad relativa del ambiente.

Sabía que...

La disminución de la humedad provoca un desecamiento en las mucosas respiratorias y las consiguientes molestias fisiológicas.

Es por tanto necesario en ciertas ocasiones el uso de humectadores que proporcionen esa humedad a los caudales de aire caliente que se impulsan al habitáculo.

Deshumectación

Es el proceso contrario al anterior y se realiza principalmente en verano o en zonas de gran humedad relativa. Igualmente provoca un ambiente molesto que puede desembocar en daños fisiológicos.

Se consigue mediante el uso de condensadores o, en el caso de grandes instalaciones, con el empleo de agentes absorbentes como el silica-gel.

2.2. Influencia del entorno en la climatización

Se considera que las instalaciones de climatización son inversiones que prevén un largo periodo de utilización y vida útil, debe entonces entenderse su relación con el medio en que se instalen. A continuación se mostrará cómo su diseño se ve influenciado por soluciones arquitectónicas, condiciones externas y condiciones internas, entre otras.

Soluciones arquitectónicas

El consumo energético puede verse gravemente influenciado por las características no solo del edificio al que pertenezca la instalación, sino también por los edificios adyacentes que puedan proyectar sobre él sombras relevantes o reflejos solares provenientes de otras fachadas acristaladas.

Debe tenerse en cuenta, además, la propia fisonomía del edificio, su orientación, su forma, su distribución en altura, los huecos provistos para escaleras o ventanas, sus patios interiores y la ventilación natural que pueda darse en los pasillos al aire libre. Por otro lado, los cerramientos del edificio pueden tener también gran influencia, no solo por los propios materiales del cerramiento (termoarcilla, muros de hormigón, paneles metálicos, cristaleras, etcétera), sino también por la forma en que se dispongan (dobles tabiques para ventilación, para aislamientos, etcétera).

Muchas de estas soluciones pueden ser determinadas, o comparadas mediante el uso de programas informáticos proporcionados por el gobierno español, disponibles en la web del ministerio encargado del desarrollo y certificación energética. Algunos de ellos son: LIDER-CALENER (HULC), CERMA, CE3X, SG SAVE o CYPETHERM.

Nota

No son menos influyentes la estética y color del edificio, la primera, por la necesidad que plantea la ubicación de las instalaciones y, la segunda, por las ganancias térmicas que supone un color oscuro en verano.

Condiciones exteriores

Las instalaciones suelen diseñarse para valores extremos de requerimiento, para verano o para invierno (según sea refrigeración o calefacción). Las condiciones climáticas de la zona son especialmente relevantes y en ocasiones se confunde la ubicación geográfica con la zona climática.

Para evitar lo anterior, ha de seguirse el Documento básico HE (Ahorro de energía) del CTE, donde se registra, para las capitales de provincia del territorio español, la altura sobre el nivel del mar, a la cual se le resta la cota altimétrica de la localidad objeto de interés para determinar la zona climática.

El requerimiento puede ser diferente dentro de una misma provincia.

Ejemplo

Las temperaturas que se tengan para un 19 de mayo en la capital malagueña y las que puedan darse ese mismo día en municipios como Ronda o Antequera, situados a diferente altura sobre el nivel del mar.

Otras consideraciones en cuanto a la influencia de condiciones exteriores pueden ser las referidas a la contaminación atmosférica o la humedad de la zona y a los flujos de masas de aire o la radiación incidente según la época del año.

Condiciones interiores

Entre ellas, las más relevantes son las siguientes:

- **Confort necesario:** dependen del tipo de uso que vaya a tener el lugar a acondicionar. No será la misma necesidad de confort la requerida por el despacho de una oficina que la de un aseo, una cocina o un garaje.
- **Cargas por ocupantes:** dependen del grado de carga por ocupación y del metabolismo de las personas que lo ocupen (variará según sea un hombre adulto o un niño).

- **Cargas por iluminación artificial:** dependen principalmente de las luminarias y de las horas de actividad (por ejemplo la que pueda darse en un establecimiento abierto 12 o 24 horas).
- **Cargas debidas a motores y aparatos:** en función del número de horas de funcionamiento y de su fuente de alimentación, ya sea eléctrica o combustible.

Sabía que...

El Código Técnico de la Edificación (CTE) en su Documento Básico (SH) referido a la salubridad, define en su apartado tercero (3) la calidad el aire interior que deben cumplirse para cada estancia (CTE HS-3).

2.3. Otras influencias previsibles

Existen, además de las anteriores, diferentes paramentos que igualmente influyen sobre las instalaciones de climatización, entre las que cabe destacar las siguientes.

La cuantía económica de la instalación

Los costes de climatización se inician con la labor de la oficina técnica que diseña la instalación, pues emplea más o menos tiempo en la elección del sistema más adecuado para las demandas previstas.

En este sentido, el grado de estimación de los requerimientos térmicos suele variar con el tamaño del sistema elegido, si bien en casos de grandes instalaciones suele ser mas fácil de calcular debido a la poca variación que existe entre esta gama de sistemas y de la poca maniobrabilidad que presentan.

Nota

Las pequeñas instalaciones pueden variar sustancialmente de precio, dependiendo del fabricante y de sus canales de distribución del producto.

En general, existen dos vías de cálculo:

- Por potencia instalada.
- Por adaptación al edificio.

Una vez se tenga seleccionado el sistema a usar, el coste más importante es la adquisición del equipo. En este sentido y como se dijo anteriormente, la diferencia entre un equipo más o menos grande puede suponer una gran diferencia de precio, pero la diferencia también puede ser importante según el proveedor o la mano de obra (MO), esta última puede marcar la diferencia entre un acabado correcto dentro del plazo de ejecución o una demora generadora de sobre costes.

Gastos de funcionamiento

El día a día en el uso de la instalación es un tema tan importante como su capacidad de hacer frente a la demanda exigida, siendo obligación del diseñador no sobredimensionar la instalación, ni mucho menos infracalcularla, ya que en ambos casos el gasto extra puede ser mayor de lo esperado. Es por ello por lo que se recomienda simular el comportamiento de la instalación para diferentes condiciones externas e internas que puedan desarrollarse en un futuro.

Para la comercialización de los equipos, estos han de pasar una serie de controles de calidad, lo que asegura cierta fiabilidad durante un tiempo. Por otro lado, actualmente, la mayoría de los fabricantes aportan a sus equipos manuales de mantenimiento y corrección de problemas que facilitan estas labores.

Importante

Los gastos de mantenimiento suelen ser los grandes subestimados en la mayoría de las instalaciones. Por ello, un buen plan de mantenimiento correctivo es no solo fundamental para la vida útil de la instalación, sino también para la seguridad de los usuarios.

La ubicación del sistema

Ya sean edificios de nueva construcción o reformados, la ubicación de los equipos y aparatos auxiliares, así como los elementos de unión, suelen ser parte de las condiciones limitadoras de la fisonomía del edificio.

En ocasiones, según el destino de uso del edificio, puede decantarse inicialmente por una instalación centralizada o distribuida, a fin de evitar en gran medida la servidumbre que requieren estos sistemas.

En este sentido, un edificio polivalente debe prever los cambios de uso de las diferentes dependencias, las variaciones de tabiquería o los cambios de volúmenes a acondicionar. Por ello, se considera que para grandes unidades centralizadas conviene meditar la posibilidad de cambios de uso, pues a diferencia de las unidades distribuidas, no se adaptan fácilmente a cualquier nueva distribución de espacios.

Consideraciones de confort

En la mayoría de las ocasiones, el grado de confort de un ocupante no suele coincidir con el de otro, pero existen patrones de comportamiento de las masas de personas, que pueden hacer prever qué tipo de usuario va ha ser el que haga uso de las instalaciones.

Ejemplo

Se puede prever que en un edificio de oficinas en el cual la mayoría de los usuarios van a tener la misma indumentaria, los requerimientos térmicos para un confort adecuado se puede establecer de forma genérica, salvando la diferencia que pueda existir entre dependencias con mayor o menor actividad, el tipo de actividad y las áreas no acondicionadas, como pasillos, ascensores, salas de almacenaje, etcétera.

De forma genérica, los parámetros que favorecen un grado de confort aceptable son:

- Control de la temperatura.
- Control de la humedad.
- Control de las velocidades de impulsión.
- Control de las direcciones del aire impulsado.
- Control de los ciclos de renovación del aire.
- Control de los focos de ruido y vibración.

Nota

El Código Técnico de la Edificación (CTE) establece los niveles mínimos de calidad propios del requisito básico de protección frente al ruido, en su Documento básico HR, de Protección frente al ruido, con el objetivo de limitar, dentro de los edificios y en condiciones normales de utilización, el riesgo de molestias o enfermedades que el ruido pueda producir a los usuarios como consecuencia de las características de su proyecto, construcción, uso y mantenimiento.

3. Tipología en función del equipo y fluido utilizados

A continuación, se verán los diferentes tipos de instalaciones que actualmente se encuentran en el mercado y cómo se clasifican.

3.1. Clasificación según destino de uso

En este caso, se clasifican en:

- **Instalaciones de Ventilación.** Son instalaciones en las que se requiere desplazar o renovar una masa de aire (por ejemplo: cocinas, aseos, trasteros, garajes, almacenes o zonas comunes de edificios).
- **Instalaciones de climatización.** Son instalaciones en las que principalmente se desean alcanzar los grados de confort de las personas que hacen uso de las dependencias climatizadas. Por ejemplo, dormitorios, salones, comedores y zonas de estar, oficinas, teatros, cines, etc.
- **Instalaciones de refrigeración.** Son instalaciones de marcado estilo industrial, en las cuales el objetivo es mantener la cadena de frío en cierto proceso productivo. Por ejemplo, salas frigoríficas, contenedores o vehículos de transporte de alimentos perecederos, etc.

Recuerde

Climatización se considera un término desvinculado del aire acondicionado, pues este solo hace referencia a la refrigeración y la climatización hace referencia al acondicionamiento térmico a lo largo de todo el año.

3.2. Clasificación según distribución de elementos del equipo en la instalación

Atendiendo a esta clasificación, las instalaciones pueden ser:

Compactos

También llamados descentralizados, de expansión directa o unitarios, su característica principal es que la instalación es en sí misma la máquina, es decir, es una sola unidad que no requiere de más instalación que su posicionamiento y conexión a la red eléctrica.

Climatizador compacto o unitario de ventana

Características

- Condensan por agua o por aire.
- Funcionan en modo frío y calor.
- Cubren demandas menores de 10.000 kcal/h.
- Suelen comercializarse precargados de fluido caloportador y con un kit de piezas para la instalación.

Ventajas

- Fácil instalación y mantenimiento.
- Fácil control de la zonificación.
- Requieren menor espacio.
- Económicos.

Desventajas

- El líquido condensado requiere ser evacuado.
- Mala ventilación.

- Escaso filtrado de aire.
- Mal control de la humedad.
- Simultaneidad mejorable.
- Ruidos y vibraciones.
- Ciclo de vida corto.

Definición

Simultaneidad
Para determinar las necesidades térmicas, han de considerarse las cargas máximas de cada local (suma de las cargas internas y externas que determinan el equipo requerido) y la carga máxima instantánea (carga térmica demandada de forma puntual en una zona). Debido a las variaciones de la carga máxima instantánea (sombras, ocupación, etcétera), existe un desfase respecto a la carga máxima del local, que en el cómputo total de horas de funcionamiento supone una disminución en las demandas, lo que puede suponer un buen ahorro energético. Este es el concepto de simultaneidad.

Semicentralizados

Siguen siendo unidades autónomas, pero que pueden dar servicio a más de una estancia y permiten, por tanto, una pequeña distribución mediante el uso de conductos. Son equipos de potencias medias y bajas.

Sistema semicentralizado multi-splits

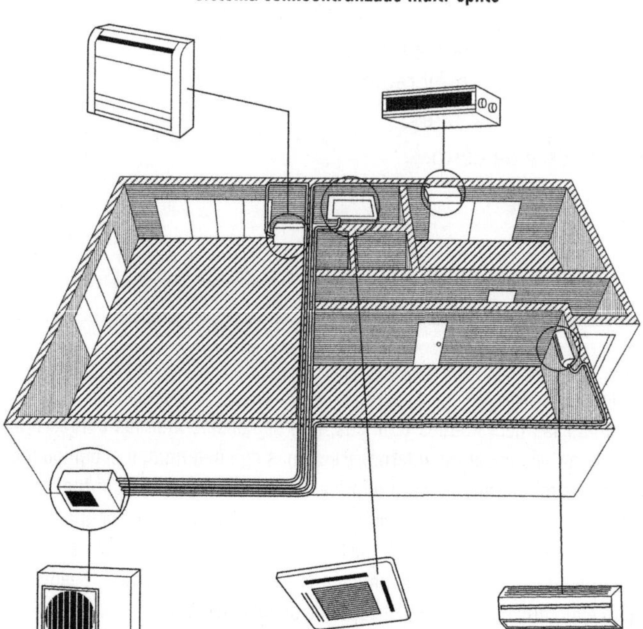

Características

- Condensan por agua o por aire.
- Funcionan en modo frío y calor.
- Cubren demandas mayores de 10.000 kcal/h.
- Suelen comercializarse precargados de fluido caloportador y con un kit de piezas para la instalación.
- Son instalaciones más complejas que las anteriores, por lo general requieren que la instalación de condensador y bomba se realice a cierta distancia del resto de los equipos y del lugar a acondicionar.

Nota

Cuando se requiere que la instalación del condensador y la bomba se realice a cierta distancia del resto de los equipos, deben considerarse entonces efectos como la caída de presión, el aumento de metros de tubería, la distribución de las líneas de conexión, etcétera.

Ventajas

- Permiten la multizonificación.
- Fácil control de la zonificación.
- Menor restricción para la ubicación de aparatos interiores.
- El sistema continúa siendo simple.
- Requieren poco espacio.
- Ligeramente más caros que los compactos.
- Producen menor ruido que los compactos.

Desventajas

- El líquido condensado requiere ser evacuado de las instalaciones interiores.
- Limitación de distancia de los aparatos interiores respecto a la maquina exterior.
- Mala ventilación.
- Escaso filtrado de aire.
- Mal control de la humedad.

Centralizados

Principalmente destinados a grandes requerimientos de potencia frigorífica o calórica, se ubican en lugares específicos para ellos desde donde distribuyen el frío o el calor a las estancias que lo demanden.

Sistema centralizado

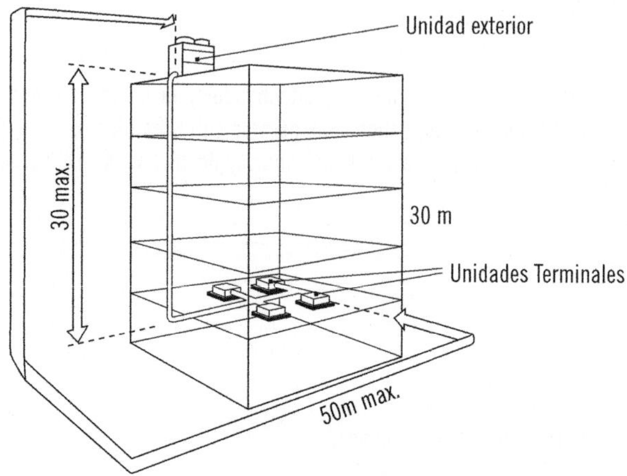

Características

- Pueden ser todo agua, todo aire o mixtos.
- Funcionan en modo frío principalmente.
- Se seleccionan en función de los parámetros de diseño para cubrir las demandas.
- Fabricantes especializados e instalaciones a medida.
- Son instalaciones complejas que requieren de una perfecta instalación y un estricto programa de mantenimiento.
- Su destino suele ser grandes edificios (centros comerciales, edificios de oficinas, etcétera).

Nota

Si se desea su función en modo calor, requieren de sistemas auxiliares para generarlo (bomba de calor reversible, captadores solares, quemadores o resistencias).

Ventajas

- Permiten la multizonificación.
- Máxima eficacia de la zonificación.
- Permiten controlar el consumo en cada estancia.
- El sistema continúa siendo relativamente simple.
- Con un buen diseño, requieren poco espacio interior.
- Por su constitución, requieren que la unidad exterior se ubique en un lugar específico para ella, generalmente una azotea, donde la toma de aire limpio sea más fácil.
- Balances térmicos de recuperación más fáciles.
- Coste inicial relativamente bajo.
- Mejor control de ruidos.

Ejemplo

Los sistemas centralizados (debido en ocasiones a sus tamaños y pesos) requieren de un estudio específico para su ubicación. Un ejemplo son los situados en tejados, que deben disponerse de tal forma que no impliquen un riesgo a las estructuras que los soportan.

Desventajas

- El líquido condensado requiere ser evacuado de las instalaciones interiores.
- Limitación de distancia de los aparatos interiores respecto a la máquina exterior.
- Altos costes de mantenimiento.
- Al requerir grandes potencias, disparan el consumo de operación.
- Mal control de la humedad al iniciar su funcionamiento.
- Riesgo de intoxicación, por estancamientos de fluidos.
- Más expuesto a efectos medioambientales y agentes externos (corrosión, congelación, obturaciones, etcétera).

3.3. Clasificación según fluido caloportador usado por el equipo

El fluido caloportador será el que en definitiva se encargue de llevar el frío o el calor a las estancias que lo demanden. En este sentido, es posible encontrar las siguientes instalaciones:

Aire-aire

El climatizador o unidad de tratamiento del aire se encarga de cubrir las cargas térmicas, impulsando un caudal constante de aire, ya acondicionado a la demanda, hacia las unidades interiores que lo distribuirán a través de terminales difusores de diferente geometría.

Nota

La función del climatizador es la de mezclar el aire de retorno con el aire exterior, para obtener un volumen de aire con características intermedias.

En la siguiente imagen, se observa el proceso de tratamiento del aire.

Componentes de un climatizador centralizado

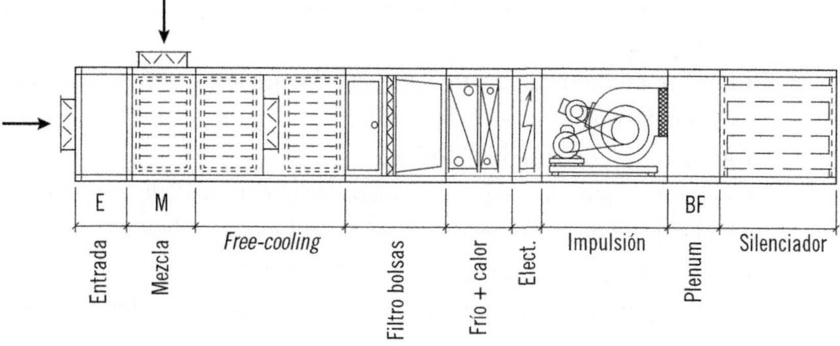

Al entrar el volumen de aire de retorno en el climatizador, parte de él se libera al exterior y, a la vez, se capta un volumen de aire exterior proporcional. El volumen total, suma de ambos, es conducido a través de filtros de eficacia cada vez mayor y, posteriormente, en función de las condiciones térmicas necesarias, se hace pasar a través de diferentes baterías (de frío, de calor, de humectación, etcétera) antes de impulsarlo.

Importante

Conforme al R. D. 1027/2007 (RITE), cuando el caudal de aire de renovación de un subsistema de climatización sea mayor a 3 m^3/s y su régimen de funcionamiento superior a 1.000 horas anuales de utilización del local o zona a climatizar, se diseñará un sistema de recuperación de la energía térmica del aire expulsado al exterior por medios mecánicos, con una eficiencia mínima. He aquí la explicación de por qué se hace obligatoria la utilización de un sistema free cooling o sistema de enfriamiento gratuito.

Sistema de enfriamiento o *free cooling*

Como sistema RECUPERADOR de calor del aire de extracción

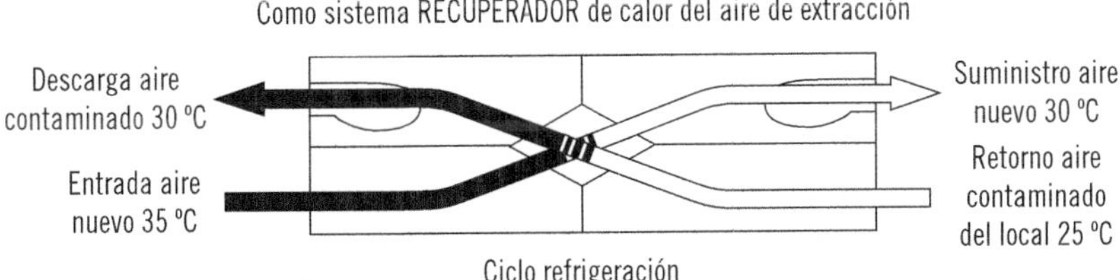

Ciclo refrigeración

Como *FREE-COOLING* aprovechando el aire favorable exterior

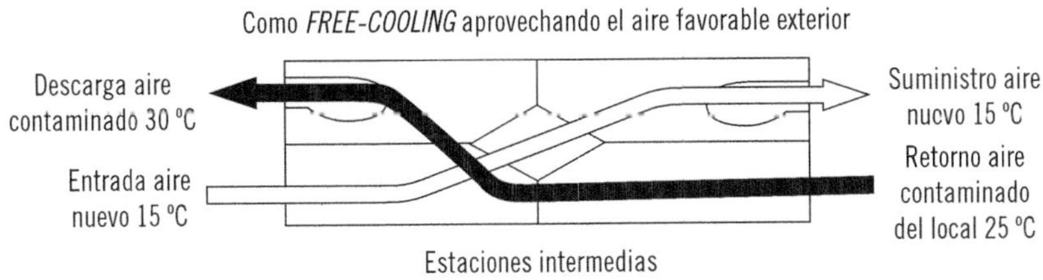

Estaciones intermedias

Agua-agua

En esta ocasión, la unidad de tratamiento exterior se encarga de cubrir las cargas térmicas mediante el impulso de un caudal constante de agua fría o caliente hacia las unidades interiores.

Cabe destacar que las unidades exteriores pueden funcionar como:

Enfriadoras de líquidos

Mediante el empleo de agua, salmuera, mostos, amoniaco, glicoles, etcétera.

Ciclo frigorífico con subenfriamiento del líquido condensado mediante un intercambiador de calor

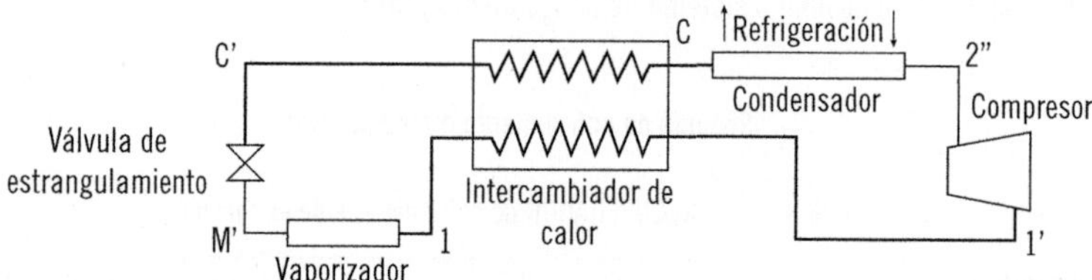

Enfriadoras de líquido reversible

Se habla en este caso de bombas de calor que funcionan en modo frío o en modo calor, según se desee.

Bomba de calor funcionando en situación de verano (refrigeración)

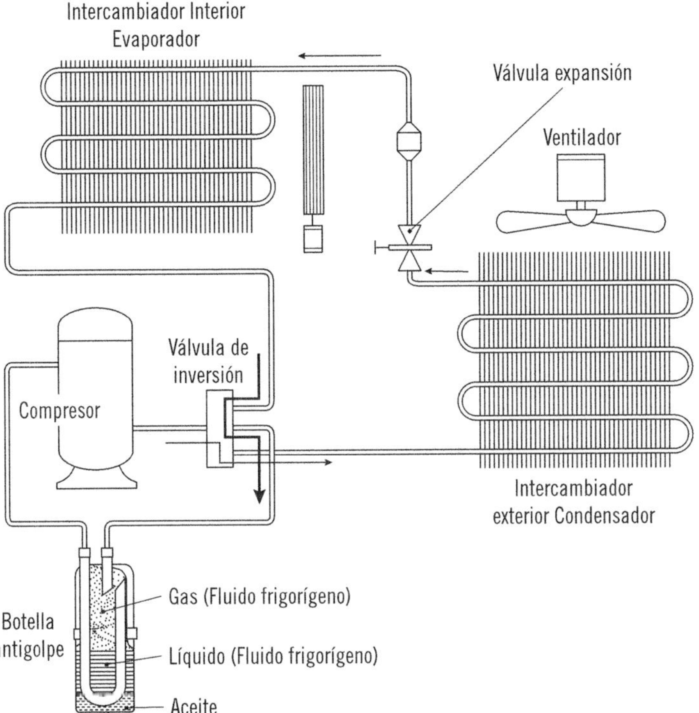

Calentadora de líquido

En este caso, el calor es obtenido de calderas, captadores solares o resistencias eléctricas, o bomba de calor.

Instalación mixta bomba de calor industrial apoyada con colectores solares-caldera de gasóleo

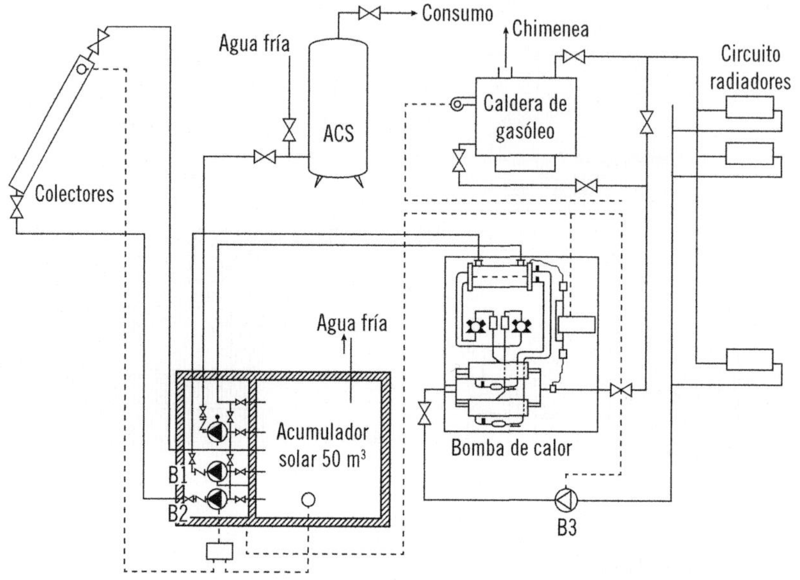

Nota

Cabe destacar también que las unidades interiores suelen ser sistemas ventiloconvectores (climatizadores), techos fríos o suelos radiantes, por ejemplo.

Agua-aire

Este sistema mixto pretende hacer uso de las ventajas de ambos caloportadores: el beneficio de los sistemas basados en agua, en los cuales el control de la instalación es más fiable, y la ventaja que supone la facilidad de movimiento de grandes volúmenes de aire que se consigue con los sistemas de aire.

Nota

Como se describirá más adelante, en los sistemas mixtos se emplean climatizadores (por lo general de tipo inductor) para realizar labores de tratamiento del aire de retorno y fancoils para calentar o enfriar el flujo que se impulsará al espacio a acondicionar.

Solo refrigerantes

Estos sistemas realmente requieren de otro caloportador asistente, que realice las labores en la unidad exterior (por lo general aire); mientras tanto, el refrigerante distribuido por las estancias que lo demanden expansiona directamente en cada unidad interior, bien en modo frío o bien en modo calor, según las necesidades.

3.4. Otras clasificaciones

Pueden considerarse otras clasificaciones igualmente válidas, ordenadas por enfrentamiento, las siguientes:

- Sistemas de expansión directa versus con fluido intermedio.
- Sistemas unitarios versus centralizados.
- Sistemas de caudal constante versus caudal variable.
- Sistemas de simple conducto versus doble conducto.
- Condensados por aire versus condensados por agua.

Aplicación práctica

Va a emprender la tarea de dimensionar una instalación de climatización y debe empezar por conocer los aspectos que influirán sobre los cálculos y parámetros de diseño. ¿Qué parámetros tendría en cuenta?

SOLUCIÓN

Considerando que las cargas térmicas de un edificio pueden variar en función, básicamente, de las soluciones arquitectónicas adoptadas, de las condiciones exteriores e interiores, del presupuesto disponible y del grado de confort que se esté buscando, se estudiarán estos en busca de los parámetros que determinarán el diseño de las instalaciones.

Parámetros arquitectónicos a considerar:

- Reflejos y sombras proyectados por edificios cercanos.
- La propia fisonomía del edificio, su orientación, su forma, su distribución en altura, los huecos para escaleras o ventanas, sus patios interiores y la ventilación natural.
- Materiales del cerramiento (termoarcilla, muros de hormigón, paneles metálicos, cristaleras, etcétera), su disposición (tabiques de ventilación, aislamientos, etcétera) y su colorido.

Condiciones exteriores:

- Condiciones climáticas de la zona.
- Contaminación atmosférica y humedad de la zona.
- Flujos de masas de aire o la radiación incidente según la época del año.

Condiciones interiores:

- Confort demandado por la actividad a desarrollar.
- Volumen a climatizar.
- Cargas por ocupantes.
- Cargas por iluminación artificial.
- Cargas debidas a motores y aparatos.
- La cuantía económica de la instalación.
- Los costes de diseño.
- Sistema elegido y su tamaño.
- Costes de adquisición, operación y mantenimiento.
- La ubicación de los equipos y aparatos auxiliares, así como los elementos de unión y distribución.

4. Descripción de los sistemas de climatización

De las clasificaciones anteriores se derivan numerosas configuraciones de equipos de climatización. A continuación, se describirán los más comercializados y extendidos.

4.1. Unizona (aire-aire)

El sistema lo forma un solo equipo de tratamiento (unitarios), que se destina al acondicionamiento de un solo espacio.

La regulación de estos equipos puede realizarse de varias formas, con el fin de alcanzar mejores balances de consumo energético, como se verá en las siguientes variantes de este mismo tipo de instalación.

Sistema unizona

4.2. Unizona con recalentamiento (aire-aire)

Básicamente es una derivación del sistema anterior, al que se le suma la aplicación de una batería de aire caliente antes de ser impulsado al habitáculo. El aire proveniente de la unidad exterior, donde se fija como temperatura de salida la más fría de la demanda en la instalación.

Sistema unizona con recalentamiento

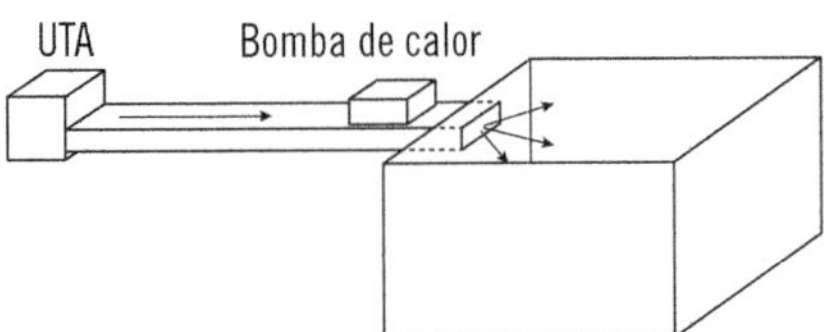

Nota

Con este método, se consigue ajustar perfectamente la temperatura de entrada al local, a costa de un incremento en el consumo energético.

4.3. Multizona (aire-aire)

La unidad de tratamiento del aire exterior (UTA) se encarga de enviar un flujo constante de aire renovado, que se distribuye por la red de conductos mediante el empleo de compuertas o válvulas motorizadas. Al llegar a cada dependencia, el aire es mezclado con caudales generados en bombas de calor o frío que se sitúan en las unidades terminales, con lo que se consigue el acondicionamiento deseado en cada zona.

Estos sistemas suponen un mayor gasto de instalación y de consumo operativo, además de existir mayores riesgos de fugas en las uniones y compuertas.

Sistema multizona

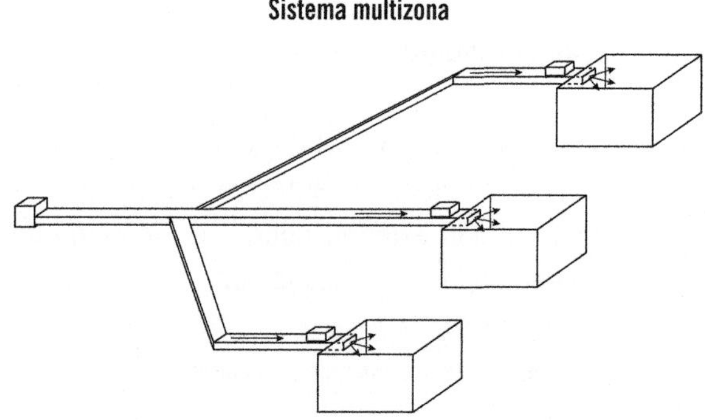

Importante

Otro inconveniente fundamental es la limitación en el número de locales a tratar y la gran diferencia de demandas entre zonas, que puede suponer no cubrir todas las demandas simultáneamente.

Aplicación práctica

Suponga que le encargan mejorar la eficiencia energética de una instalación de climatización. La instalación actual cuenta con un sistema centralizado multizona, con unidad de tratamiento del aire exterior que funciona a base de un intercambio de temperatura aire-aire. ¿Cómo lo haría?

SOLUCIÓN

Primeramente, hay que determinar la carga térmica existente y ver en qué grado son cubiertas por la instalación actual, buscando que las potencias requeridas sean adaptadas a las demandas.

En el caso en que el desfase permita la posibilidad de invertir en sistemas de control de la eficacia, se actuará en pos de ello.

Actuar sobre la maquinaria y la distribución suelen ser las opciones de resultados más rápidos y notables. En este sentido, se actuará montando reguladores de variación de caudal de aire tanto en las máquinas como en las unidades terminales, en donde se actúa en las aberturas de las rejillas deflectoras y toberas de las salas. De este modo, solo se acondicionarán las salas que lo requieran o en el grado en que se desee según la temperatura. Otra opción es montar variadores de revolución en las bombas, lo que permite que la potencia de funcionamiento se ajuste a las demandas de producción.

Si es viable, suplementar dispositivos de ahorro energético, como puedan ser recirculadores de aire o *free cooling,* y baterías de frío o calor más eficiente. Cabe destacar que los sistemas actuales más eficientes constan de una bomba de calor reversible que puede trabajar tanto en modo frío como en modo calor; además, las instalaciones pueden auxiliarse de sistemas de energías renovables, tipo panel solar, aerotermia o geotermia, por ejemplo.

4.4. De doble conducto (aire-aire)

En esta ocasión, la unidad exterior es un climatizador de doble descarga, a través de un ramal caliente y otro frío. La unidad terminal contiene una caja de compuertas que permite mezclar los dos flujos de aire para impulsar a la sala la temperatura deseada.

Sistema de doble tubo

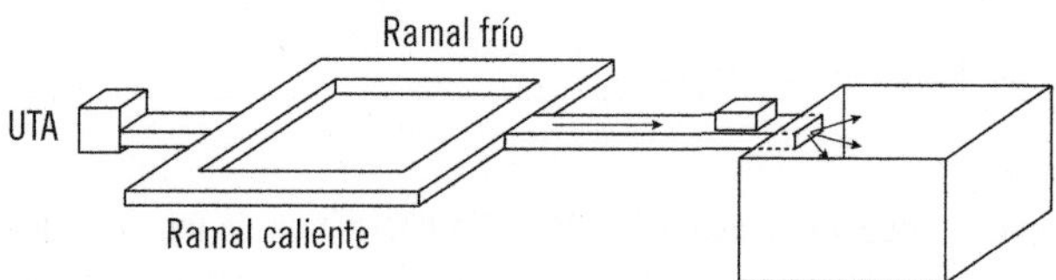

Sabía que...

Aunque estos sistemas permiten un control de la temperatura muy exacto, tienden a desaparecer debido a sus altos costes (de obtención, operación y mantenimiento) y a que requieren ocupar gran parte de los espacios disponibles en los locales y servidumbres comunitarias.

4.5. De volumen de aire variable (aire-aire)

La unidad exterior es un climatizador que dispone de un ventilador con regulador de frecuencia, lo que le permite impulsar más o menos caudal de aire frío. Las unidades terminales requieren de rejillas, toberas o difusores que mezclen el aire.

En general, permiten cierta flexibilidad y ahorro energético, excelente ventilación, zonificación y control de la temperatura y humedad, aunque, por otro lado, son más caros y complicados de instalar, principalmente si se quiere evitar consumir demasiado espacio.

Sistema de volumen de aire variable VAV (Aire-aire)

EA
RA
OA
SA
Caja VAV
Válvula de agua helada
Variador de frecuencia
VFD
Termostato

RA: (Return air) Aire de retorno
SA: (Supply air) Aire de suministro
EA: (Exhaust air) Aire de desfogue
OA: (Outside air) Aire exterior

Nota

En ocasiones, necesitan de sistemas auxiliares de apoyo en calefacción, tipo *fancoils*, radiadores, inductores, etcétera.

4.6. De volumen y temperatura variables (aire-aire)

Es una variante del sistema anterior. Igualmente, su unidad exterior envía el aire tratado al entramado de conductos en los cuales se sitúan mecanismos de compuerta que regulan el volumen de aire que dejan pasar (regulación de caudal) para repartirlo. Al añadir un termóstato en cada local, se consigue, además de regular la temperatura del aire impulsado en cada uno de ellos, que la unidad central conozca a tiempo real las demandas más críticas, adaptándose a ellas y consiguiendo por tanto un mayor ahorro energético global.

Los excesos de caudal que circulan por los ramales de impulsión se *bypasan* con los de retorno, para mejorar la simultaneidad, de modo que se consigue además tener un volumen constante en la instalación, lo que supone requerir menores potencias en las máquinas.

Puede entenderse, entonces, que estas instalaciones necesiten ocupar mucho espacio, lo que, sumado al valor de la propia maquinaria, hace que este sistema sea relativamente caro.

Sistema de volumen y temperatura variable VVT (aire-aire)

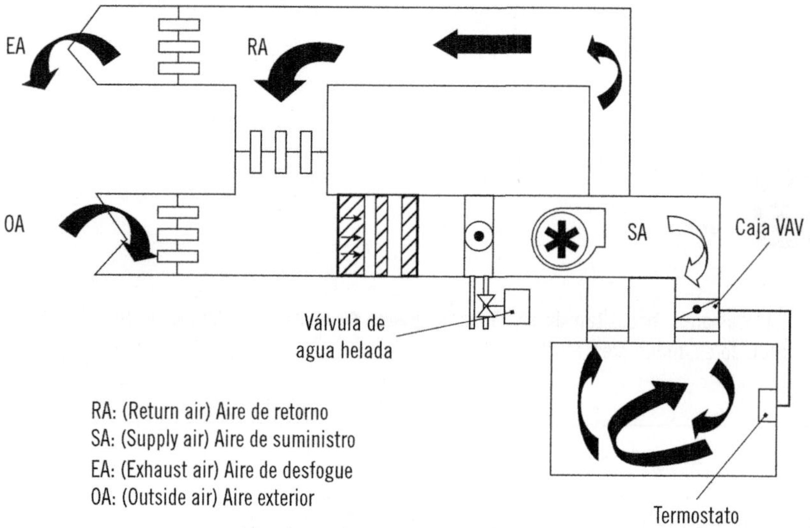

Sabía que...

Los inconvenientes se suplen con unos buenos gastos de explotación, un rápido y alto grado de confort, una sonoridad mínima y una excelente adaptación a la simultaneidad, lo que hace que actualmente sea uno de los sistemas más usados en instalaciones de tamaño mediano.

4.7. Ventiloconvectores *fancoils* (agua-agua)

El sistema contempla la instalación de una unidad central en la que se genere frío o calor que se hará llegar a las unidades terminales denominadas *fancoils* mediante el empleo de circuitos de 2 o 4 tubos, según se combata solamente frío o calor (1 tubería de impulsión y otra de retorno) o ambos simultáneamente (2 de impulsión y 2 de retorno simultáneo de frío y calor).

El *fancoil,* en sí mismo, es un equipo formado por un serpentín por el que circula agua y un ventilador que aspira el aire del espacio a acondicionar, transfiriendo el calor al agua que retorna a la unidad exterior a través de los circuitos. El aire ya tratado y filtrado se devuelve al local a la temperatura deseada para esa zona.

Nota

Estos sistemas requieren de un desagüe para la evacuación del agua condensada, de una protección térmica para su eficacia y de una protección acústica para evitar ruidos indeseados.

Los sistemas a 2 tubos son más comunes y económicos, mientras que los de 4 tubos son más caros, aunque responden más rápidamente y mejor a demandas opuestas. En ambos casos, ocupan relativamente poco espacio, pero requieren de una instalación laboriosa y, en ningún caso, se hace control sobre la humedad o la ventilación.

Fancoil agua-agua

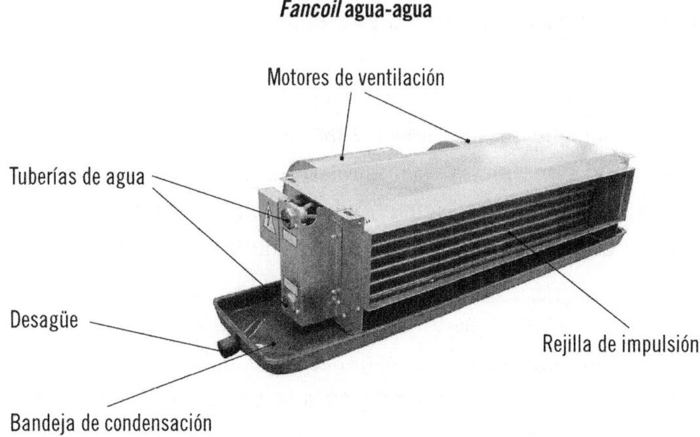

Una variante de estos sistemas son los ventiloconvectores con aire exterior, en los cuales un climatizador auxilia al fancoil a la hora de preparar el aire de ventilación para combatir la carga latente, mientras el ventiloconvector lucha contra la carga sensible del lugar a climatizar.

4.8. Paneles radiantes (agua-agua/refrigerante)

Básicamente, son de dos tipos: suelos radiantes y techos fríos. En ambos casos, el fluido caloportador se hace pasar por canalizaciones diseñadas para tal efecto, dispuestas sobre un panel aislante térmico y acústico y en ninguna se combate la carga latente de forma directa y, al igual que con los ventiloconvectores, se pueden asistir de un climatizador de aire exterior para combatir esa carga.

Suelo radiante

Debe proveerse su instalación al inicio de la construcción, ya que de lo contrario su instalación puede no merecer la pena. Es empleado en sistemas de calefacción y con él se consigue una distribución controlada y homogénea de la temperatura, sin provocar ruidos ni ocupar espacio útil, pues se instala bajo la solería de revestimiento y el forjado del mismo.

Sus inconvenientes pueden encontrarse en que no realiza una ventilación del aire ni controla la humedad y puede inferir en otras instalaciones (líneas de corriente, de ACS, etcétera).

Importante

En los casos extremos, puede provocar una concentración de calor excesiva, por lo que la norma aplicable fija su temperatura de funcionamiento por debajo de los 29 °C.

Su aplicación en modo frío se desaconseja por su poca capacidad de emisión, pues existen limitaciones como la temperatura del rocío del aire o la convección entre suelo y aire.

Sistema de suelo radiante

Techos fríos

Las canalizaciones se sitúan en esta ocasión en el techo o falsos techos que permiten camuflarlo fácilmente. Su efectividad como refrigerante se basa en la diferencia de densidades del aire (el aire frío tiende a caer por debajo del aire caliente, cortina fría) y por simple radiación del sistema.

Sus inconvenientes pueden encontrarse, por ejemplo, en la necesidad de ventiladores auxiliares para mover el aire y mezclarlo con parte del impulsado desde el exterior, o bien en que, en la mayoría de los casos, se necesita aislar el techo para evitar filtraciones por condensación.

Sistema de techo frío

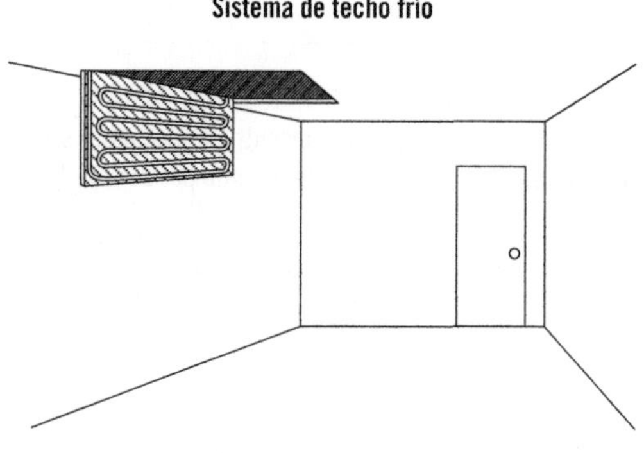

Nota

Por su propia base de funcionamiento, este sistema queda excluido para sistemas de calefacción, por lo que se hace necesario tener un sistema auxiliar para cubrir estas demandas.

4.9. Inductores (aire-agua)

El aire tratado en un climatizador es inyectado a alta presión en los inductores, donde se cruza con el caudal secundario (proveniente del interior del local), la depresión provocada obliga a este último a atravesar la batería de frío o calor de la unidad terminal.

La relación entre aire primario y secundario (o inducido) es de 1/3 a 1/7 y se consigue mediante el empleo de válvulas de 3 vías, en el circuito hidráulico, en instalaciones de 2 o 4 tubos como en los *fancoils* mencionados anteriormente. Funciona tanto en modo frío como calor.

Generalmente, los inductores suelen estar situados perimetralmente sobre el suelo, impulsando el aire verticalmente hacia arriba.

Inductor situado en una oficina

Sabía que...

Aunque hacen un buen control de la temperatura y la humedad y se obtiene una buena calidad en el aire tratado, el sistema comienza a caer en desuso, pues son instalaciones inicialmente caras y más complejas y abultadas que los fancoils a igualdad de potencia.

4.10. Sistemas de volumen de refrigerante variable VRV (refrigerante)

La instalación requiere de una unidad exterior donde se condense el aire y se realice un intercambio con el refrigerante. Este último se lleva a través de canalizaciones hasta las unidades interiores, donde se realiza la expansión directamente en modo frío o calor.

El sistema puede contar con tantas unidades interiores como permita el caudal variante de refrigerante que llegue hasta ellas. Para adecuarse a las demandas simultáneas el compresor variará su velocidad (sistema *inverter).*

Definición

Sistema inverter
Variación de frecuencia en la velocidad de giro de las bombas, compresores o ventiladores, que adaptan el sistema a la demanda, por lo que maximizan el rendimiento de la instalación, evitando consumos innecesarios de energía.

Las limitaciones del sistema se encuentran en el número máximo de unidades terminales a conectar o en las longitudes máximas equivalentes y diferencias de alturas. Además, cuenta con una serie de inconvenientes como los costes de adquisición y mantenimiento, un desagüe para cada terminal, no controla la humedad, problemas comunes en la utilización de refrigerantes (normas restrictivas, recargas, fugas difíciles de detectar, etcétera).

Estos sistemas son fáciles de diseñar, por su cálculo y su distribución, y controlan perfectamente las temperaturas en las unidades terminales.

Sistema de volumen de refrigerante variable y su unión a unidades terminales

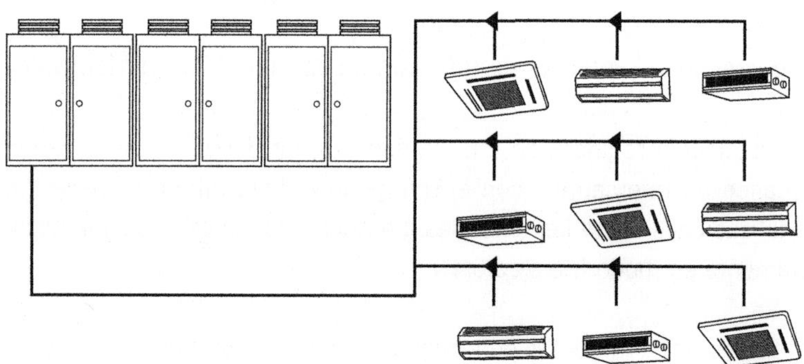

Nota

Además, permiten el apoyo de sistemas auxiliares como los climatizadores de aire exterior.

4.11. Sistema de anillo energético

Consiste en una distribución de agua a través de una canalización cerrada (bucle o anillo), a la cual se pinchan diferentes unidades terminales a lo largo de su recorrido.

Nota

Este sistema se usa principalmente en edificios amplios con grandes cargas térmicas de frío y calor simultáneas en zonas opuestas.

El agua circulante por el anillo hidráulico se mantiene a temperatura constante (entre 25 y 29 °C):

- **En modo frío:** el agua del anillo permite la condensación en las unidades terminales, cediendo calor al líquido que retorna al anillo. Para devolver al anillo su temperatura original de recirculación, se hace pasar el líquido por una torre de refrigeración.
- **En modo calor:** el agua del anillo permite la evaporación en las unidades terminales, enfriando el líquido que retorna al anillo. Para devolver al anillo su temperatura original de recirculación, se hace pasar el líquido por una caldera.

- **En modos intermedios:** un sistema a 2 tuberías permite la circulación de un flujo frío y otro flujo caliente, ambos flujos intercambian sus energías en mezcladores a contracorriente, lo que permite un rendimiento óptimo de la instalación cuando se tienen demandas opuestas en diferentes zonas.

En modos intermedios, el ahorro energético es considerable. En los otros modos, la respuesta es rápida y, en cualquier situación, el control térmico está asegurado.

El contrapunto se encuentra en los costes de adquisición y mantenimiento, en el volumen de agua que se trabaja y en su propia distribución. Además, las unidades terminales provocan servidumbres en los espacios a acondicionar.

4.12. Sistemas centralizados de producción de agua fría o caliente

Enfriadora

Su cometido es enfriar un medio líquido, generalmente agua, a base de la compresión de un vapor.

Sabía que...

Lo que hace la enfriadora es extraer el calor de un espacio.

Un evaporador se encarga de absorber el calor del agua y hacer bajar su temperatura. Al producirse esto, el fluido caloportador (refrigerante) circulante se evapora y pasa al compresor, el cual eleva su presión y la temperatura, para luego ceder en el condensador el calor absorbido a un medio seleccionado, el agua.

Bomba de calor o enfriadora reversible

Su principio de funcionamiento y composición es el de una enfriadora de agua convencional, pero su sistema de regulación y control y, a veces, la utilización de refrigerantes específicos, le permiten operar según la demanda de frío y/o calor y, normalmente, con temperaturas de condensación más altas.

Debido a su reducido tamaño y a que no requieren torre de refrigeración ni contacto con el exterior, resultan fáciles de incorporar en instalaciones existentes, con un coste relativo bajo, y tienen un alto rendimiento energético.

Enfriadora con recuperador

Estas enfriadoras disponen de un condensador auxiliar, por el que circula el refrigerante antes de alcanzar su condensador de disipación (aire o agua).

La enfriadora trabaja según su demanda específica de refrigeración, mientras el circuito de agua caliente recibe todo el calor de condensación que pueda transferirse.

De este modo, se puede producir agua fría y simultáneamente agua caliente (aunque en menor medida para no comprometer el funcionamiento del condensador).

Enfriadora reversible con recuperación

Es una mezcla de las anteriores, emplea la base de su funcionamiento para producir agua fría, caliente o ambas simultáneamente. Para ello, solo requiere de la actuación de diversas válvulas en el circuito del refrigerante, para desviarlo hacia un destino u otro según se demande. En general, son máquinas complejas y costosas.

La IT 1.2.4.6.4 (Climatización de espacios abiertos del RITE) indica: "la climatización de espacios abiertos solo podrá realizarse mediante la utilización de energías renovables o residuales. No podrá utilizarse energía convencional para la generación de calor y frío destinado a la climatización de estos espacios.

5. Resumen

En este capítulo, se ha visto cómo existen diferentes formas de acondicionar un espacio, independientemente de su destino industrial o de confort, y cómo existen parámetros que influyen sobre la carga térmica del lugar:

- **Condiciones arquitectónicas:** reflejos y sombras proyectados por edificios cercanos; la fisonomía del edificio, su orientación, su forma, su distribución en altura, los huecos para escaleras o ventanas, sus patios interiores y la ventilación natural; los materiales del cerramiento, su disposición y colorido.
- **Condiciones exteriores:** condiciones climáticas de la zona, contaminación atmosférica y humedad de la zona, flujos de masas de aire o la radiación incidente según la época del año.
- **Condiciones interiores:** confort demandado, volumen a climatizar, cargas por ocupantes, por iluminación artificial y debidas a motores y aparatos, costes de instalación, de diseño, de adquisición, operación y mantenimiento, ubicación de los equipos auxiliares y elementos de unión y distribución.

Asimismo, se ha analizado cómo las instalaciones pueden ser clasificadas, según la distribución de los elementos que la forman (unitaria, semi-centralizada o centralizada), o bien según el fluido caloportador en que se base su funcionamiento (aire, agua, refrigerante o una combinación de ellos).

Finalmente, se han descrito las configuraciones más usuales de dichos sistemas, cómo se aplican, sus ventajas y sus inconvenientes.

Ejercicios de repaso y autoevaluación

1. Complete el siguiente texto:

La IT 1.2.4.6.4 (Climatización de espacios abiertos del RITE) indica: "la climatización de espacios abiertos solo podrá realizarse mediante la utilización de energías ______________. No podrá utilizarse energía convencional para la generación de ______________ destinado a la climatización de estos espacios".

2. Resuelva el crucigrama.

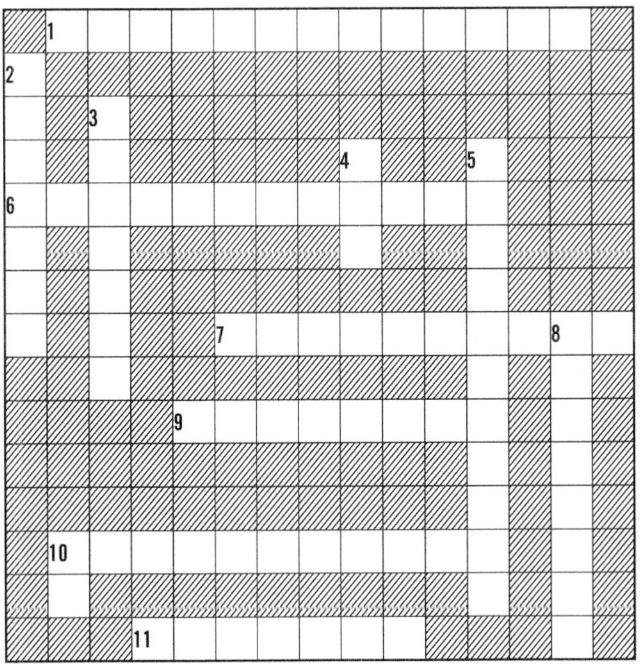

Horizontales:

1. Concepto basado en el desfase entre las variaciones de la carga máxima instantánea respecto a la carga máxima del local.
6. Tiene la función de mezclar el aire de retorno con el aire exterior, para obtener un volumen de aire con características intermedias.
7. Proceso de separación y/o contención de un sólido en suspensión en un medio aéreo o líquido al atravesar un recinto poroso.
8. Fluido caloportador empleado en instalaciones enfriadoras de líquidos.
10. Sistema que proporciona humedad a los caudales de aire caliente que se impulsan al habitáculo.
11. Alrededor de 1900, realizó el mayor logro en acondicionamiento térmico.

Verticales:

2. Ventiloconvector
3. Sistema que lo forma un solo equipo de tratamiento que se destina al acondicionamiento de un solo espacio.
4. Sistema de volumen de aire variable.
5. Sistema de enfriamiento gratuito.
8. Carga interior dependiente del metabolismo de las personas.
10. Documento básico de protección frente al ruido.

3. Indique los elementos del climatizador.

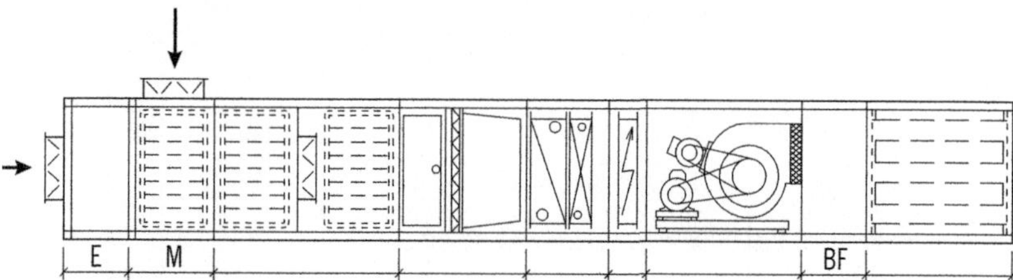

4. **Describa el funcionamiento de una bomba de calor o enfriadora reversible.**

5. **Los sistemas de anillos energéticos funcionan...**

   a. ... solo en modo frío.
   b. ... solo en modo calor.
   c. ... en modo frío y en modo calor.

6. **Describa el sistema por inductores.**

7. **Describa los sistemas de paneles radiantes.**

8. Realice el esquema de las instalaciones enfriadoras de líquidos.

9. Enumere los parámetros que describen un grado de confort aceptable.

10. Enumere las características, ventajas e inconvenientes de los sistemas de climatización centralizados.

Capítulo 3

Organización del montaje de las instalaciones de climatización y ventilación-extracción

Contenido

1. Introducción
2. Aprovisionamiento del material necesario para el montaje de ambos tipos de instalaciones.
3. Fases y puntos clave en el montaje de ambos tipos de instalaciones
4. Manejo de herramientas, instrumentos, aparatos de medida y equipos auxiliares de climatización y de ventilación-extracción
5. Replanteo de los equipos para las instalaciones de climatización y de ventilación-extracción
6. Resumen

1. Introducción

Es función de la empresa instaladora realizar un montaje fiel al diseñado por los proyectistas, tal y como indica el capítulo VIII. Empresas Instaladoras y Mantenedoras del RITE. De acuerdo a esto, la empresa debe estar registrada como instaladora y se le exigirá que los trabajos de montaje, pruebas y limpieza se realicen de forma que la instalación, a su entrega, cumpla con los requisitos que señala el capítulo segundo del RITE, así como interferir lo menos posible en el trabajo de otros oficios.

A la finalización de la instalación, la empresa ejecutora de los trabajos deberá realizar los esquemas y planos necesarios para la correcta interpretación de los trabajos realizados, indicando dimensiones, espacios libres, situación de conexiones, pesos y cuanta información sea necesaria para alcanzar tal fin. En los casos oportunos, esta información puede ser complementada o sustituida por información proporcionada por el fabricante.

Es labor de la empresa instaladora establecer un acopio de los materiales que le serán necesarios, de forma escalonada y según las necesidades.

En acuerdo con la dirección facultativa que supervise la ejecución, la empresa instaladora deberá efectuar el replanteo de cuantos elementos de la instalación le sean necesarios para un correcto montaje.

2. Aprovisionamiento del material necesario para el montaje de ambos tipos de instalaciones

A continuación se presentarán los principales aspectos a tener en cuenta a la hora de gestionar el aprovisionamiento necesario para acometer un trabajo eficaz y rápidamente, a la vez que se obtiene un ahorro en materiales y servicios.

2.1. Definición y objetivos del aprovisionamiento

Los procedimientos de aprovisionamiento contemplan operaciones de búsqueda y selección de los proveedores de materias primas y servicios externos.

Una vez escogido el proveedor, se iniciarán las operaciones necesarias para establecer los términos en que se realizarán las compras de materiales.

Nota

Los términos versarán sobre precios, plazos de entrega, garantías, calidades, etcétera.

Los objetivos pueden variar dependiendo de la relevancia del proyecto a iniciar. Los siguientes objetivos pueden ser tomados como ley de mínimos y/o considerados más o menos relevantes según se adecúen a las circunstancias propias de cada proyecto:

- Encontrar una fuente de suministro fiable y de calidad.
- Minimizar los riesgos de variaciones en el precio.
- Poder hacer frente a las variaciones de demandas generadas por los trabajos que son afrontados.
- Alcanzar un flujo adecuado de materiales.
- Agilizar los procesos de compra y venta de productos.
- Establecer relaciones de protectorado de los proveedores y de fidelidad hacia los clientes.
- En general, actuar hacia el establecimiento y difusión de los valores de la empresa (calidad, servicios, garantías, etcétera).

2.2. La importancia de la gestión del aprovisionamiento

La gestión de compras es uno de los puntos más importantes en el proceso de abastecimiento.

En este sentido, es fundamental el establecimiento de normas para la implantación y mantenimiento de la calidad, como puede ser la ISO 9000, la cual especifica la manera en que una organización opera, sus estándares de calidad, tiempos de entrega y niveles de servicio.

Su aplicación a las labores de gestión de las compras se hace a nivel de:

- Proceso de compras.
- Información de las compras.
- Verificación de los productos comprados.

Importante

Por medio de la reducción de los costes relacionados con las operaciones de compras gracias a una gestión de aprovisionamientos efectiva, una empresa puede mejorar de forma interna sus márgenes de beneficio, pudiendo plantear una ventaja sobre sus competidores si decidiesen trasladar a sus clientes parte del ahorro obtenido, incluso sin mermar la calidad de sus productos o servicios.

En ocasiones, la implantación de procesos de control y gestión de aprovisionamiento afecta a los márgenes de operaciones, a las inversiones previstas y a los fondos de maniobra, lo que puede eclipsar los beneficios que se pretenden obtener con su implantación.

2.3. Ventajas

La diferencia respecto a la competencia puede basarse en diferentes aspectos. Principalmente, todos partirán de las ventajas que se establezcan al implantar el plan de abastecimiento:

- Incremento de la eficiencia, en general, de todos los procesos.
- Reducción del inventario.
- Inventarios más seguros.
- Aumento de los ingresos.

- Establecer un gasto fijo.
- Proteccionismos respecto a proveedores.
- Fiabilidad de productos y proveedores.
- Optimizar los volúmenes de compra.
- Previsión de ventas.
- Posibilidad de negociación de los precios.
- Centralización de pedidos.

Sabía que...

La gestión del abastecimiento implica desarrollar planes de coordinación entre departamentos de la empresa, con la intención de aunar los objetivos que permiten determinar necesidades, buscar y seleccionar los mejores proveedores y poder establecer una ética profesional propia en la empresa.

2.4. Útiles de trabajo

Los materiales y herramientas generalmente más usados en el ámbito de la climatización y la ventilación-extracción son:

- Tubos de cobre desde 2 a ¼" para tuberías de gas y de líquido.
- Material aislante para las tuberías, conductos, uniones y válvulas.
- Roscas de diferentes diámetros.
- Canaletas y tapas para ocultar las tuberías y conductos de aire acondicionado.
- Tubos, chapas metálicas, plásticas o mixtas y accesorios de unión para conducciones de impulsión, retorno o desagües de las unidades interiores y exteriores.
- *Silentblocks* y otros sistemas para evitar traspaso de vibraciones de las unidades exteriores a sus bancadas y de estas a las paredes, de las unidades interiores y de las conducciones frigoríficas, con la intención de atenuar los ruidos que pudiesen generarse.

- Tornillos y tacos de diferentes diámetros y elementos de soportación, raíles, varillas roscadas, etcétera.
- Cable de red eléctrica de diferentes números de hilos y secciones, para las tomas de corriente, distribución y empalmes de las distintas unidades, detector de metales, busca-polos y verificadores de tensión.
- Pistola y tubos de silicona, bote de espuma expandida o pasta de selladoras para tapar agujeros.
- Marcadores, niveles y metros.
- Taladro con percutor, martillos, cinceles y buriles.
- Brocas de pared de diferentes medidas y longitudes, con o sin coronas, desde 5 hasta 30 mm.
- Pelacables, alicates de corte para electricidad y alicates de presión para inmovilizar algún elemento.
- Destornillador de punta plana y de estrella, grandes, pequeños y de precisión.
- Juegos de llaves inglesas (medidas 6 a 32), de tubo (6 a 28), fijas (6 a 28), Allen (11 primeras medidas), grifa (12 a 32) y dinamométricas.
- Sierra de corte, tijera, cortatubos, cortafríos, etcétera.
- Máquina curvadora de tubos o muelle curvatubos de diferentes diámetros.
- Abocardador y ensanchador para tuberías de diferentes diámetros, enderezadores de aletas (peines).
- Equipo completo de soldadura.
- Anemómetros, manómetros, termostatos y básculas de precisión.
- Recipientes contenedores de líquidos y gases refrigerantes.
- Bomba de vacío.
- Detectores de fugas y recuperadores de refrigerante.

Recuerde

En ocasiones, la implantación de procesos de control y gestión de aprovisionamiento afecta a los márgenes de operaciones, a las inversiones previstas y a los fondos de maniobra, lo que puede eclipsar los beneficios que se pretenden obtener con su implantación.

Aplicación práctica

Suponga que le encargan la realización del montaje de un equipo doméstico de climatización, ¿qué materiales y herramientas necesitaría para tal fin?

SOLUCIÓN

- Tubería de cobre de los diámetros necesarios.
- Tubería de desagüe.
- Aislante para tuberías, en forma de tubo, en forma de plancha o cinta adhesiva; también, si se estima, canaletas protectoras.
- Manguera de clave eléctrico.
- Bote de espuma expandida o pasta selladora.
- Guantes aislantes y gafas protectoras.
- Instrumentos de nivelación, marcado y medición.
- Taladros para pared, con las brocas y coronas necesarias.
- Juego de destornilladores de diferentes formas y calibres, así como un juego completo de llaves planas, Allen y un par de llaves inglesas.
- Pinzas pela cable.
- Cortatubos y curvatubos adecuados a los diámetros de las tuberías, así como un abocardador y un escariador.
- Juego de tacos, tornillos y arandelas para fijar la unidad interior.
- Elementos de soporte para la unidad exterior y las canalizaciones.
- Bomba de vacío, manómetro.
- Cilindro cargado de refrigerante.

3. Fases y puntos clave en el montaje de ambos tipos de instalaciones

A continuación, se verán las fases más relevantes a tener en cuenta a la hora de realizar una instalación. La persona encarga de realizarla será la responsable directa de su correcto funcionamiento y deberá concensuar junto con la dirección técnica (si existiese) las posibles medidas correctoras que debiesen aplicarse ante los inconvenientes que se presentasen durante el replanteo.

Nota

El montaje de una instalación de aire acondicionado se puede dividir en tantas fases como requieran las propias características de la misma.

La primera característica del montaje de una instalación de aire acondicionado durante la construcción de un edificio es que esta fase se solapa en el tiempo y en el espacio con otras, como las de montaje de calefacción, gas, fontanería, telecomunicaciones, alicatadores o ascensores, siendo fundamental en este caso la planificación de actividades integrando la prevención en la toma de decisiones para evitar que se produzcan accidentes.

3.1. Fases

En general, los procedimientos de instalación, ya sean más o menos complejos, pueden subdividirse en los siguientes:

Paso 1

Identificar y obtener la documentación relativa a la instalación que se pretenda ejecutar (proyectos, informes técnicos, manuales de fabricante, manuales de instalación, garantías, calidades, etcétera) y hacer un uso eficaz de dicha información.

Paso 2

Identificar la maquinaria que se vaya a instalar y su ubicación correspondiente, ocasión esta en la que poder realizar un primer análisis de replanteo, averiguando posibles alternativas a la hora de realizar la distribución de tuberías, conductos y ramales eléctricos.

Consejo

A menudo, al realizar el replanteo de la instalación, resulta muy útil el uso de trazados y marcados mediante cuerdas tintadas, spray y otros métodos, a fin de establecer de forma visual por dónde discurrirán las tuberías de unión, pudiendo apreciar posibles interferencias entre dichas conducciones.

Paso 3

Identificar igualmente las máquinas y/o herramientas que serán útiles para realizar el montaje (destornilladores, abocardadotes, cortadores de piezas, bomba de vacío, taladros y brocas pasamuros, etcétera).

Paso 4

Contrastar las mediciones originales con las finalmente necesarias, obteniendo de este modo el número de piezas necesarias para un buen acopio de materiales, metros de tubería de diferentes diámetros y los aislantes, en caso necesario, n.º de codos de 45, de 90 º, empalmes, etcétera.

Paso 5

Una vez realizado el planteamiento de los equipos y su distribución y conociendo las dimensiones de los elementos de distribución, se pasará a realizar las operaciones de acondicionamiento de los mismos, esto es:

- Realizar las bancadas necesarias para la colocación última de los equipos exteriores. A continuación, se muestran diferentes tipos de sistemas de soporte de estas unidades.

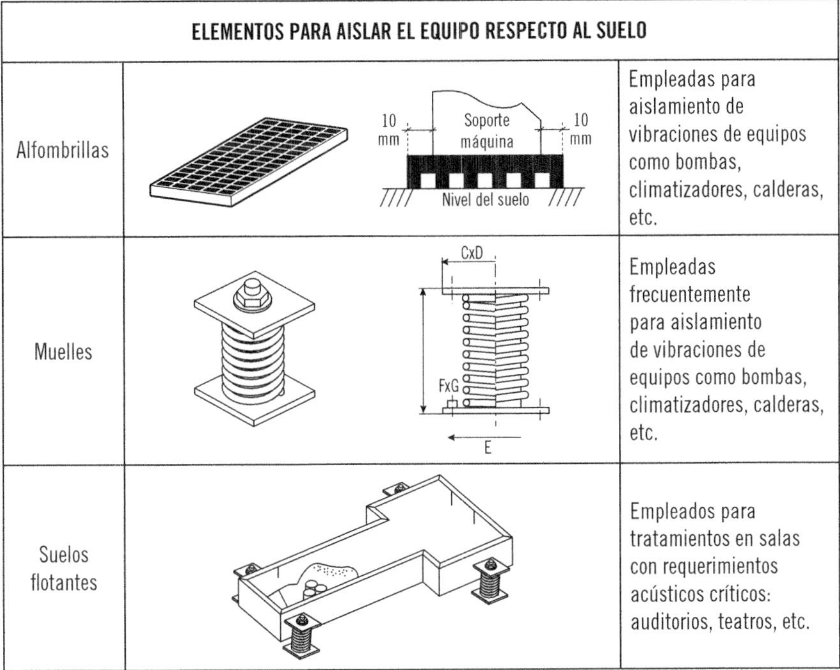

ELEMENTOS PARA AISLAR EL EQUIPO RESPECTO AL SUELO		
Alfombrillas		Empleadas para aislamiento de vibraciones de equipos como bombas, climatizadores, calderas, etc.
Muelles		Empleadas frecuentemente para aislamiento de vibraciones de equipos como bombas, climatizadores, calderas, etc.
Suelos flotantes		Empleados para tratamientos en salas con requerimientos acústicos críticos: auditorios, teatros, etc.

- Colocar el soporte para los elementos de distribución, tuberías o conductos de impulsión, de retorno, de desagüe, de alimentación eléctrica, etcétera. En la imagen siguiente, pueden verse diferentes sistemas de soporte destinados a reducir el ruido procedente de las vibraciones de estos elementos.

ELEMENTOS PARA AISLAR EL EQUIPO RESPECTO AL TECHO		
De goma		Para soportación antivibratoria al techo de tuberías, extractores, conductos, etc
De muelle		Para soportación antivibratoria al techo de tuberías, extractores, conductos, etc

- En los casos necesarios, realizar los agujeros pasantes para la distribución (por ejemplo agujeros pasamuros).
- Respecto a la impulsión en el local a acondicionar, pueden darse 2 opciones:
  - Si se utilizan unidades terminales internas: en este caso, se realizará la preubicación, su orientación, su desagüe, su alimentación eléctrica, etcétera.
  - Si se utilizan elementos impulsores (toberas, rejillas, etcétera): en este caso, se determinará su distribución, su orientación, sus dimensiones, etcétera, si no se han determinado anteriormente.

Importante

El Código Técnico de la Edificación, en su Documento básico de protección frente al ruido DB-HR, establece que, para evitar la transmisión de vibraciones y ruidos nocivos, han de emplearse sistemas de bancadas.

Paso 6

Realizado todo lo anterior, resta iniciar el proceso de instalación. En el caso de ser unidades descentralizadas, esta operación se realizará desde las unidades terminales hacia la unidad exterior. En el caso de distribuciones mediante conductos, puede realizarse desde las unidades exteriores hacia el interior.

En cualquiera de los dos casos anteriores, lo principal es la unión de elementos entre sí y de estos con las distintas máquinas.

Distribución interior mediante conductos

Elementos de soporte para tuberías

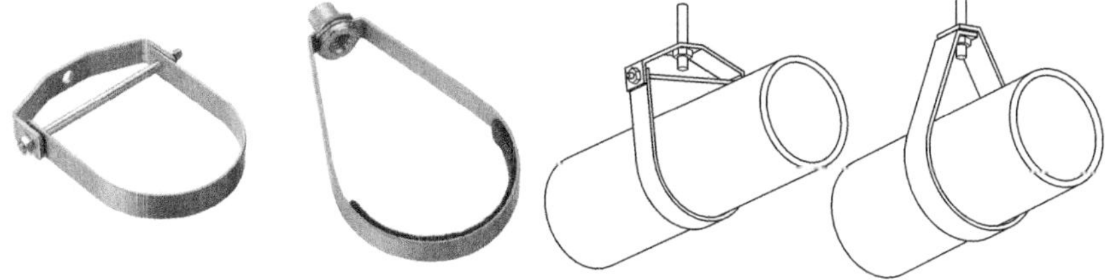

Importante

Deben ser uniones lo más estancas posible a fin de evitar fugas térmicas importantes o fugas del propio fluido caloportador, en caso de que este sea un glicol; existe además un riesgo no solo de pérdida de eficacia, sino también de contaminación y riesgo humano.

Paso 7

Una vez el ensamble de todos los elementos se ha finalizado, ha de procederse a limpiar la instalación y a verificar la estanqueidad.

Métodos de limpieza de conductos: por aspiración, por aire a presión y cepillo

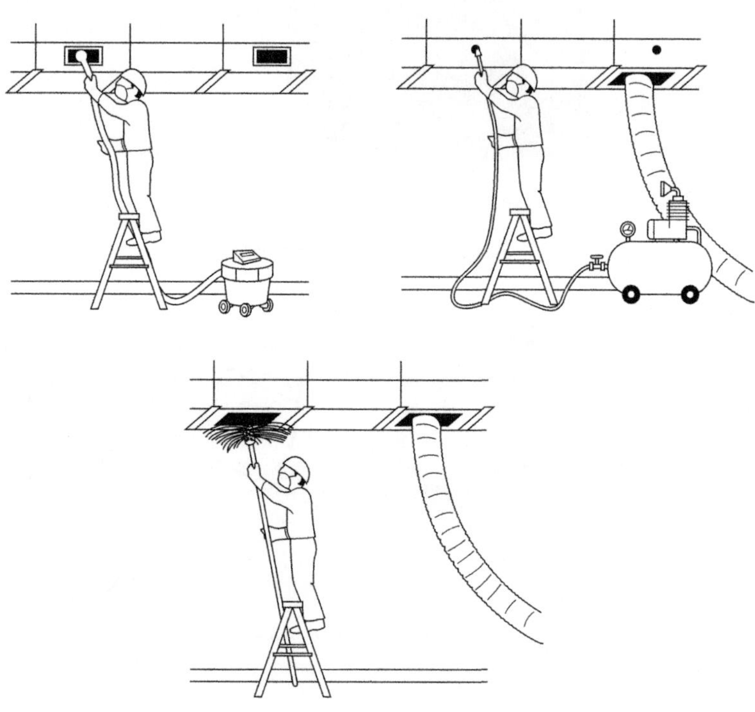

Nota

La limpieza se referirá tanto a la propia de los equipos, como la limpieza de los filtros, de los serpentines, filtros de aire, limpieza y control del tablero eléctrico, medición y calibración de termostato, etcétera.

La presencia de aire en el circuito frigorífico puede variar las presiones de trabajo del refrigerante, reduciendo la capacidad de refrigeración, el compresor se vería afectado y terminaría por averiarse.

Bomba de vacío

Nota

La comprobación de la estanqueidad, antes de la carga de gas refrigerante, se realiza creando el vacío en el interior de las tuberías y en las propias unidades terminales, mediante el empleo de una bomba de vacío (Este procedimiento se explicará detalladamente más adelante).

Paso 8

Antes de realizar la puesta en marcha de la instalación, es necesario realizar el conexionado a la red eléctrica de todos los elementos que lo requieran, que, en la mayoría de las ocasiones, se realiza de acuerdo a las instrucciones del fabricante.

Recuerde

En otras ocasiones, cuando las instalaciones son más complejas, la instalación eléctrica vendrá definida en un apartado específico del proyecto, donde deberán aparecer el esquema unifilar y el esquema desarrollado.

Paso 9

Por último, se realizará la puesta en marcha de la instalación, se definirán los parámetros de funcionamiento y se comprobarán los saltos térmicos en los locales acondicionados.

4. Manejo de herramientas, instrumentos, aparatos de medida y equipos auxiliares de climatización y de ventilación-extracción

En ciertas ocasiones y en la mayoría de instalaciones de equipos de poca potencia comercializados, se incluyen los materiales y herramientas necesarias para realizar el montaje. En cualquier caso, el técnico que realice la instalación deberá conocer las herramientas, instrumentos, aparatos de medida y equipos auxiliares necesarios para la correcta ejecución. Para ello, a continuación se describen algunos de estos.

4.1. Detectores de fugas

Actualmente, existen varias formas de detectar las fugas. A continuación, se analizan las más importantes.

Agua jabonosa

Es el método tradicional empleado para cualquier fuga y consiste en untar con agua jabonosa la zona donde se cree que se localiza la fuga. Si esta existe, se crearán burbujas por efecto de la salida de aire a presión.

Detector de fugas con carga de butano

Funciona con una espiral de cobre en la que la fuga actúa como catalizador en el tubo quemador de acero inoxidable.

Detector con carga de gas butano

Detector de fugas sonoro

Un sensor electroquímico consta de un sustrato cerámico, cargado con un elemento reactivo y mantenido a alta temperatura mediante un elemento calefactor incorporado.

Cuando el gas refrigerante entra en contacto con la superficie caliente, los átomos de cloro, flúor o bromo se separan de la molécula y se ionizan. Como consecuencia, una corriente eléctrica dentro del sustrato cerámico fluye hacia un electrodo colector ubicado en el centro, que lo transforma en una señal.

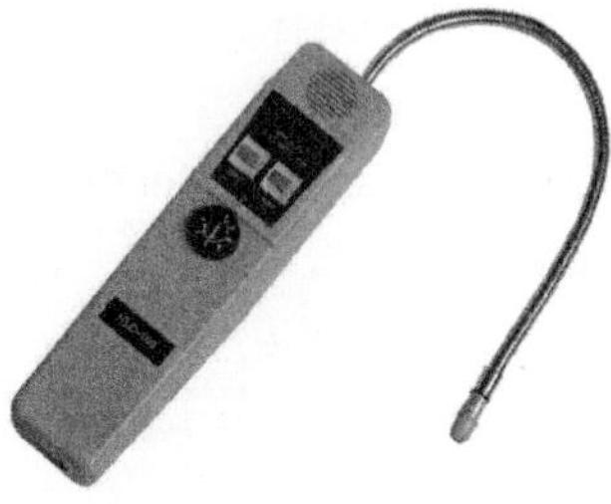

Detector sonoro de alta sensibilidad

Nota

Este tipo de detector reacciona con todo tipo de gases refrigerantes.

Detector de fugas por contraste de luz ultravioleta

Se realiza una carga de refrigerante al cual se le ha añadido un colorante. Posteriormente, se rastrea con la lámpara de luz ultravioleta todo el circuito y así se localizan las posibles fugas.

Lámpara de luz ultravioleta

Sabía que...

Este método es ampliamente usado en fugas de los circuitos refrigerantes de vehículos.

4.2. Herramientas para soldadura

Alfombra ignífuga

Protección contra la llama del soplete. Soporta temperaturas de hasta 700 °C durante exposiciones prolongadas. Adecuada para trabajos de rehabilitación, es también ideal para colocar y proteger equipos o elementos auxiliares próximos al lugar donde se va a efectuar la soldadura.

Manta ignífuga

Sabía que...

Las nuevas mantas ignífugas no contienen amianto, debido a su prohibición en los países desarrollados, por ser un material cancerígeno.

Encendedor de seguridad

Empleado para encender el soplete manualmente y de forma segura.

Encendedor

Equipo de oxibutano

Para realizar soldaduras autógenas. Consta de una botella de butano, una botella de oxígeno, un soplete que normalmente se suministran con 3 metros de manguera doble y sistema antirretorno, un manorreductor de oxígeno, 5 boquillas, y un carro portabotellas para su cómodo traslado.

Se utiliza en soldaduras blandas, por tanto muy útil en montaje de pequeños equipos de climatización, ya que es mucho más económico que la soldadura en oxiacetileno.

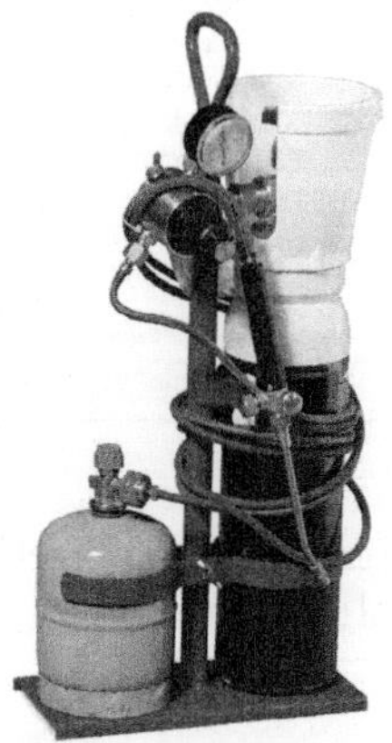

Soplete de oxibutano

Importante

Para su uso es necesario emplear gafas de protección.

Equipo de oxiacetileno

Para realizar soldaduras autógenas. Incluye botella de acetileno, botella de oxígeno, soplete con portaboquilla, manguera doble de normalmente 5 metros con antirretorno, 7 boquillas de 50 a 400 l/h, manorreductores de oxígeno y acetileno, y un carro portabotellas para su cómodo traslado.

Soplete de oxiacetileno

Nota

Lógicamente, para su uso también es necesario emplear gafas de protección.

Varillas de soldadura blanda Cu-Ag

Empleadas para soldadura blanda, por ejemplo en cobre, de las instalaciones de frío, sin necesidad de aplicar decapante. Su composición incluye entre un 3 y un 7 % de plata (Ag) según el fabricante, que la presenta en grosores de aproximadamente 2 mm.

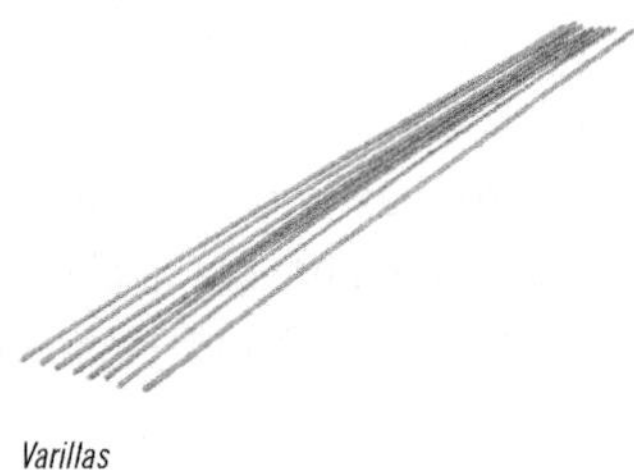

Varillas

Varillas de soldadura fuerte Cu-Ag

Estas varillas se utilizan para soldadura fuerte, se aplican con decapante, en polvo o gel. Su composición incluye entre un 12 y un 18 % de plata (Ag) según el fabricante, que la presenta en grosores de aproximadamente 2 mm.

Varillas para soldadura fuerte y decapante en polvo

Nota

Las varillas de soldadura fuerte sueldan cobre y latón.

Sopletes a cartuchos

Sopletes de encendido de seguridad. Alcanzan altas temperaturas en poco tiempo, hasta 2000 ºC.

Soplete de cartucho intercambiable

Sabía que...

Los sopletes a cartuchos son ligeros y cómodos, por lo que resultan una ventaja frente a los tradicionales. Su botella es desechable.

4.3. Otras herramientas y equipos

Muelles curvatubos

Herramienta para realizar un curvado manual del tubo de cobre. Este sistema es el más sencillo para curvar tubos de cobre recocido o aluminio de diámetros entre 6 y 18 mm.

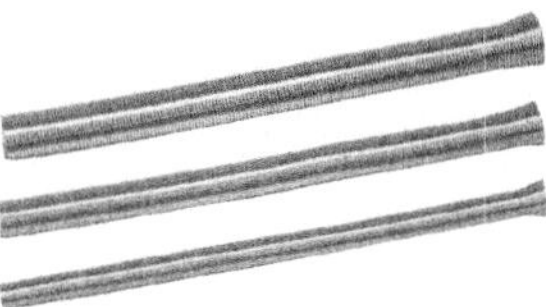

Varios muelles par curvar

Nota

Para su uso, basta con introducir parte del tubo dentro del muelle y flexar este de la forma deseada, consiguiendo un curvado más o menos homogéneo.

Curvatubos

Herramientas para el curvado manual en tubo de cobre y para el curvado de precisión hasta 180º de tubos de cobre recocido, latón y acero dulce. Incorporan una graduación para su correcto manejo. La posición inicial del mango es a 90º.

Los mangos son especialmente resistentes para evitar su deformación.

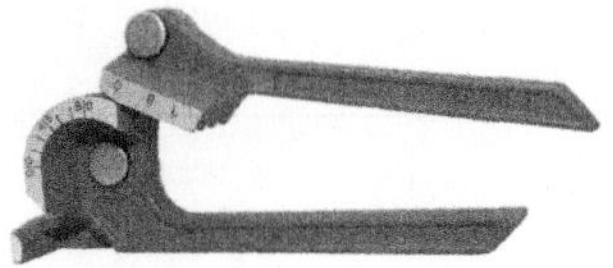

Curvatubos graduado

Nota

Los curvatubos están especialmente diseñados para trabajos de refrigeración.

Curvadora de una sola mano

Curva de forma manual y precisa tubos de cobre recocido, cobre revestido, aluminio, acero dulce y acero inoxidable de pared fina, hasta 90°. Suele venir con una tenaza curvatubos, un soporte para tubos y hormas para diferentes diámetros, en un mismo kit.

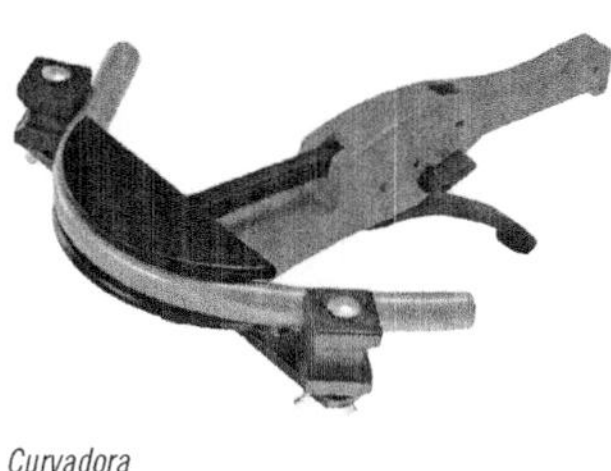

Curvadora

Sabía que...

Las hormas de curvado están fabricadas en material plástico que opone un mínimo rozamiento al curvar, para así no dañar el tubo de cobre.

Curvador eléctrico portátil

Curva de forma precisa y en frío hasta 180° de tubos de cobre recocido, rígido y revestido, acero dulce, aluminio, latón, acero inoxidable y tubos de polietileno multicapa, en diámetros que van desde los 12 a los 35 mm.

Nota

Su uso resulta sencillo, fácil y rápido. Dispone de un motor que lo acciona y una caja de engranajes para un rendimiento óptimo.

El kit suele incluir la curvadora, hormas y patines de curvar para diferentes diámetros de tubo y bulón. Las hormas de curvado están fabricadas en aluminio forjado para una alta resistencia y larga vida. Los radios de curvatura están normalizados (DIN 1768). Los patines llevan una guía de baja fricción. Fabricado en poliamida de alta calidad para evitar roturas. Con dos puntos para lubricación.

Curvadora electroportátil

Abocardador o abocinador

Se emplea en tubos de cobre recocido, aluminio y latón.

El kit suele contar con un juego de conos para producir el abocinado en diámetros que van desde 1/8" a 3/4", una pinza que sirve de mordaza al tubo que se desea abocinar y el propio abocardador.

Nota

Es la herramienta idónea para producir una deformación troncocónica con un ligero reborde en forma de arandela en la boca del tubo, de forma que, al unirlo al siguiente, exista un contacto completo y sin fisuras, para su posterior unión mediante racores herméticos o mediante soldaduras.

Su fabricación se hace de acuerdo con la norma UNE 16563-1:1996.

Abocardador

Expandidor

Su función es expandir, reducir y calibrar tubos de cobre recocido, acero dulce y aluminio, de 8 a 42 mm de diámetro.

El kit incluye cabezales diferentes que aseguran una correcta expansión axial centrada, lo que permitirá uniones herméticas mediante racores o soldaduras.

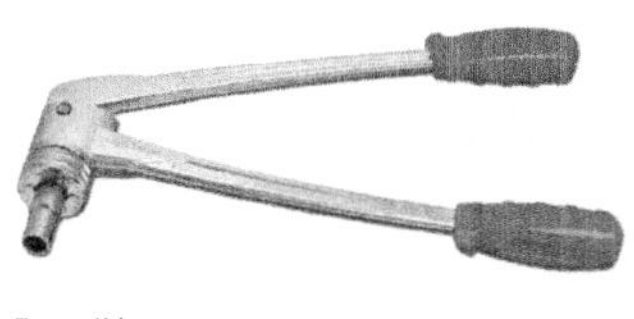

Expandidor

Extractor manual de T

Realiza de forma manual derivaciones o collarines en tubos de cobre rígido y recocido, aluminio y acero dulce de diámetros comprendidos entre 10 y 42 mm.

El kit lo componen unas campanas extractoras de 12-15-18-22 mm, una broca ajustable para realizar el orificio (10-42 mm), una llave de carraca y una tenaza de levas.

Su empleo es fácil y sencillo.

Juego de extractor manual de T

Sabía que...

Existen también extractores de T automáticos.

Cortatubos telescópico

Corta con precisión tubos de cobre, latón, aluminio y acero inoxidable de diámetros comprendidos ente 6 y 35 mm.

El avance de la cuchilla es regulable (telescópico) y normalmente incorpora una cuchilla escariadora retráctil.

Nota

Es fácil de usar: se ajusta al tubo y, al notar resistencia, se da medio giro al pomo y se le dan dos vueltas. Esta operación se repetirá hasta que el tubo quede cortado.

Su fabricación se hace de acuerdo con la norma UNE 16558:1999.

Cortatubos telescópico

Escariadores

Su función es quitar rebabas antes de abocinar, abocardar o soldar cualquier tubo, para poder después realizar una correcta instalación o montaje. Se emplea en chapa y tubos de diferentes diámetros.

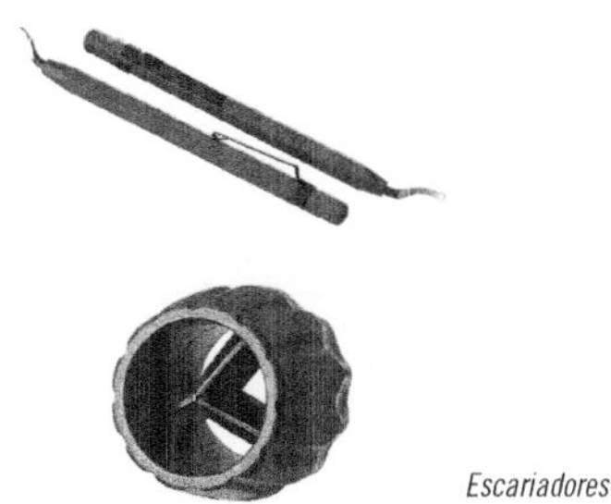

Escariadores

Llaves de carraca

Es una herramienta versátil que en climatización se emplea para las válvulas de servicio que existen a la entrada y salida del compresor, en la línea de líquido, en depósitos de líquido o junto a elementos auxiliares del equipo.

Llaves de carraca

Aplicación práctica

¿Qué elementos emplearía para realizar la unión de una tubería de cobre a una válvula de presión de una unidad exterior?

SOLUCIÓN

Para la unión haría falta disponer de:

- Cortatubos del diámetro apropiado.
- Abocardador de tubos.
- Escariador de tubos.
- Uno o dos juegos de llaves planas.

Nota

Por norma general, las llaves de carraca más usadas son las de cabeza cuadrada o hexagonal.

Pinza cortacapilares

Sirve para seccionar tubos capilares sin dañarlos. Suele emplearse en tubos de diámetros pequeños, generalmente menores de 8 mm.

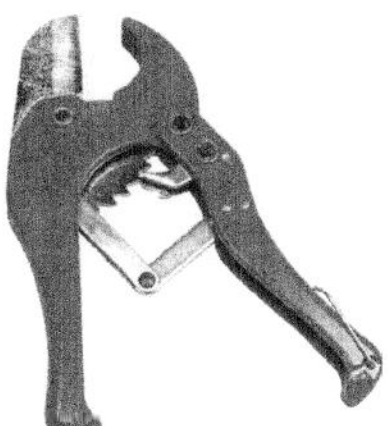

Pinzas cortacapilares

Peine para aletas

Empleado en operaciones de conservación y mantenimiento de baterías o intercambiadores aleteados, ya sean de aluminio o cobre.

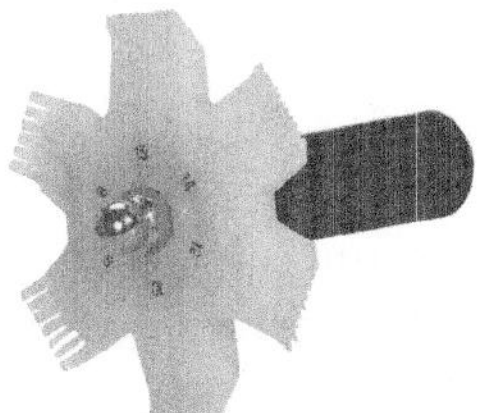

Peine para aletas

Nota

El número y las dimensiones de los dientes del peine dependerán de la separación entre dichas aletas.

Grupos manométricos y mangueras

Constan de un puente de válvulas y dos manómetros y, en ocasiones, incluyen un visor para el paso de refrigerante. Algunos modelos incorporan los racores para la conexión de las mangueras en forma de T, pudiéndose conectar los dos extremos de la manguera a los mismos y así evitar la entrada de suciedad a las mismas.

Normalmente, los manómetros vienen escalados solo para los diferentes refrigerantes que admiten usar.

Consejo

Los manómetros deben ser conectados correctamente con el fin de evitar su deterioro. Un ejemplo común de error puede ser conectar la manguera de alta presión al sensor de baja presión.

El kit suele presentarse con tres mangueras diferentes: una de color rojo (para el ramal de alta presión), una azul (para el ramal de baja presión) y una tercera amarilla (que se conecta a la botella o a la bomba de vacío).

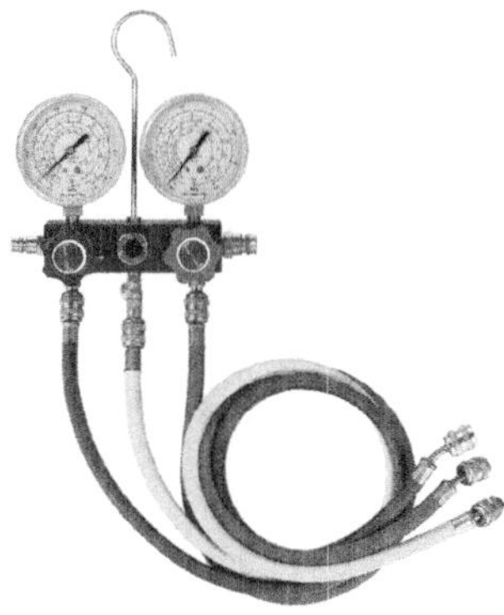

Puente de manómetro

Bomba de vacío

Se emplea para provocar el vacío en el interior del conducto, eliminando de este modo los incondensables y la humedad de su interior.

Importante

La humedad se ha de eliminar para evitar que las válvulas de expansión o el tubo capilar se obstruyan por un tapón de hielo. También para evitar la posibilidad de oxidación, corrosión y deterioro del refrigerante y del aceite.

Los incondensables (02 y N2) se han de eliminar para evitar el aumento de la presión de condensación y la oxidación de los materiales.

El tiempo de vacío es función del volumen en m^3/h de la bomba de vacío, el volumen de los tubos, el volumen del sistema y su tipo y el contenido de agua en el sistema. Se considera que se ha alcanzado el vacío suficiente cuando el manómetro marca un valor negativo de entre 0,5 y 2 mbar y, tras apagar la bomba de vacío, dejar estanca

Bomba de vacío

la instalación y dejar pasar un tiempo prudencial (mínimo 1 hora), el valor de vacío permanece constante.

Bomba de vacío con electroválvula y vacuómetro

Algunas bombas de vacío incorporan una electroválvula que, en caso de ausencia de corriente eléctrica, se cierra y así evita la pérdida de vacío en la instalación.

En ocasiones, incluyen también un vacuómetro para realizar el test de vacío.

Sabía que...

Para realizar una prueba de vacío es necesario un vacuómetro colocado en el puente de manómetros o, en este caso, incorporado en la bomba.

Cuando se alcanza en la bomba de vacío la presión negativa de 30 mbar, se ha de continuar durante 10 o 20 minutos el proceso. Luego se cierra la válvula y se observa el vacuómetro. Si existe una pequeña fuga o si el sistema continúa húmedo, el indicador del medidor se moverá, indicando de este modo una subida de presión en el sistema.

Si existe una fuga la presión, seguirá subiendo hasta equipararse a la presión atmosférica. Si el sistema es estanco, la subida de la presión solo puede ser por evaporación de vapor en el sistema. El agua continuará evaporándose en el sistema hasta que exista un equilibrio de vapor, a una presión ligeramente más alta que al comenzar el test. En ese punto, la lectura del vacuómetro se mantendrá estacionaria.

Bomba de vacío con electroválvula y vacuómetro

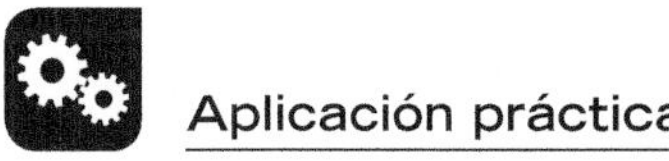

Aplicación práctica

Describa para qué y cómo se emplea la bomba de vacío.

SOLUCIÓN

Una vez se ha realizado el ensamble de todos los elementos, se procede a limpiar la instalación y a verificar la estanqueidad.

La comprobación de la estanqueidad se realiza creando el vacío en el interior de las tuberías y en las propias unidades terminales, mediante el empleo de una bomba de vacío. Con ella, se consigue extraer la humedad y los incondensables (por ejemplo aceite) que puedan quedar dentro.

El proceso se inicia conectando el ramal de alta presión (tubería fina de cobre) al manómetro. Se conecta la bomba de vacío al ramal de alta presión (la tubería más fina).

Para realizar una prueba de vacío, es necesario un vacuómetro colocado en el puente de manómetros o, como ya se ha dicho, incorporado en la bomba.

Cuando se alcanza, en la bomba de vacío, la presión negativa de 30 mbar, se ha de continuar durante 10 o 20 minutos el proceso. Luego se cierra la válvula y se observa el vacuómetro. Si existe una pequeña fuga o si el sistema continúa húmedo, el indicador del medidor se moverá, indicando de este modo una subida de presión en el sistema.

Si existe una fuga, la presión seguirá subiendo hasta equipararse a la presión atmosférica. Si el sistema es estanco, la subida de la presión solo puede ser por evaporación de vapor en el sistema. El agua continuará evaporándose en el sistema hasta que exista un equilibrio de vapor, a una presión ligeramente más alta que al comenzar el test.

En ese punto, la lectura del vacuómetro se mantendrá estacionaria.

El tiempo de vacío es función del volumen en m^3/h de la bomba de vacío, el volumen de los tubos, el volumen del sistema y su tipo y el contenido de agua en el sistema. Se considera que se ha alcanzado el vacío suficiente cuando el manómetro marca un valor negativo de entre 0,5 y 2 mbar y, tras apagar la bomba de vacío, dejar estanca la instalación y dejar pasar un tiempo prudencial (mínimo 1 hora), el valor de vacío permanece constante.

Cilindros de carga

El cilindro se fabrica en material transparente, sobre el cual se marcan las curvas de los diferentes gases refrigerantes. Dispone de dos válvulas para carga en fase líquida o carga en fase gaseosa.

Incluye una válvula de seguridad tarada entre los 15 y 17 bares de presión.

Cilindros de carga

Nota

Además, incluye un manómetro para gas refrigerante con el que se conocerá la presión en todo momento.

Básculas

La báscula es un instrumento adecuado para reemplazar a los antiguos sistemas de carga, evitando fugas y roturas. Con ella se pueden efectuar los cambios de presión y temperatura necesarios.

Por otra parte, estas básculas permiten la programación de la carga de forma exacta, por medio de un microcomputador, de gas refrigerante.

Báscula digital para gases refrigerantes

Sabía que...

Algunas básculas más completas y complejas incorporan secuencias en el tiempo para nuevas operaciones, como recuperación, vacío, carga y vacío y carga a la vez.

Recuperadores de gas refrigerante

Estos equipos están provistos de un compresor que realizará la función de absorción del refrigerante hacia un intercambiador que licuará el refrigerante y lo mandara al envase de recuperación o reciclaje.

Recuperadores de gas refrigerante

Importante

El Reglamento Europeo 1005/2009 obliga a recuperar todos los refrigerantes del tipo CFC o HCFC, por lo que deben transvasarse desde los sistemas de refrigeración hasta los envases homologados para su reciclaje.

Cuchillas

Empleadas especialmente para realizar los cortes que darán forma a las uniones que se realizan entre paneles de lana de vidrio que conformarán los conductos de ventilación, conforme a la norma UNE EN 13403:2003.

Cuchillas para lanas de vidrio

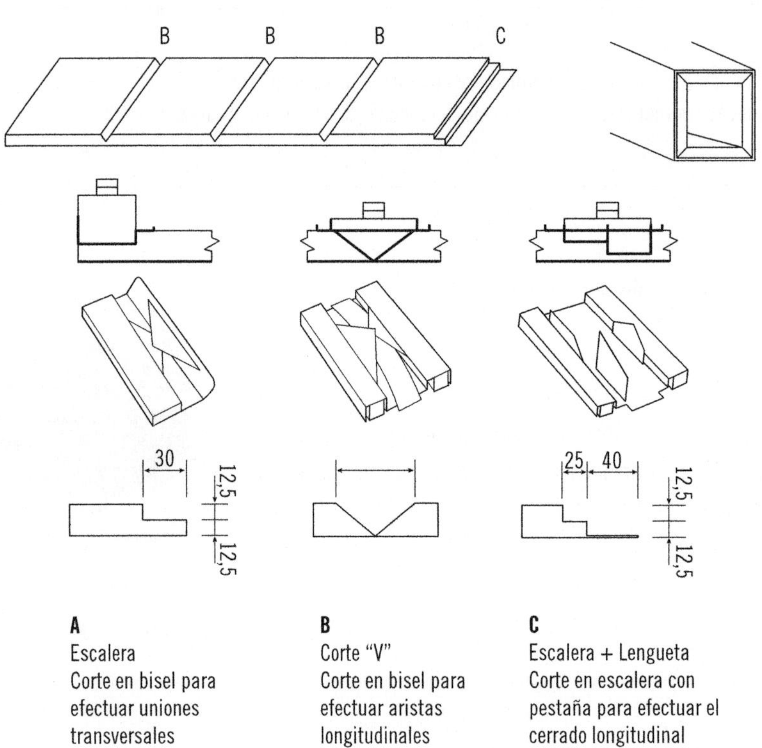

A
Escalera
Corte en bisel para efectuar uniones transversales

B
Corte "V"
Corte en bisel para efectuar aristas longitudinales

C
Escalera + Lengueta
Corte en escalera con pestaña para efectuar el cerrado longitudinal

Nota

El uso de estas herramientas es intuitivo y permite realizar diferentes formas geométricas, rectángulos, reducciones, codos, etcétera.

Plegadora

Cuando los conductos son de chapa metálica (como es el caso de los empleados en la ventilación de garajes, chimeneas de extracción de cocinas, o en instalaciones industriales como las cabinas de pintura) se emplean mesas y palancas plegadoras o cizalladoras, que permiten cortar o doblar la chapa e incluso crear bordes machihembrados que remachan las uniones eficazmente. Estas herramientas pueden ser portátiles o fijas, y en cualquier caso requieren de equipos de protección individual.

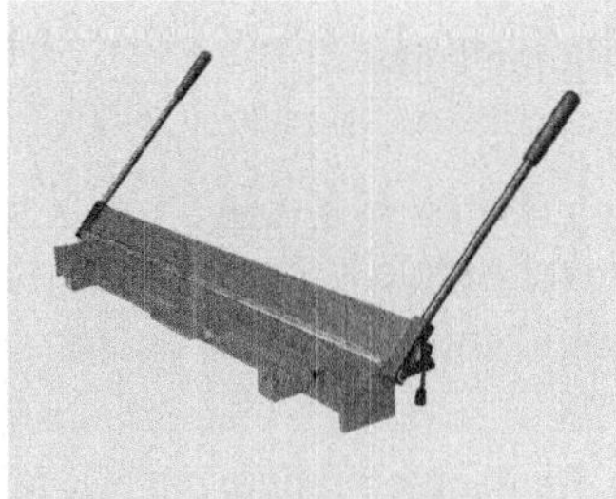

Tipos de plegadoras

5. Replanteo de los equipos para las instalaciones de climatización y de ventilación-extracción

El concepto replanteo implica una organización previa referida a la ubicación y distribución de los elementos que formarán parte de la futura instalación, en cualquiera de los casos en que se ejecute la instalación de artefactos, se considerará una acción incuestionable, ya sea por que fuese contemplada por la dirección técnica responsable; o simplemente porque presenta sobre el terreno la forma en que finalmente quedará dispuesto, para confirmar que no se ha pasado nada por alto, y por tanto, su funcionamiento deberá ser correcto.

Las operaciones de replanteo suponen un ordenamiento en función de unas referencias; por lo general unas cotas, que ayudan a determinar la posición, orientación e inclinación en la que deben quedar los elementos, en este sentido cabe destacar:

- Los puntos fundamentales o bases de replanteo, que sirven de origen de referencia para iniciar las mediciones, pueden ser rigurosamente exactas (por ejemplo, las requeridas para la construcción de edificios que se realizan mediante estudios topográficos); aunque en otros casos puede bastar con una referencia a un elemento interno o externo de un edificio (como puede darse en el interior de una sala de máquinas).
- Las unidades de medida, básicamente ayudarán a reflejar sobre un plano cuál será la ubicación final de un elemento, en relación a puntos fundamentales, pero también servirán para hacer las comprobaciones que surjan oportunamente.

Tipos de replanteo

Para realizar el replanteo, será necesario conocer unos datos de partida, por lo general un plano o marcas de los equipos anteriores, si se encuentra en el caso de sustitución de un equipo.

- **Replanteo grafico:** cuando las mediciones de replanteo se hacen en base a unos planos ya existente.
- **Replanteo analítico:** cuando las mediciones se realizan in situ, de modo que resultan más precisas y actualizan la información (tuberías y canalizaciones eléctricas anexas, desplazamientos relativos de otros dispositivos, etc.), es la más empleada y eficaz.

En ambos casos se busca determinar en primer lugar, la relación que tendrá respecto a otros elementos perpendicular y paralelamente (alineación); y en segundo lugar, la inclinación respecto al suelo (rasante).

Esto puede determinarse de varias formas, las más usuales son:

1. Por abscisas y ordenadas de una recta, consiste en definir una línea recta entre dos puntos fundamentales, y perpendicular a ella realizar líneas para identificar las cotas de replanteo.
2. Por abscisas y cuadrículas, el método es similar al anterior, pero en esta ocasión se realizará una retícula en cuyas celdas quedarán ubicados los elementos que se replantean.
3. Por coordenadas polares, definida una alineación base, y un punto origen de coordenadas polares, se definirán el resto de referencias en base al ángulo que forme la línea que la une al origen.

Formas de replanteo

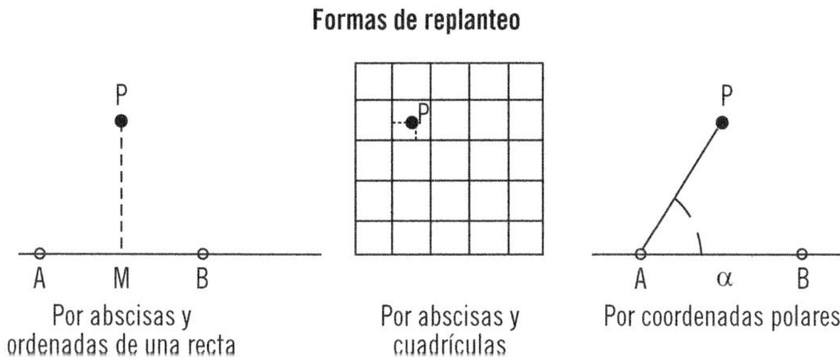

Conocer las dimensiones de los aparatos a instalar es fundamental para determinar la compatibilidad con las condiciones actuales del entorno en que van a instalarse, lo que se puede encontrar en la documentación técnica de los aparatos (dimensiones de volumen de la máquina, diámetros de las conexiones, peso sobre bancada, tipos de anclajes, etc.).

Otro aspecto a tener en cuenta antes de ejecutar la instalación final, es verificar que cuentan con todos lo permisos, herramientas y materiales necesarios, y que se cuenta con el personal cualificado para llevar a cabo las tareas.

Aplicación práctica

Se necesita trazar una línea perpendicular a la recta que une dos puntos de una fachada, ¿cómo realizaría el trazado de dicha línea contando tan solo con una cinta métrica, una cuerda y un marcador?

SOLUCIÓN

Sobre la línea de la fachada se identifican dos puntos A y B separados entre sí 3 pulgadas (7,62 cm), desde el punto A se hace un arco de 4 pulgadas (10,16 cm) y desde el punto B, otro arco de 5 pulgadas (12,7 cm). La intersección entre ambos arcos dará lugar a un punto C perteneciente a una recta perpendicular a la recta AB que pasará por el punto A.

5.1. Instalación de la torre de refrigeración

Se debe intentar que todo el apoyo o base de la torre de refrigeración esté apoyado sobre una bancada recta y nivelada, con ello se evitarán desperfectos en la estructura de la misma, disminuyendo así la posibilidad de que se produzcan fugas.

La base de hormigón será mayor conforme varíe el tamaño de la torre, por lo que en determinadas ocasiones es recomendable la utilización de bancadas metálicas con consistencia suficiente para actuar de soporte de dicha torre.

Consejo

Si se instalan las torres en plataformas metálicas, se recomienda que se coloquen en posición elevada para permitir la aireación de la base y la limpieza inferior del sitio donde se encuentre.

Teniendo en cuenta lo anteriormente citado, siempre se deberá fijar la unidad de forma adecuada a las condiciones del lugar en el que va a instalarse.

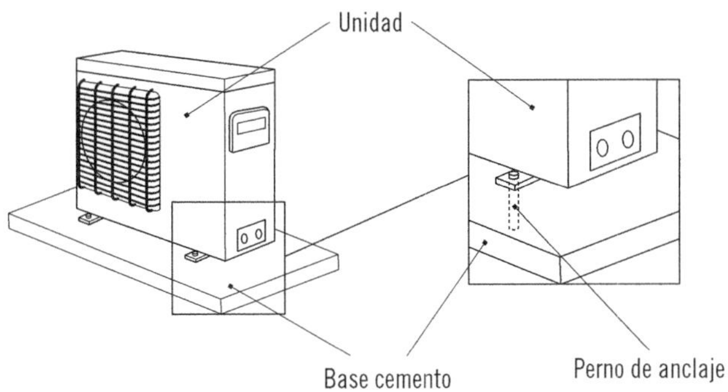

Para evitar ruidos debidos a las vibraciones de la torre, se instalarán sistemas antivibratorios. A continuación se muestran cuáles son:

Puntuales

Como por ejemplo muelles, tacos de goma o material elástico.

Según el peso del equipo se colocarán 4 o más antivibradores puntuales, de forma que el peso se distribuya de la mejor forma posible. Se deberá garantizar el correcto apoyo en el sistema antivibratorio, con el fin de evitar deformaciones en el mismo, para lo que se instalará un perfil metálico en la unión.

Nota

En ocasiones, se recurrirá a la utilización de uniones flexibles (liras o dilatadores) en las tuberías de los fluidos para compensar los movimientos de la torre.

De apoyo continuo

Como por ejemplo bandas flexibles metálicas, tiras de material elástico y similares.

Este tipo de elementos antivibratorios se colocará entre la torre y la base de la misma, debiendo tener cuidado con las posibles irregularidades que tenga la base de la torre.

5.2. Instalación de calderas

En el caso de que los generadores de vapor posean una extensión de calefacción igual o superior a 5 m^2 y una presión de trabajo superior a 2,5 kg/cm^2, se instalarán en un recinto denominado sala de calderas.

Dicha sala dispondrá de unas dimensiones adecuadas para poder realizar en ella los trabajos pertinentes, como son mantenimiento, inspección, reparación, etcétera. También deberá tener una buena ventilación e iluminación.

La construcción de la sala de calderas será de material incombustible y su cubierta se erigirá lo más liviana posible.

Importante

La sala de calderas no podrá estar ubicada sobre construcción destinada a habitación o lugar de trabajo.

La distancia de la caldera a cualquier otro elemento, como las paredes de la sala, será como mínimo de un metro.

La sala tendrá, al menos, dos puntos de salida en direcciones diferentes. Dichas salidas deberán estar despejadas para que no impidan el paso en el caso de tener que utilizarse.

Tal y como indica el CTE en su Documento Básico de Seguridad en caso de Incendios (CTE-DB-SI), de forma general esta vía de evacuación no excederá de los 25 m, 30 m en casos específicos como un aparcamiento o 50 m si la salida termina directamente en el exterior en la misma planta y el aforo es inferior a 25 personas.

Los conductores de gases de combustión o humos deben realizarse de forma que no se acumulen gases en ellos, asegurando así su salida.

6. Resumen

En este capítulo se ha visto cómo deben efectuarse las operaciones de aprovisionamiento de materiales y qué ventajas pueden aportar al proceso de organización de cualquier proyecto, destacando los materiales y herramientas empleadas en climatización.

Además, se han enumerado las fases más relevantes de un proceso de ejecución de una instalación, si bien, como se ha comentado, estas fases pueden ser más o menos extensas o subdivididas, según la magnitud del proyecto.

De igual forma, se han descrito las diferentes herramientas que, según el tipo de instalación, serán empleadas por el instalador, detallando las características principales de cada una de ellas.

Finalmente, se ha tratado el replanteo de los equipos, haciendo hincapié en las medidas de seguridad a tomar por el profesional para una correcta instalación.

Ejercicios de repaso y autoevaluación

1. Enumere los objetivos del aprovisionamiento.

2. Enumere al menos 10 materiales y herramientas generalmente usados en el ámbito de la climatización y la ventilación-extracción.

3. Existen diferentes formas de curvar un perfil metálico circular. ¿Qué herramientas se usarían?

4. **Se emplea en tubos de cobre recocido, aluminio y latón; es la herramienta idónea para producir una deformación troncocónica con un ligero reborde en forma de arandela en la boca del tubo, de forma que, al unirlo al siguiente, exista un contacto completo y sin fisuras, para su posterior unión mediante racores herméticos o mediante soldaduras. Se trata de...**

   a. ... un expandidor.
   b. ... un escariador.
   c. ... un abocardador.
   d. ... un escanciador.

5. **Describa el funcionamiento de una bomba de vacío.**

6. **En ocasiones, es necesario realizar soldaduras en las instalaciones de climatización. ¿Qué elementos son los más comunes a la hora de realizar estos trabajos?**

7. **Describa el sistema detección de fugas por luz ultravioleta.**

8. **Describa las ventajas de aplicar un sistema de gestión del aprovisionamiento.**

9. **Uno de los puntos clave en las operaciones de montaje es contrastar las mediciones originales con las finalmente necesarias, obteniendo de este modo el número de piezas necesarias para un buen acopio de materiales, metros de tubería de diferentes diámetros y los aislantes en caso necesario, n.º de codos de 45 y de 90º, empalmes, etcétera.**

   - ☐ Verdadero
   - ☐ Falso

10. **El Código Técnico de la Edificación en su Documento básico de protección frente al ruido DB-HR, establece que, para evitar la transmisión de vibraciones y ruidos nocivos, han de emplearse ciertos sistemas. ¿Cuáles son?**

Capítulo 4

Realización del montaje de equipos y elementos de instalaciones de climatización y ventilación-extracción, conforme a normativa y documentación técnica

Contenido

1. Introducción

Hasta ahora, se ha visto cómo se proyecta la organización de una instalación de climatización o de ventilación-extracción, cumpliendo con la normativa de aplicación y sabiendo las posibles soluciones que pueden adoptarse para acondicionar un espacio, así como las máquinas y herramientas harían falta para ello.

En este capítulo se definirán cada uno de los elementos que componen la instalación, cómo funcionan y cómo se instalan, en el caso de los más complejos.

Se incidirá en que la ejecución debe ser lo más fiel al proyecto original, en el cual se tuvo en cuenta la ubicación de cada uno de los elementos.

Por otro lado, se diferenciarán dos grandes bloques: el primero referido a los elementos necesarios para el acondicionamiento térmico y el segundo referido a las instalaciones en las que básicamente se busca la renovación de aire.

Por último, se darán a conocer además los sistemas de medida y control y los de detección y gestión y se mostrará cómo deben protegerse los equipos conectados a la red eléctrica.

2. Ubicación de equipos y elementos en instalaciones de climatización a partir de esquemas y planos

Como ya se mencionó anteriormente, la ubicación de los equipos de una instalación de climatización corresponde a los criterios de diseño recogidos en el proyecto elaborado por la persona encargada.

Recuerde

En dicha documentación, los proyectistas tuvieron en cuenta los parámetros necesarios para combatir las cargas térmicas existentes en el lugar a acondicionar y, para ello, planearon una distribución de elementos que se plasmó en planos y esquemas, que posteriormente sirven de guía para la ejecución de dicha instalación.

Es por lo anterior por lo que la instalación ejecutada debe ser lo más fiel posible a lo proyectado originalmente, entendiéndose los necesarios replanteos que en ocasiones obligan a variar ligeramente trazados de tuberías, conductos y, en el menor de los casos, incluso los equipos relativamente importantes.

A continuación, se puede observar el plano en planta de una instalación de climatización por conductos.

Plano de una instalación de climatización

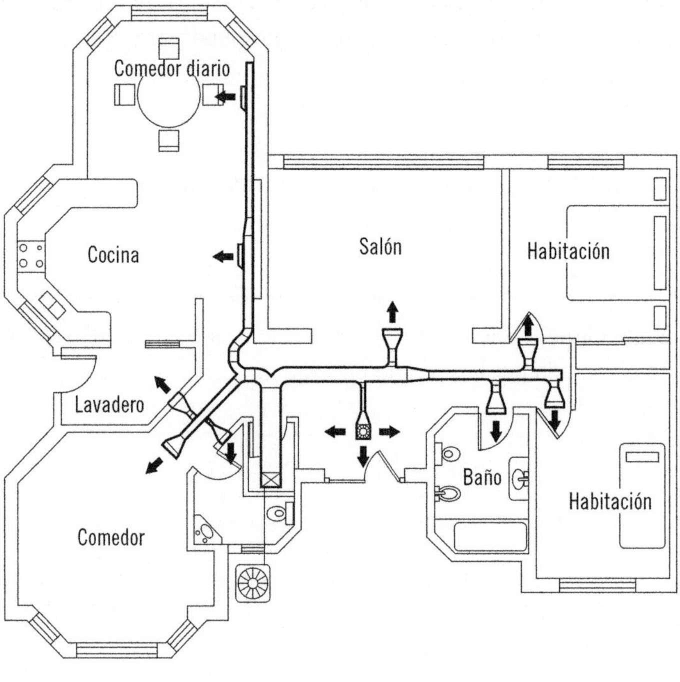

Este plano puede ir acompañado de otro plano en perspectiva como el que se observa a continuación.

Plano en perspectiva

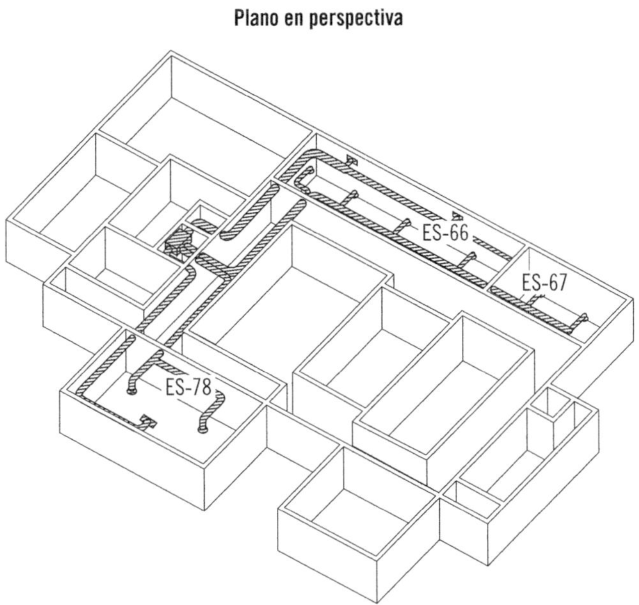

3. Montaje de máquinas, elementos y equipos de instalaciones de climatización

Actualmente, las instalaciones de climatización se componen de unidades integradas, es decir, que en una sola unidad de máquina se encuentran acopladas todos los aparatos que se requieren para realizar el acondicionamiento: unidades enfriadoras, de producción de calor, de humidificación, de secado, de recuperación, etcétera.

Nota

Por norma general y dependiendo del espacio disponible, suelen ubicarse en zonas de poca concurrencia o de servidumbre declarada especialmente para ellas, como son las unidades situadas en tejados.

A continuación, se verán las unidades más representativas y las fases más relevantes a tener en cuenta a la hora de realizar una instalación. La persona encarga de realizarla será la responsable directa de su correcto funcionamiento y deberá consensuar junto con la dirección técnica (si existiese) las posibles medidas correctoras que debiesen aplicarse ante los inconvenientes que se presentasen durante el replanteo.

3.1. Unidades enfriadoras

Realmente, la producción de frío no es más que la retirada de calor de un foco térmico. Básicamente, esto se consigue al pasar un líquido a estado gaseoso, haciendo que este aumente su cantidad de calor, llegado a un punto a refrigerar, se deja que este vapor se expansione, cediendo de este modo la misma cantidad de calorías por condensación.

El fluido caloportador puede ser agua, aunque actualmente se emplean refrigerantes de diversos tipos para realizar esta función debido a su mejor comportamiento y aprovechamiento (vaporizan a temperaturas inferiores a -40 ºC). Esto se puede realizar de las siguientes formas:

- **Mediante un ciclo basado en la compresión mecánica,** en el que se suministra energía eléctrica a un compresor para que este condense el refrigerante por aumento de presión.
- **Mediante un ciclo basado en la absorción,** en el que se suministra energía térmica proveniente de una combustión a una columna de absorción, para que el refrigerante se evapore y se pueda volver a utilizar.

- **Mediante torres de refrigeración,** que son capaces de enfriar grandes volúmenes de agua mediante el contacto de las gotas de agua con el aire exterior.

Esquema general de torre de refrigeracion abierta de flujo cruzado y tiro forzado

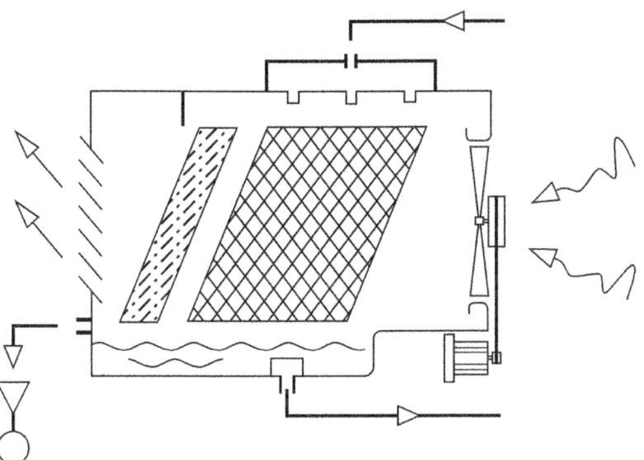

Sabía que...

Actualmente, se fomenta el uso de torres de refrigeración, por ser las menos contaminantes y las que permiten una mejor eficiencia energética.

Para cualquiera de las instalaciones de maquinaria frigorífica, ha de tenerse especial atención sobre los siguientes elementos:

- El cerramiento o carrocería del equipo no debe estar deteriorado.
- Las estructuras interiores no deben ver mermada su capacidad.
- Entradas y salidas de aire no deben estar obstruidas.
- Los serpentines deben cuidarse de estar oxidados o corroídos.
- Rellenos y separadores deben mantenerse limpios para su correcta eficacia.
- Las fugas, goteos y rezume de agua deben controlarse a fin de evitar el crecimiento de algas y mohos que puedan trasladarse al aire tratado.

- Las acometidas de agua, aire y electricidad deben ser mantenidas y reparadas.
- Los filtros de aspiración de la bomba asegurarán la entrada de cuerpos extraños.
- Las válvulas de llenado debe abrir y cerrar completamente para asegurar un flujo correcto.
- Los sistemas de purgado serán eficaces y evitarán vertidos indeseados.
- La válvula de vaciado se accionará eventualmente para evitar su agarrotamiento u obstrucciones.
- Los dispositivos contra heladas se inspeccionarán previamente y durante las épocas de riesgo de heladas.
- La bomba de recirculación de agua se mantendrán para evitar anomalías en su funcionamiento.
- Los ventiladores deben ser lo menos ruidoso posible y prever la disposición de atenuadores del ruido, así como mantener sus elementos (correas, rodamientos, alabes, etcétera) para evitar funcionamientos anómalos que lo deterioren.
- Tratamientos de agua: conforme a las normas de seguridad e higiene, se mantendrá frente a ensuciamientos, incrustaciones (cal, ácidos, etcétera), corrosiones y crecimientos orgánicos (algas, bacterias y protozoos).

3.2. Unidades de calor

Como ya se ha visto, la producción de calor puede ser generada en climatizadores que emplean agua y/o aire, según el tipo de instalación, aunque de forma independiente o auxiliar pueden emplearse otros generadores de calor, que pueden ser básicamente de 3 tipos.

Generados eléctricamente

Por resistencia eléctrica

Se basa en el empleo de la Ley de Joule, por la cual un material conductor eléctrico hace de resistencia al paso de la corriente, la disipación del calor provocado en la resistencia mediante un fluido, generalmente agua, provoca que este se caliente.

Por bomba de calor (ciclo frigorífico inverso)

El empleo de una corriente eléctrica pone en funcionamiento la bomba que hace falta para transferir la energía desde un foco frío a otro caliente.

Este tipo de generadores se suele instalar en la pared y tiene una entrada para el fluido frío y una salida para el fluido caliente.

Nota

Los sistemas de transmisión de calor, en estos conjuntos, pueden ser muy variados y, dependiendo de las necesidades de la instalación, se elegirá un tipo u otro.

Generados químicamente

Por caldera de hidrocarburos, gases o sólidos

El proceso de reacción química entre la sustancia combustible (hidrocarburo, gas o sólido) y la comburente (aire) da lugar a una generación de calor y residuos desaprovechables. La cantidad de calor generado dependerá de la composición del combustible.

Nota

Este es el sistema más utilizado en las grandes instalaciones de climatización, pues hay que tener en cuenta que las calderas trabajan con un salto térmico que puede ser de 15 a 28 °C en este tipo de usos.

Generados naturalmente

Por recuperación de calor

Cuando por normativa debe expulsarse al medioambiente el aire proveniente del local a tratar, se está desperdiciando gran cantidad de energía térmica.

Mediante el empleo de recuperadores de calor, se consigue transvasar parte de ese calor desechado al aire que se va a introducir.

Nota

Más que generadores de calor propiamente dichos, son máquinas auxiliares, pero que pueden llegar a recuperar cantidades importantes de energía térmica, bien sea en modo frío o en modo calor.

Geotermia

Consiste en el aprovechamiento de la temperatura constante existente bajo tierra como fuente térmica auxiliar (calor o frío, según sea invierno o verano), por lo que no puede considerarse tampoco como generador de energía calorífica si no es para aplicaciones a baja temperatura o en zonas en las que, permitiéndolo en terreno, existe mucha diferencia entre la temperatura bajo tierra y la ambiental según la época del año.

Instalación geotérmica

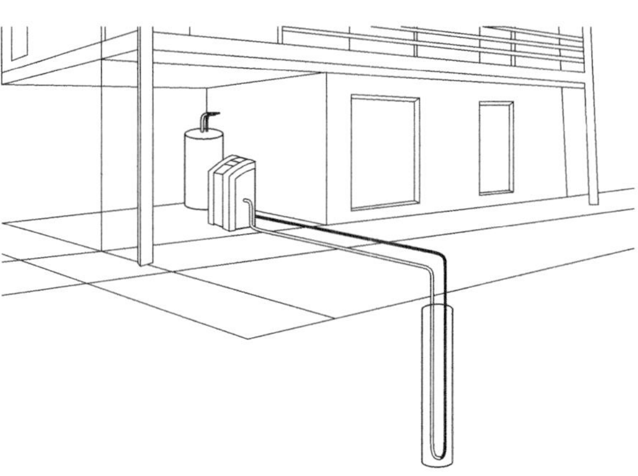

Ejemplo

Para una zona con subsuelo a temperatura anual de entre 13 y 15 °C a la que le correspondan a unas temperaturas en invierno y verano de Tª min 8 °C o Tª min 28 °C, podría aprovecharse un salto térmico de entre 5 y 13 °C.

Aerotermia (nvl4)

Este sistema puede captar la energía calorífica del aire ambiente al intercambiarlo con un fluido refrigerante de alto rendimiento termodinámico.

En modo bomba de calor, puede lograr hasta un 70 % de aporte energético, considerando como foco caliente el aire exterior (incluso cuando este está cercano a los 0 °C), y como foco frío la estancia a calefactar. Puede igualmente funcionar en modo frío, aunque sus rendimientos son menores.

Se aconseja cuando se requiere un consumo elevado y simultáneo de calor, por lo general: Agua Caliente Sanitaria (ACS) y Calefacción.

En el caso en que el intercambio de calor exterior – interior sea agua-aire, se pueden denominar sistemas hidrotérmicos.

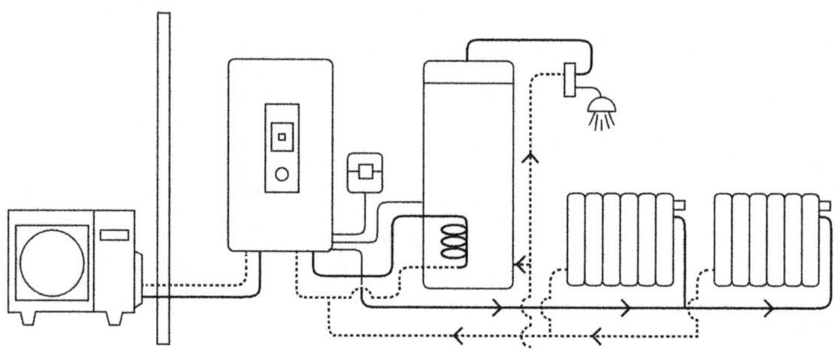

Energía solar

Consiste en captar los rayos solares y hacer calentar un volumen de agua acumulada. Según el tipo de instalación puede llegar a acumularse entre 15 y 90 ºC, por lo que sin ser más que una fuente auxiliar permite cubrir las necesidades para instalaciones de climatización.

Esquema de refrigeración mediante energía solar

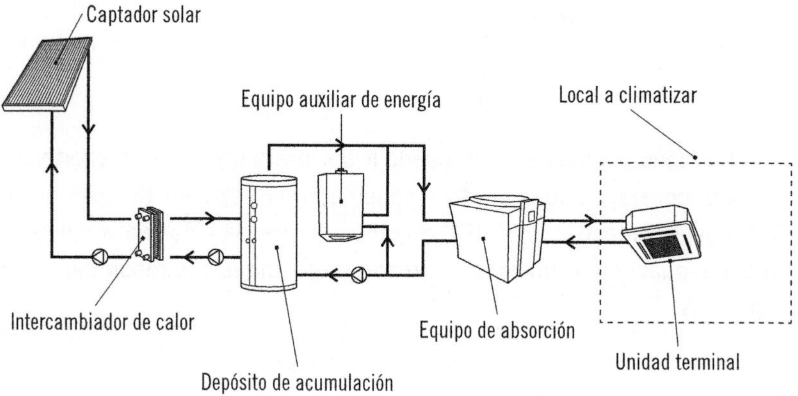

Importante

Conforme a la UNE 1000020:2005, la sala de máquinas será obligatoria para instalaciones de potencia superior a 50 kW y en ella no se ubicarán depósitos de combustible, se diseñarán conforme a los reglamentos de protección en referencia a protecciones estructurales, de emplazamiento, ventilación y conexionado.

Aplicación práctica

En la empresa en la que usted es el encargado de las instalaciones, se enfrentan a un proceso de rehabilitación del edificio principal y renovación de los equipos que forman parte de él. Se le pide consejo para reducir los consumos de electricidad. ¿Cuál sería su consejo?

SOLUCIÓN

Conforme al actual Código Técnico de la Edificación, todos los edificios de nueva construcción, así como los rehabilitados, deben contar entre sus instalaciones con sistemas de ahorro energético. Por ello, conociendo las características del edificio y de la instalación, se podría recomendar el uso de:

1. Sistemas de recirculación/recuperadores de aire de extracción, denominados *free cooling.*
2. Sistema geotérmico o aerotérmico, como foco de temperatura constante, ya sea en modo frío o calor.
3. Sistema de energía solar, como fuente de energía calorífica.

3.3. UTA (Unidades de Tratamiento del Aire)

En general, el funcionamiento de una UTA reside en el paso continuado de una corriente de aire a través de sus distintas secciones, que son:

- **Entrada** de aire exterior a la UTA.

- **Filtrado e impulsión del aire** a través de toda la UTA.
- **Acondicionamiento:** consiste en hacer pasar el aire por diferentes baterías intercambiadoras de calor (o resistencias eléctricas) y por una cámara de humectación o deshumidificación.
- **Distribución:** se retiran las gotas de agua líquida del aire acondicionado y se distribuyen por la planta para ser recogidas después y llevadas a la zona de recuperación.
- **Mezcla de aire y recuperación:** el caudal de aire se divide y parte es recirculado hacia a la zona de entrada, mientras que la otra parte, antes de salir, intercambia calor con el aire entrante, para minimizar las pérdidas y aumentar la eficiencia energética del sistema.
- **Salida:** finalmente, parte del aire tratado es recirculado otra vez al interior de la UTA y el resto es impulsado al interior del local junto con una aportación de aire externo para asegurar una buena ventilación del recinto.

Unidad de tratamiento de aire

Nota

Las UTA sirven de complemento y auxilio a la red de distribución de agua o refrigerante de acondicionamiento, pues no son generadores propiamente dichos de frío ni de calor.

En el siguiente cuadro se muestran las distintas operaciones que se realizan en una unidad de tratamiento de aire.

Operaciones de una unidad de tratamiento de aire

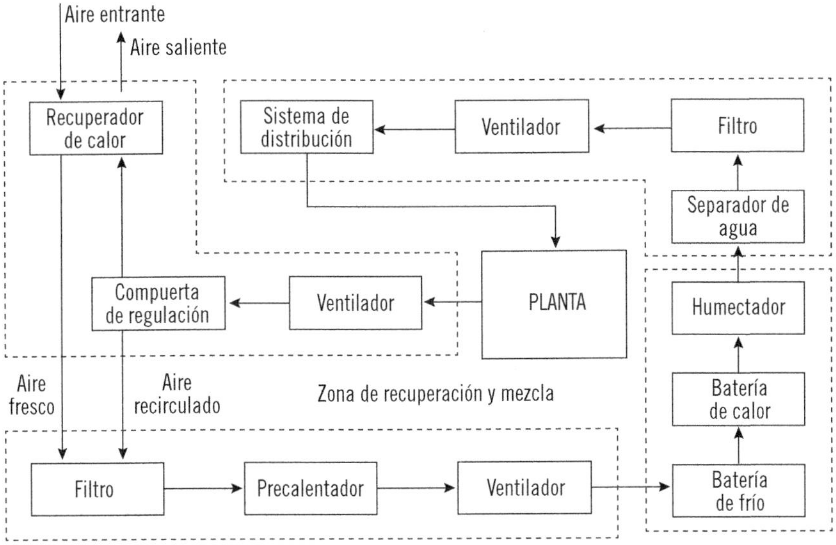

Aire entrante
Aire saliente
Recuperador de calor
Sistema de distribución
Ventilador
Filtro
Separador de agua
PLANTA
Compuerta de regulación
Ventilador
Humectador
Batería de calor
Aire fresco
Aire recirculado
Zona de recuperación y mezcla
Filtro
Precalentador
Ventilador
Batería de frío

Algunas características son las siguientes:

- Amplio rango de caudales de aire desde 1.600 a 18.000 m^3/h.
- Para facilitar la instalación, su envolvente es divisible.
- Su estructura es de perfiles ligeros, con juntas estancas.
- El grupo motor-ventilador suele montarse sobre amortiguadores, con transmisiones de poleas desmontables para el mantenimiento.
- Las uniones de las bocas de los ventiladores, con paneles, van protegidas con juntas antivibratorias.
- Paneles tipo sándwich de grosor 23 a 45 mm, aislantes (espuma de poliuretano inyectado de alta densidad o lanas minerales, según requerimientos).
- Se fabrican bajo normas de calidad ISO 9001 y directivas CE.

Los climatizadores no pueden estar situados en una sala de máquinas general, debiendo existir necesariamente una separación física entre esta y el local donde se encuentre el climatizador. El montaje en sí dependerá de cada tipo de UTA, pero siempre teniendo en cuenta cada conducto y elemento que se unirá a la misma.

3.4. Distribución y transporte de fluidos

Las tuberías pueden tener imperfecciones como roturas, estar aplastadas, oxidadas, etcétera. Por esta razón, es necesaria la comprobación de las mismas antes de realizar su montaje.

Las tuberías, en la medida de lo posible, deben seguir la dirección de tres ejes perpendiculares entre sí y ser paralelas a los elementos estructurales del edificio, siguiendo siempre una forma ordenada.

Para realizar la manipulación o el mantenimiento del aislante térmico, de válvulas, de purgadores, etcétera, es necesario que la distancia entre cualquier elemento y el recubrimiento de la tubería sea el adecuado.

Consejo

Se emplearán los accesorios o piezas necesarias para conseguir la alineación de las tuberías en las uniones, en los cambios de sección y en derivaciones, evitando así forzarlas innecesariamente.

En los casos de cambio de dirección de las tuberías, se procederá preferentemente uniendo, mediante soldadura, encolado o rosca, piezas especiales diseñadas para tal fin.

Si las curvas de la tubería se realizan por cintrado de la misma, la sección transversal no se podrá reducir ni deformar. Dicha curva puede ser corrugada para darle mayor flexibilidad. Si el diámetro de la tubería es mayor de DN 50, el cintrado se realizará en caliente y, en el caso de los tubos de acero soldado, se hará de forma que la soldadura longitudinal coincida con la fibra neutra de la curva.

Conexiones

A la hora de conectar las tuberías con los aparatos o equipos, se deberá prestar atención, de forma que no se traspase ningún esfuerzo, debido a las vibraciones o al peso propio de los elementos.

Nota

Estas conexiones serán fáciles de desmontar con la finalidad de que sea más cómodo el acceso al equipo en caso de que se tenga que manipular.

En el caso de que el diámetro de la tubería sea menor o igual a DN 50, se podrán colocar conexiones roscadas entre las tuberías y los equipos.

Uniones

El tipo de unión se decidirá dependiendo del tipo de tubería que se vaya a emplear y de la función que esta desarrolle. Estas uniones pueden ser por rosca, encolado, soldadura, bridas, compresión mecánica o junta elástica.

Para realizar las uniones, se deberán limpiar y repasar los extremos de los tubos, eliminando así rebabas que se suelen formar al cortarlos. También se eliminarán todas las impurezas que pueda haber dentro del tubo, utilizando para ello los productos que recomienda el fabricante.

Importante

La estanqueidad de la unión depende en gran medida de la limpieza de la superficie del tubo.

Se debe tener en cuenta que el número de uniones será mínimo, por ello está prohibido aprovechar trozos de tubería para realizar tramos rectos.

También se debe saber que para conseguir la perfecta estanqueidad de las uniones y la durabilidad de las mismas, en ocasiones se hace necesario añadir material a dichas uniones.

Es incorrecto forzar los extremos de los tubos para que coincidan en el punto de unión. Por ello, es necesario que se hayan cortado y situado en la posición correcta y con exactitud.

Importante

Cuando se atraviesen elementos estructurales, no podrán realizarse uniones en el tramo que corresponda al interior del elemento.

Para realizar cambios de sección en las tuberías horizontales, se utilizarán manguitos excéntricos y, para evitar que se formen bolsas de aire, los tubos irán enrasados por la generatriz superior.

Salvo para la formación de abocardados y en el caso de que se empleen tipos de plásticos adecuados para realizar soldadura térmica, no se permitirá la manipulación en caliente a pie de obra de tuberías de material plástico.

En caso de tener que acoplar tuberías de materiales diferentes se hará por medio de bridas.

Otro aspecto a tener en cuenta es que el sentido del flujo de agua siempre irá desde la tubería de material menos noble hacia el material más noble.

Pendiente

Siempre se diseñará la red de distribución del fluido caloportador de forma que se evite la formación de bolsas de aire. Para conseguir esto, las tuberías tendrán una pendiente ascendente en sentido de circulación del fluido y siempre hacia el purgador o hacia el vaso de expansión más cercano.

Purgas

Según el tipo de circuito, la eliminación de aire será de una forma u otra:

- **En circuito abierto:** debido a las pendientes, el aire se desplaza hacia la parte superior y con la ayuda del movimiento del agua este se elimina automáticamente y de forma rápida.
- **En circuitos cerrados:** se instalarán los purgadores en las partes más altas de las diferentes pendientes del circuito, eliminando así el aire de forma rápida.

Se utilizarán, preferentemente, purgadores de tipo manual, con válvulas de esfera o de cilindro, en la sala de máquinas.

Nota

La descarga debe derivarse a un colector común abierto en el que las válvulas de purga deben ser visibles y tener fácil acceso.

Relación con otros servicios

Siempre se debe tener en cuenta a la hora de realizar el trazado de las tuberías la reglamentación vigente en cuanto al diseño de cruces y paralelismo.

Dentro de las redes de distribución, se pueden encontrar vasos de expansión abiertos o cerrados. En el caso de que sean cerrados se debe disponer en el circuito de una válvula de descarga automática tipo resorte, que impida que en el circuito se alcancen presiones superiores a la de servicio.

3.5. Bombas de calor

En la bomba de calor, el refrigerante absorbe calor en el evaporador (proveniente de un local a enfriar) y lo cede, junto con el trabajo de compresión, al condensador.

El calor evapora el refrigerante, el cual es comprimido a continuación por el compresor hasta una presión que permita la condensación a la temperatura a la cual se desea producir calor.

La bomba de calor (BC) funciona como el ciclo frigorífico, pero al revés. Esencialmente, consiste en dos intercambiadores de calor, un compresor y una válvula de expansión.

Esquema de una bomba de calor

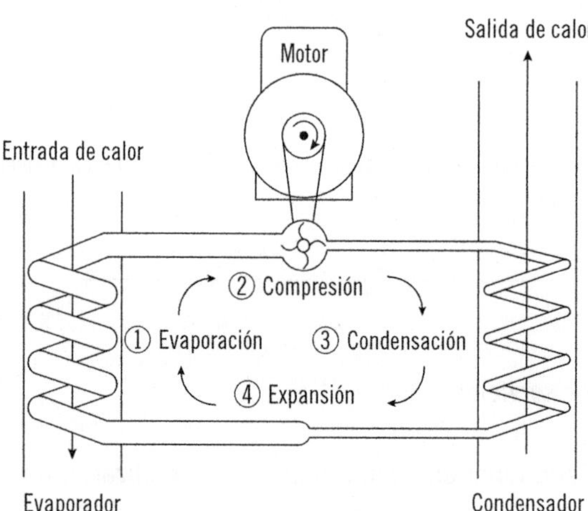

Las BC pueden funcionar usando como focos de frío o de calor los siguientes medios: aire-aire, aire-agua, agua-agua, agua-aire, sol-tierra-agua-aire.

Pueden funcionar como foco térmico (para generar calor a baja temperatura o como fuente de ACS), también como reversible (principalmente para climatización como foco alternativo de calor o frío, según se requiera) o bien como termogrifobomba (en este caso, se aprovecha tanto el calor del condensador como el frío generado en el evaporador).

Nota

Las bombas de calor reversibles pueden producir calor en invierno y frío en verano. Para ello, solo se invierte el proceso.

Las bombas de calor son cada día más fiables, los compresores, más robustos, precisan menos órganos de protección. Los compresores son más compactos, más ligeros, de mantenimiento más fácil, contienen menos aceite y refrigerante disuelto en él, son menos ruidosos, permiten límites de voltaje más amplios de funcionamiento y resisten mejor la contaminación del circuito.

Por otro lado, la tecnología electrónica permite disponer de paneles de mando de la bomba de calor donde los contactores electromecánicos, encargados de mantener o interrumpir la corriente eléctrica y que pueden reemplazarse por conmutadores electrónicos. Toda la problemática del funcionamiento del equipo (protección contra funcionamiento en zonas de esfuerzos importantes tanto en alta como en baja, fallo de caudal a través de las baterías, filtros sucios, pérdida de gas, temperaturas del refrigerante anormales, inicio y duración del deshielo solo cuando es realmente necesario, conexión automática en modo frío o en modo calor según necesidades del local acondicionado, puesta en funcionamiento de las resistencias complementarias cuando está a una temperatura exterior inferior a la de equilibrio, etcétera) queda resuelta de una forma sencilla y que abarata costos de reparación.

Recuerde

El montaje de cada bomba de calor depende del fabricante y del tamaño de la misma, pero como norma general deberá estar bien sujeta y poseer equipos antivibratorios en sus apoyos.

3.6. Humidificadores

Los humidificadores de ambientes pueden ser de distintos tamaños, incluso portátiles. Pueden acoplarse al aire acondicionado o a la calefacción con una tubería de distribución de vapor.

Los más empleados en instalaciones de climatización se basan en la circulación de corriente eléctrica entre las placas de acero inoxidable, que se sumergen en el agua a hervir produciendo un vapor puro y estéril (humectador por evaporación), aunque existen otros modelos basados en la atomización del agua, pudiendo ser esta fría o caliente.

Sistema de humectación

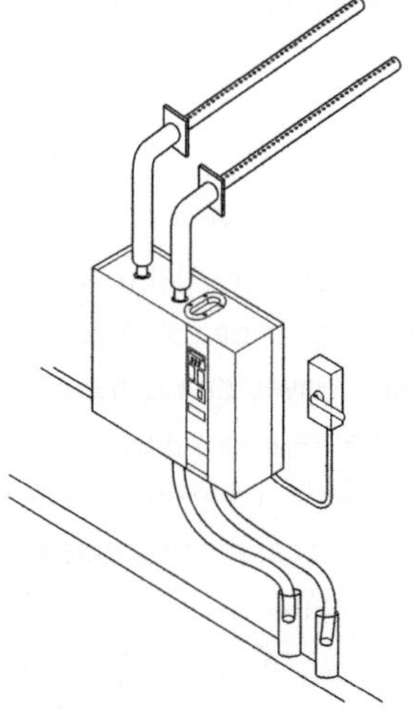

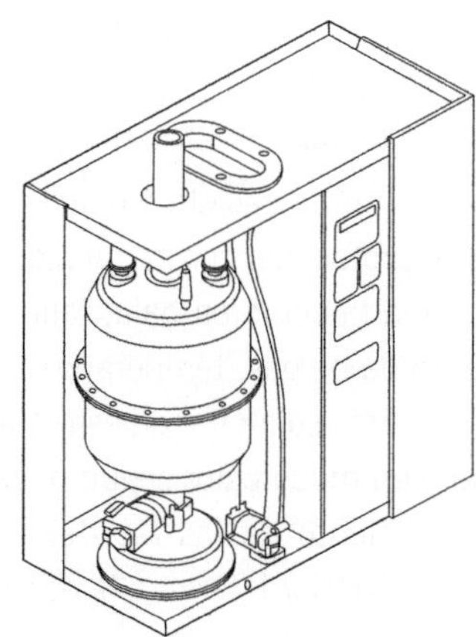

Nota

Los humidificadores suelen estar diseñados para facilitar su mantenimiento mediante filtros cilíndricos desechables o reutilizables.

Método de instalación

A continuación, se enumerarán las etapas a seguir en la instalación de los humidificadores.

Etapa 1. Colocación y montaje de la unidad

La distancia entre el humidificador y la unidad de tratamiento del aire debe ser lo más corta posible. Debe situarse en una zona ventilada y protegida de la intemperie, así como ser accesible para su inspección y mantenimiento.

Importante

Debe preverse la instalación de un punto de desagüe en la parte inferior del humidificador, para la evacuación de las posibles condensaciones.

Etapa 2. Colocación de las tuberías de distribución de vapor

La distribución de las tuberías de vapor debe plantarse antes de la instalación para asegurar una correcta humidificación. Para ello, se verificará la pendiente positiva de entrada de vapor y que la orientación de sus orificios de salida sea concordante con la dirección de aire proveniente de la unidad de tratado.

Colocación de las tuberías de distribución de vapor

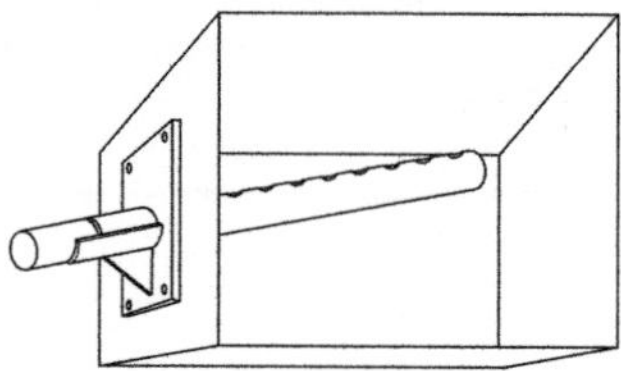

Etapa 3. Instalación de agua de suministro

El agua de entrada al humidificador puede provenir de la red o bien de un tratamiento previo para ablandarla, pero nunca se empleará otro líquido.

Suministro de agua de entrada al humidificador

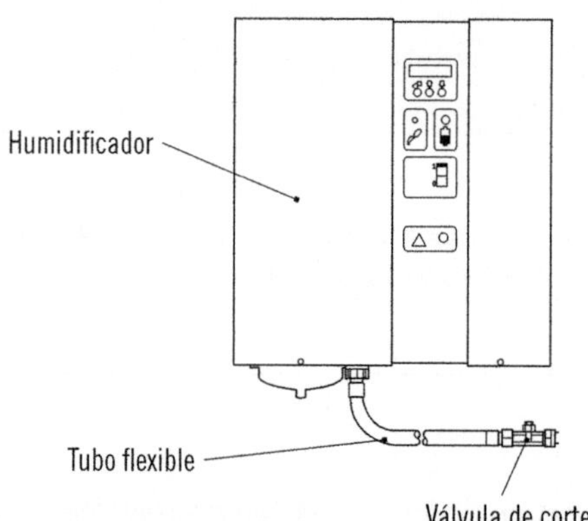

Sabía que...

Los equipos de humidificación son fabricados con materiales que evitan la generación y proliferación de microorganismos que puedan contaminar el aire tratado.

Etapa 4. Instalación del drenaje

Cada cilindro de acumulación de agua debe estar equipado con una manguera de drenaje individual deberán tener la pendiente suficiente para evitar estancamientos.

Instalación del drenaje

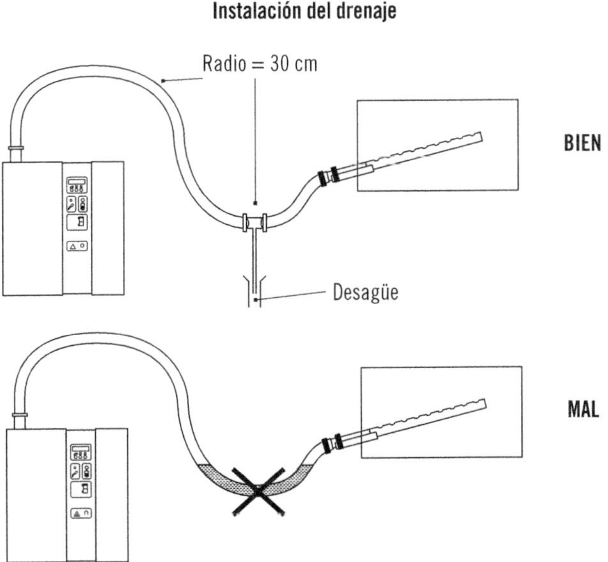

Etapa 5. Suministro eléctrico

Se debe asegurar que la sección de los cables conductores de potencia sean los adecuados para la corriente que se suministre (por norma general monofásica), así como que la instalación esté aislada y protegida contra sobrecorrientes.

Suministro eléctrico

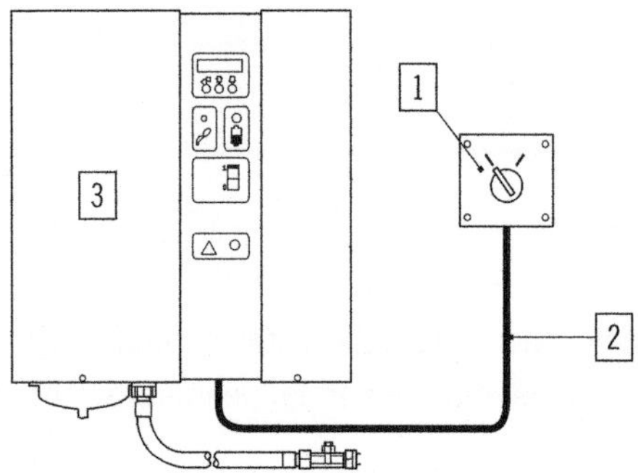

1. Interruptor y fusible
2.Cable de alimentación eléctrica
3. Humectador

Etapa 6. Instalación de controles eléctricos

De forma general, suelen presentarse 2 opciones de programación:

- **Opción 1:** de encendido/apagado (todo o nada).
- **Opción 2:** de control proporcional entre el 20 y el 100 % de la producción de humedad, en función de la demanda.

Por último, cabe indicar que, en la misma instalación y adaptando un inyector, se pueden realizar tratamientos fitosanitarios.

Consejo

En ambos casos, se recomienda la existencia de desconexiones de seguridad, por alto nivel higrostato, o un interruptor de control del flujo de aire de presión, así como un avisador para computar el número de horas de funcionamiento o la cantidad de vapor de agua que se ha producido.

3.7. Secadores

Los secadores de ambiente permiten eliminar el vapor de agua que queda dentro del aire comprimido a la salida del grupo compresor de refrigeración. Los modelos actuales optimizan su funcionamiento en función del caudal de aire, de la presión de servicio y de la temperatura de entrada del aire.

El desecante está formado por partículas muy porosas que tienen la propiedad de retener (adsorber) en su superficie el vapor de agua presente en el aire comprimido (fase de secado) y de restituirla cuando el aire está a la presión atmosférica (fase de regeneración).

Nota

Según los modelos, este desecante puede ser alumina activada, tamiz molecular u otro.

Los secadores están formados por:

- 2 torres en acero al carbono relleno de desecante.
- 4 electroválvulas normalmente cerradas.
- 2 válvulas anti-retorno.
- 1 tubo de expansión para captar el aire de regeneración.
- 1 cuadro electrónico con microprocesador y sinóptico.
- 1 estructura metálica.
- 2 manómetros de presión de tanque.

Principio de funcionamiento

El secador seca el aire utilizando de una manera cíclica las dos torres y las cuatro electroválvulas (de las cuales dos son de interrupción, EV 2 y EV 3, y dos de escape, EV 1 y EV 4).

Mediante una duración prefijada, el aire comprimido pasa a través de una de las 2 torres de adsorción, de abajo a arriba, dejando en la alumina activada el vapor de agua que contenía. Por ejemplo, al atravesar el aire de la torre 1, una de las electroválvulas de interrupción, EV2, y una de las de escape, EV4, se abren. En condiciones nominales, es decir 7 bar de presión de servicio, 15,5 % del caudal nominal (Qn), pasan por un *by-pass,* se expansionan a presión atmosférica y atraviesan la segunda torre de arriba hasta abajo retirando a la carga el agua previamente adsorbida.

Nota

La fase de regeneración es de una duración inferior a la de secado, a fin de permitir a la torre regenerada volver a la presión nominal antes de iniciar un nuevo ciclo.

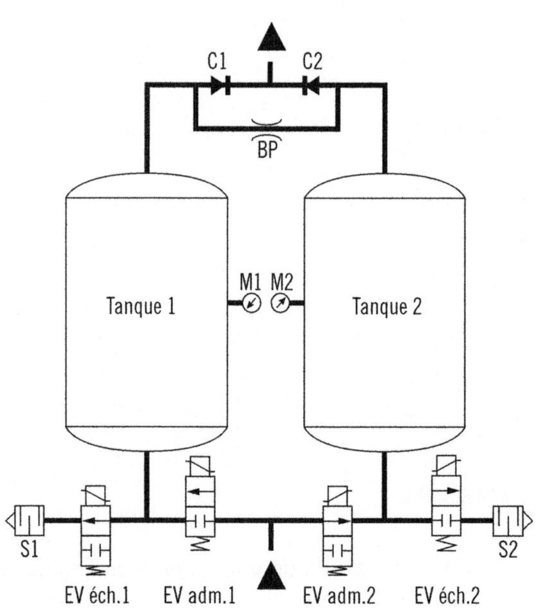

Marca	Designación
BP	By-pass de regeneración
C1,C2	Compuerta anti-retorno
M1,M2	Manómetros de tanque
S1,S2	Silenciador de escape
EV éch.1	Electroválvula de escape tanque 1
EV adm.1	Electroválvula de admisión tanque 1
EV adm.2	Electroválvula de admisión tanque 2
EV éch.2	Electroválvula de escape tanque 2

Sistema de secado

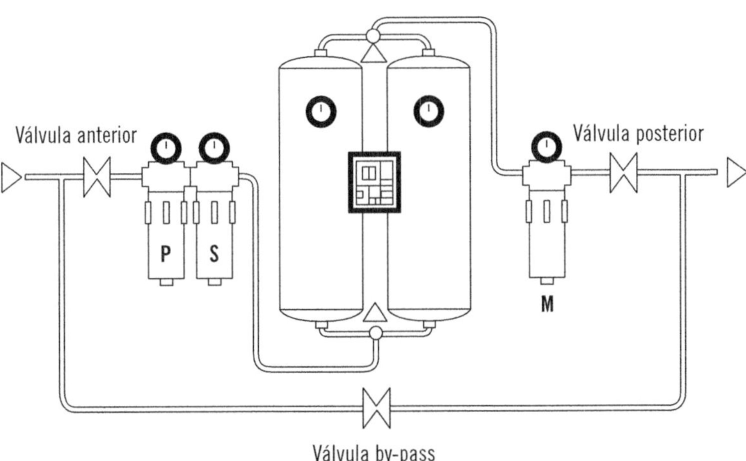

Instalación

A continuación, se nombrarán los pasos a seguir para realizar la instalación de los secadores.

1. El secador debe situarse alejado de otros aparatos, en un recinto delimitado, limpio, seco y ventilado, protegido de posibles heladas y sobre una bancada.

2. Prever entre la entrada y salida del secador un sistema de válvula *by-pass* para permitir el mantenimiento de la instalación sin interrumpir la alimentación en aire comprimido de la red. Durante la instalación, las válvulas anterior y posterior deben estar cerradas.
3. En la tubería anterior del secador se deben colocar un filtro (P) y un filtro (S) para sacar el polvo y el aceite del aire comprimido, respectivamente, antes del secador. Ambos filtros deben ser de purgado automático.
4. Conectar el aire comprimido a tratar a la entrada del secador (orificio inferior) con una tubería flexible.
5. El aire comprimido a tratar se tomará por la parte superior de los tanques para reducir el riesgo de arrastre de agua líquida o de partículas, prolongando así la vida útil del desecante.
6. Instalar un filtro (M) después del secador a fin de retener las partículas y polvo del desecante, en esta ocasión el purgador debe ser manual.
7. Conectar el aire comprimido tratado a la salida del secador (orificio superior) con una tubería flexible.
8. Instalar un silenciador para reducir el ruido generado en los procesos de regeneración.
9. En la producción del aire comprimido, debe emplearse un dispositivo de seguridad (válvula o presostato).
10. Controlar la estanqueidad de los manguitos de unión y la solidez de las fijaciones.

Importante

Se debe equipar cada torre con válvulas de seguridad, que deben estar colocadas en la torre sin posibilidad de interposición y tener una capacidad de descarga superior a la cantidad de aire admitida en las torres y estar taradas y emplomadas a la presión de seguridad prevista por su red, que será en todo caso inferior a 20 bar.

Aplicación práctica

Usted trabaja para una empresa encargada de realizar la puesta en marcha de instalaciones complejas de climatización y extracción-ventilación. En esta ocasión, su labor consiste en poner en marcha un sistema de secado del aire ambiente de una sala de procesado de embutidos. ¿Cuál sería el procedimiento?

SOLUCIÓN

La puesta bajo presión del secador puede efectuarse solamente cuando el proceso de instalación esté completamente terminado.

Las válvulas anterior y posterior del secador deben estar cerradas y la válvula de by-pass abierta antes del arranque del compresor.

1. Cerrar el contacto eléctrico de alimentación del secador.
2. Pulsar el botón y el secador arranca, la pantalla digital se enciende.
3. Abrir con cuidado la válvula posterior y controlar la presión con los manómetros del secador.
4. Evitar toda variación brusca de presión que pudiera dañar el secador.
5. Abrir con cuidado la válvula anterior y controlar la presión con los manómetros del secador.
6. Cerrar lentamente la válvula de by-pass.
7. Dejar el secador funcionar durante 8 horas para eliminar la humedad adsorbida por el desecante durante la fabricación, el almacenaje y el montaje.

3.8. Depósitos y recipientes de combustible

Los depósitos de almacenamiento de combustible pueden clasificarse como se indica en el siguiente esquema.

Clasificación de los depósitos de almacenamiento de combustibles

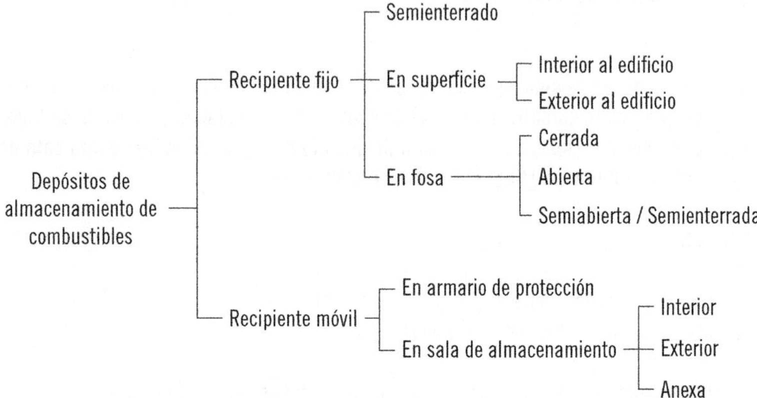

Los recipientes considerados fijos son aquellos que son instalados de forma definitiva sobre bancadas y estas sobre un recipiente estanco que pueda contener al menos un 10 % del contenido en caso de fuga, en una ubicación desde la cual operarán finalmente.

De forma contraria, los móviles pueden ser trasladados y en la mayoría de los casos no suelen superar una capacidad determinada, según sus características y el tipo de producto que almacenen (aprox. 3000 l). Dependiendo de su geometría, sus dimensiones y material del que estén constituidos podrán ensamblarse y/o apilarse de acuerdo a las normas de seguridad vigentes.

Depósitos de combustible

Nota

Dependiendo de su destino, serán construidos en acero, polietileno de alta densidad o plástico reforzado con perfiles estructurales y/o fibra de vidrio, conforme con las directivas de homologación correspondientes.

Llenado de depósitos

El llenado debe realizarse de forma estanca y segura, para lo que se emplearán acoplamientos compatibles entre la cisterna de carga y de descarga, por lo general de accionamiento rápido tipo macho-hembra, que aseguran la fijación, evitando desenganches fortuitos.

La operación se realiza introduciendo una tubería de descarga (con extremo en pico de flauta) hasta casi el fondo del recipiente y permitiendo el llenado por gravedad, pudiéndose auxiliar de una bomba si esta no provoca una sobrepresurización al final de la operación.

Ventilación de depósitos

Siempre debe existir una tubería de ventilación para la evacuación de los gases (tendrá una pendiente que facilite la devolución al depósito de los gases condensados). La salida de la tubería evitará la proximidad a ventanas y otros huecos que puedan introducir dichos gases al interior de los locales o dirigirse a fuentes inflamables. Para tal destino, debe acabar en una rejilla cortafuegos que evite, además, la introducción de cuerpos extraños en su interior.

Importante

En instalaciones enterradas o semienterradas, la tubería de ventilación debe sobresalir al menos 50 cm sobre el nivel de llenado.

Protección de depósitos

Tanto el depósito como sus tuberías deben protegerse ante impactos, corrosiones y cargas electroestáticas.

Se pueden diferenciar 2 tipos de protección:

- **Pasiva:** cuando se emplean materiales de recubrimiento como pinturas antioxidantes o materiales aislantes resistentes a ambientes corrosivos.
- **Activa:** cuando se requiere una continuidad eléctrica, esto es, realizando una puesta a tierra del tanque y las tuberías, empleando un cable de cobre o galvanizado y una pica de zinc a tierra. Si existe una bomba de extracción dentro del tanque, su protección a tierra se realizará por una red independiente, para las tuberías se emplearán uniones atornilladas o soldadas para la puesta a tierra, además de ser aconsejable el empleo de juntas aislantes.

3.9. Equipos terminales

Son los equipos encargados de acondicionar cada recinto, tomando sus cargas térmicas y cediéndolas al fluido caloportador y este, a su vez, lo devolverá a la unidad exterior para su tratamiento.

Las unidades terminales más empleadas son los ventiloconvectores (o *fancolis),* que están compuestas básicamente por un intercambiador y un ventilador; el primero realiza la función de acondicionamiento del aire del local (enfriando o calentando) y el segundo realiza la función de impulsión del aire.

Nota

Su colocación puede ser en techo, en pared o en suelo, dependiendo del modelo elegido, pero en todos ellos se requiere de unas instalaciones auxiliares, amén de la propia de distribución del fluido caloportador: para el conexionado a la red eléctrica y su programación y para el desagüe de los posibles condensados.

Si la unidad terminal es de doble efecto (frío y calor), se requerirá la utilización de cuatro tuberías y dos válvulas de tres vías, para controlar el funcionamiento en un modo u otro; además, se deben instalar válvulas de 2 vías para poder cortar el flujo de refrigerante cuando no sea necesario condicionar la estancia.

Esquema de una instalación teminal a dos tubos

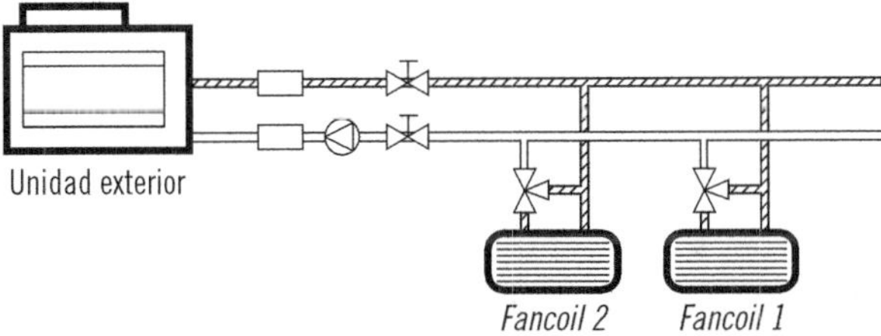

El control de la unidad se puede hacer sobre la potencia del ventilador, sobre el caudal de paso en el ramal del líquido o bien sobre la válvula de tres vías para alcanzar la mezcla de frío-calor deseada.

3.10. Equipos de medida y control. Válvulas

Siguiendo con los reglamentos aplicables a este tipo de instalaciones, se hará ahora referencia a la IT. 1.3.4.2.12., del citado RITE, en la que se indica:

Todas la unidades terminales por agua y los equipos automáticos partidos tendrán válvulas de cierre en la entrada y en la salida del fluido portador, así como un dispositivo, manual o automático, para poder modificar las aportaciones térmicas. Una de las válvulas de las unidades terminales por agua será específicamente destinada para el equilibrado del sistema.

A continuación, se nombrarán y describirán las principales válvulas y equipos de medida y control.

Equipos

Termostatos

Sirven para controlar la temperatura en un momento dado, mediante un elemento de accionamiento eléctrico. Pueden emplearse para el control de la temperatura en los fluidos circulantes por el evaporador, el condensador, los intercambiadores de calor, de modo que se controla el funcionamiento de la máquina frigorífica. Los termostatos se montarán en aquellos puntos donde se necesite medir la temperatura, teniendo en cuenta que otros factores externos como el sol pueden influir negativamente en la medida.

Nota

En las instalaciones de climatización, pueden hallarse otros termostatos, como son los de descarche (que evitan la formación de hielo invirtiendo el ciclo de funcionamiento temporalmente) o los de ambiente (empleados para mantener la temperatura deseada en el recinto a climatizar al accionar o detener algún aparato).

Presostatos

Sirven para controlar la presión, mediante un elemento de accionamiento eléctrico. Pueden ser de varios tipos los que se emplean en climatización.

Los presostatos se montarán en lugares donde se necesite valorar la presión, pero tendrán que colocarse de tal manera que no compliquen el funcionamiento del sistema.

Válvula presostática

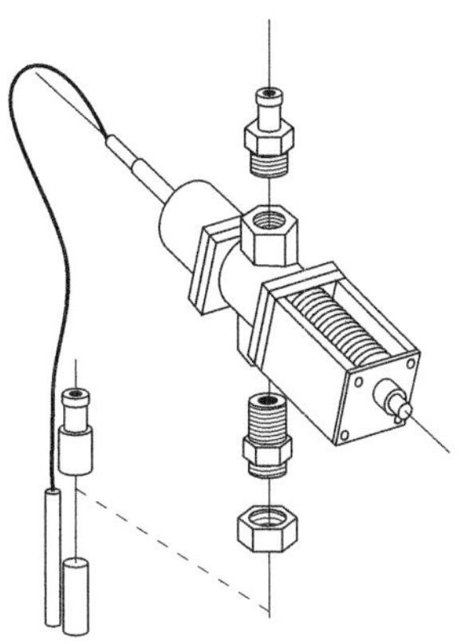

Pueden ser de las siguientes clases:

Presostato de alta presión

Con él se puede controlar la presión de condensación del sistema o apagar el compresor cuando un aumento de presión lo haga peligrar. En este caso, para hacerlo funcionar, de nuevo habrá de hacerse manualmente.

Presostato de baja presión

Controla la presión de aspiración del compresor, parándolo cuando caiga por debajo del valor de tara, debido a condiciones de operación, a obstrucciones en el circuito, a disminución de refrigerante en el evaporador, etcétera.

Presostato diferencial

Actúa sobre las revoluciones de giro de los ventiladores o sobre las compuertas que permiten el paso del aire tratado.

Nota

Otro presostato empleado en climatización es el existente en los equipos de bombeo, que, en este caso, determina la presión de aceite existente en la bomba y, si no es la mínima, la detiene hasta que se asegure una buena lubricación.

Válvulas de seguridad

Se emplean para evitar la sobrepresión en las instalaciones. Cuando se supera un valor de referencia, se libera presión al exterior, al vencerse la oposición de un muelle interno en la válvula. Una vez disminuida la presión por debajo de este valor de referencia, la válvula se cierra automáticamente.

Compuertas de seguridad

Pueden ser manuales o motorizadas, en cuyo caso, puede controlarse el grado de apertura, o de presión (todo o nada), en cuyo caso, al sobrepasar cierto valor de presión, se abren liberando el líquido o gas con que operen.

Humidostatos

Son los llamados higroscópicos, que se dilatan con la humedad o se convierten en conductor eléctrico, según la humedad relativa que perciban.

Detectores de caudal

Sirven para determinar cuándo está circulando un líquido o un gas por una tubería.

Nota

Si además se quisiera medir el caudal se emplearía un caudalímetro.

El más común es el de tipo pistón, el cual cambia de posición al ser empujado por el flujo circulante, cerrando los contactos eléctricos. El pistón debe regresar a su posición inicial por gravedad o por medio de un resorte cuando no circule caudal.

Detector de caudal

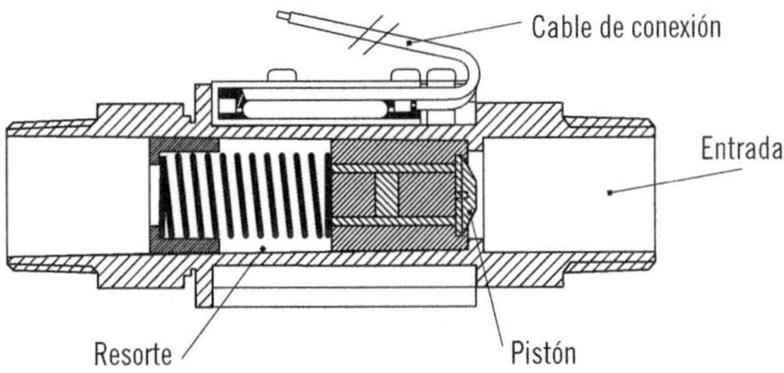

Variadores de frecuencia

Se emplean para modificar dentro de un rango el valor de giro de compresores, bombas, ventiladores, etcétera.

Servomotores

Se ponen en servicio para accionar algún elemento mecánico de la instalación sobre el que sea necesario aplicar mucha fuerza, como puede ser una palanca o una válvula.

Válvulas de regulación

Modifican la geometría de la abertura por la que cruzan los fluidos, consiguiéndose de este modo el control sobre el caudal y, por tanto, modificando el comportamiento de la instalación.

Pueden ser de 2, 3 y 4 vías, según en número de fluidos que las atraviesen.

Válvulas de 4, 3 y 2 vías

Sabía que...

Las de 3 y 4 vías sirven para mezclar o derivar los flujos, por lo que son de gran utilidad en las instalaciones, sobre todo en intercambiadores. Las de 4 vías permiten además invertir el ciclo de operación.

Tubo capilar

El tubo capilar es una tubería de líquido de pequeño diámetro que une el condensador con el evaporador.

Nota

Una parte de su longitud va soldada a la tubería de aspiración, formando así, con su bajo coste, un intercambiador de calor.

Por su reducido diámetro, se produce en la extremidad del tubo capilar una caída de presión, necesaria para la evaporación. Al circular el fluido por un tubo de tan poca sección, la fricción produce una pérdida de carga y, por lo tanto, una reducción de presión. A la salida del capilar, se produce una expansión (aumento de volumen) brusco y se evapora parte del líquido, absorbiendo calor del propio fluido, con lo cual la temperatura del mismo disminuye, enfriándose.

El uso de tubos capilares en las instalaciones tiene las siguientes ventajas:

- Gran sencillez: si su aplicación es correcta funcionará indefinidamente, ya que este dispositivo inyector no tiene partes móviles.
- El tubo capilar es de menor costo que una válvula de expansión.
- En el grupo no es necesario colocar depósito de líquido, por lo cual se abarata.
- La carga de gas refrigerante es menor.
- En las paradas se equilibran las presiones, por lo cual, al ponerse en marcha, el motor no tiene dificultad.

Control del refrigerante

Para el control del refrigerante, se emplean dispositivos de expansión o estrangulación, que tienen como misión:

- Reducir la presión del refrigerante para que este se pueda evaporar en el evaporador.

- Suministrar al evaporador toda la cantidad de refrigerante que este sea capaz de evaporar.

Sabía que...

Si la válvula de expansión está muy abierta, puede suministrar al evaporador tal cantidad de refrigerante que este no pueda evaporarlo todo. Entonces, dicho vapor saturado muy húmedo (incluso líquido), puede llegar al compresor, originando golpes de líquido.

Por el contrario, si el control de flujo de refrigerante o válvula de expansión está muy cerrado, el refrigerante saldrá del evaporador excesivamente recalentado, ocasionando en el evaporador una falta de rendimiento y una utilización parcial del mismo.

Delante del dispositivo de expansión, el refrigerante está a una temperatura por encima del punto de ebullición. Al reducir rápidamente su presión, se produce un cambio de estado de vaporización, empezando el refrigerante a hervir dentro del evaporador.

Desescarche del evaporador

Al aumentar la capa de hielo que se crea en el evaporador cuando el sistema funciona en modo calor, se produce una pérdida de carga del aire exterior que lo atraviesa. Detectada esta situación, para provocar el desescarche se acciona el mecanismo que permite la inversión del ciclo. El final del ciclo de desescarche puede controlarse de 2 formas:

- Midiendo la presión del fluido termodinámico en el intercambiador exterior (convertido en condensador durante el período de desescarche).
- Midiendo la temperatura del intercambiador.

Tanto la presión como la temperatura del fluido termodinámico aumentan rápidamente al finalizar el desescarche y, por consiguiente, cualquiera de las dos puede emplearse para indicar la vuelta al ciclo inicial de calefacción.

Importante

Es evidente la necesidad de realizar un desagüe para el agua resultante del desescarche en la unidad exterior.

Aplicación práctica

Debido a la climatología, la instalación de la que usted es el encargado, sufre un mal funcionamiento por la escarcha acumulada en el evaporador. Si la instalación no cuenta con un sistema automático de descarche o este no funciona, ¿qué operaciones podría realizar para remediarlo?

SOLUCIÓN

Procedería a eliminar la capa de escarcha existente en el evaporador de la siguiente forma:

1. Manualmente, empleando raspadores o cepillos de aletas.
2. Vertiendo sobre el evaporador una solución acuosa de salmuera, anticongelante o agua caliente.
3. Parando la maquinaria y dejando actuar una corriente de aire sobre el evaporador.
4. Si el aire ambiente es superior a 0 ºC, parando la máquina y dejando que el evaporador se caliente de forma natural.

Equilibrado de los circuitos hidráulicos

Las unidades de frío y calor, redes de distribución y unidades terminales tendrán distintas pérdidas de carga si los circuitos hidráulicos no están equilibrados, con exceso o defecto de caudal, no obteniendo el confort térmico demandado y acarreando un consumo innecesario de energía.

Los problemas que pueden originarse son:

- Aporte de energía anormal en cada una de las estancias.
- No alcanzar las temperaturas requeridas.
- Problemas de medición, regulación, ruidos y erosión.

Instalar bombas de mayor capacidad, variar las temperaturas de salida de las unidades productoras o modificar los parámetros de regulación, no siempre soluciona los problemas y en algunos casos los agudiza.

Nota

Además, si la instalación emplea otros reguladores automáticos, como válvulas de 2, 3 o 4 vías, los desequilibrios hidráulicos pueden ser mayores.

Regulador automático de caudal

Los reguladores automáticos ajustan y mantienen los caudales en su rango de trabajo. Estas válvulas modifican de forma automática sus pérdidas de carga, con el fin de mantener constantes los caudales que circulan por ellas, siempre que se trabaje entre sus límites mínimo y máximo de presión diferencial.

Un muelle calibrado se opone a la presión del fluido, mientras un émbolo se desliza dentro de la cavidad, provocando que la sección de paso del fluido sea variable.

Regulador automático de caudal

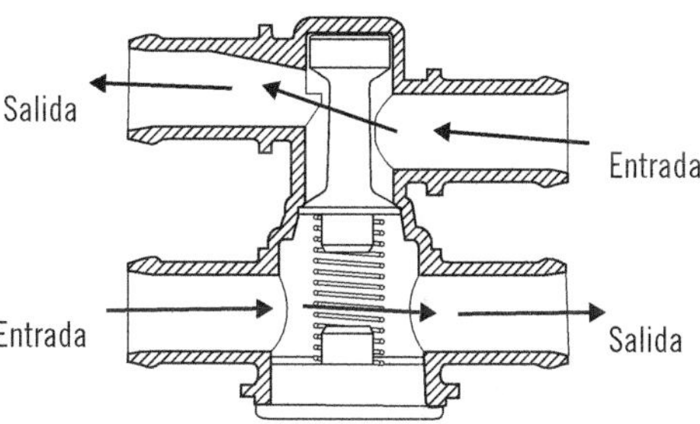

3.11. Sistemas de arranque, regulación y protección de motores

Al iniciar el arranque de un motor, este demanda una intensidad mucho mayor a la nominal con la que trabaja, lo que provoca un desgaste en los aisladores. Para evitar dicho deterioro, se emplean reductores de tensión eléctrica o resistencias intercaladas, que actuarán durante el proceso de arranque del motor.

En instalaciones de gran potencia

Se trabaja con corriente trifásica. Para los motores de arranque de estas potencias, se emplean métodos de protección como los siguientes:

- Resistencias en serie.
- Autotransformadores.
- Devanados partidos.
- Configuraciones estrella-triángulo.

En instalaciones de pequeña potencia

Se trabaja con corriente monofásica. En esta ocasión, se emplea un devanado para la corriente de trabajo y otro complementario para el arranque, mediante un condensador en serie y un relé que deja de actuar cuando se va alcanzando el régimen de giro normal en el motor.

Protección de los motores

La protección de los motores se realiza con la intención de proteger a las personas y a las líneas de sobreintensidades o cortocircuitos, además de para evitar sobrecalentamientos que puedan llevar al colapso del motor.

Las protecciones que pueden emplearse son las siguientes:

Contra sobreintensidades

El principal elemento utilizado para las sobreintensidades es el relé térmico.

Relés térmicos

Suelen emplearse los de tipo klixón, que consisten en una lámina metálica que, al sobrecalentarse, se curva abriendo el contacto eléctrico del circuito. Se sitúan en serie con los devanados del motor.

Relé térmico

Nota

Los relés están tarados en función de la duración y sobretensión que se genera durante el arranque de un motor.

Contra cortocircuitos

Los principales elementos utilizados para los cortocircuitos son los relés magnetotérmicos, electromagnéticos y los fusibles. A continuación, se describirá cada uno de ellos.

Relés magnetotérmicos

Mecanismos automáticos de efecto térmico y magnético para el control de la corriente que recorre el circuito. El primero reacciona ante sobretensiones continuadas y el segundo frente a intensidades elevadas y breves, como las producidas durante un cortocircuito.

Relés electromagnéticos

Cierran de forma rápida los contactos del circuito, venciendo la resistencia del resorte de un mecanismo de desconexión auxiliar.

Fusibles

Filamento de hilo conductor que se funde al alcanzarse un determinado valor de sobreintensidad, al ser el punto más débil de la línea eléctrica. Al fundirse, se realiza la desconexión del circuito.

Contra contactos eléctricos indirectos

Los principales elementos utilizados para los contactos eléctricos indirectos, son los interruptores diferenciales, la puesta a tierra y la puesta a neutro. A continuación, se describirá cada uno de ellos.

Interruptor diferencial

Empleado tanto en trifásico (tetrapolares) como en monofásico (toroidales), los dos casos se basan en detectar la diferencia de intensidad existente entre las líneas de fase y el neutro. En tal caso, se abrirán los contactos de la línea de alimentación que pasan por el interruptor diferencial.

Puesta a tierra

Emplea un conductor de protección para cada una de las partes metálicas de los elementos eléctricos conectados a la red.

Puesta a neutro

En este caso, todos los elementos metálicos serán conectados al neutro que, a su vez, estará conectado a tierra.

Nota

En los tres casos citados, el conductor se identifica por tener un aislante de color amarillo y verde, de la misma sección que las fases.

Conexión de equipos a la red de alimentación

Se llama línea o alimentación eléctrica al conjunto de conductores que suministra corriente desde la red a una máquina eléctrica.

Las líneas usuales en instalaciones pueden ser:

Monofásicas	Trifásicas
- Tensión 230 V. - Frecuencia: 50 Hz. - Conductores: a. 1 de fase, color normalmente marrón. Símbolo L (Line). b. 1 de neutro, color azul. Símbolo N (Neutral). c. 1 de protección denominado "Tierra" color verde-amarillo. Símbolo "T" o "G".	- Tensión 400 V (en grandes potencias, 700 o 1.000 V). - Frecuencia: 50 Hz. - Conductores: a. 3 de fase, colores marrón, gris y negro. Símbolo R, S y T. b. 1 de neutro, color azul. Símbolo N. c. 1 de protección denominado "Tierra", color verde-amarillo. Símbolo T o G.

Para conectar un receptor monofásico de 230 V a una línea trifásica de 400 V, se conecta neutro con neutro (color azul) y fase con una de las fases de línea (marrón, gris o negro).

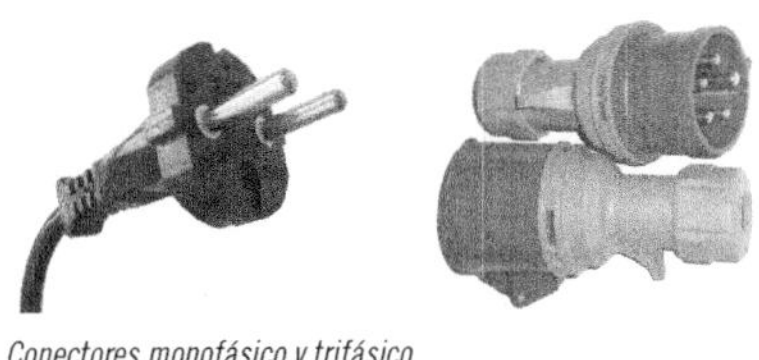

Conectores monofásico y trifásico

Importante

Si se conecta un receptor a una tensión mayor de la de diseño, es decir, 400 V donde se precisan 230 V, con toda seguridad resultará dañado.

Medidas eléctricas

La tensión compuesta de la red se mide con un voltímetro, pinchando con las dos puntas dos conductores activos de la misma.

La intensidad se mide con un amperímetro, normalmente de pinza toroidal, separando uno de los conductores y midiendo:

- En líneas monofásicas: la fase o el neutro.
- En líneas trifásicas: una de las fases.

Líneas de alimentación a equipos

Para conectar equipos climatizadores a una red eléctrica, se debe dimensionar el conductor para que soporte la intensidad máxima del equipo, conforme al vigente Reglamento electrotécnico para baja tensión, según el tipo de colocación y el número de cables.

3.12. Detectores, actuadores, alarmas, entre otros

Existen numerosos aparatos y dispositivos que ayudan a conocer situaciones y hechos que ocurren en las instalaciones. Son los llamados sensores, detectores, alarmas, etcétera. Hacen esto mediante la captación de algún parámetro de control, para luego ser interpretados por un organismo de control (centralita si es un sistema de interpretación de múltiples señales o, de forma particular, termostatos, presostatos, etcétera). Este, a su vez, ordenará la acción a realizar a un actuador, que bien puede ser una válvula, un interruptor o de cualquier otro tipo.

Fases del proceso

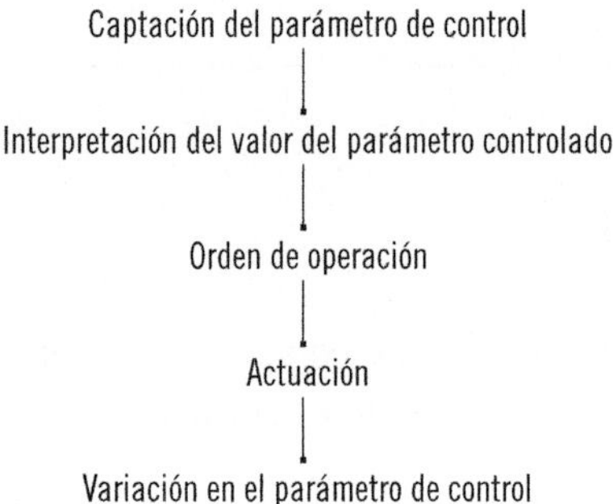

Ejemplo

Parámetros de control pueden ser la temperatura, la presión, el caudal, el voltaje, etcétera.

A continuación, se mostrarán los sensores más usuales en instalaciones de climatización y ventilación-extracción:

- **De temperatura:** los más empleados son de líquido dilatante (analógico de mercurio) y de par térmico (eléctricos digitales).
- **De presión:** de resorte o piezorresistivos.
- **De caudal:** de rodete, de efecto Venturi o electromagnéticos.
- **De humedad:** de efecto dilatador o conductores.
- **De corriente eléctrica:** voltímetros, amperímetros.

Otros también empleados son los detectores de fugas de gases y líquidos, de velocidad del aire, de humos o de ruidos y vibraciones.

Importante

Para un buen funcionamiento es fundamental que cada uno de los sensores esté correctamente calibrado. Si durante las operaciones de mantenimiento se requiere la sustitución de alguno de ellos, será por otro del mismo rango de medida, ya sea analógico o digital.

El funcionamiento anómalo de alguno de los elementos de la instalación puede ser notificado mediante el empleo de avisadores o alarmas de diferentes tipos: sonoros, luminosos o comanderos (estos últimos generan una respuesta a la anomalía dando una orden sobre un aparato actuador para que se corrija), que actúan antes, durante y/o después de ser atajado el problema.

Dicho lo anterior, cabe mencionar el empleo en instalaciones centralizadas de dispositivos electrónicos que sirven para gobernar toda o parte de la instalación, fijando los parámetros de funcionamiento e interpretando las señales provenientes de los diferentes sensores para actuar en consecuencia; estos dispositivos, denominados centralitas, permiten programar el funcionamiento de la instalación de forma previa y de acuerdo a los criterios que fije el usuario, mediante botoneras, mandos a distancia, paneles frontales con pantalla, etcétera.

Sabía que...

Existen sistemas de mando que actúan de forma individual sobre los aparatos, parándolos, iniciándolos o regulando sus valores de operación.

Finalmente, la actuación que va a modificar el funcionamiento del aparato del cual se desee variar su parámetro se lleva a cabo por actuadores como los ya citados en apartados anteriores.

3.13. Ajuste de los elementos de control y de seguridad

El ajuste de los elementos de control/regulación puede realizarse desde diversos puntos, lo que da lugar a que pueda clasificarse la instalación de un modo u otro, como se muestra a continuación.

Sistemas de control centralizados

Permiten regular los parámetros que afectan a una, varias o todas las estancias a acondicionar, desde una única unidad de control situada, por lo general, en un puesto central de mando.

Nota

Este tipo de controles suele llevarse a cabo en grandes edificios, como pueden ser los centros comerciales o los hoteles.

Sistemas de control semicentralizados

Permiten regular un número determinado de salas de forma individual o colectiva, desde una misma unidad, pero, además, permiten en cada estancia variar los parámetros de operación.

Nota

Son los denominados sistemas multi-split que comúnmente se emplean en edificios de oficinas.

Sistemas de control descentralizados

Permiten la regulación individual de equipos autónomos, como los empleados en un hogar.

En los sistemas anteriormente citados, se tendrán en cuenta los siguientes factores:

- Según el tipo de instalación, se ubicarán en consecuencia en zonas accesibles o no para los usuarios, a una altura correcta y con unas escalas de lectura fácilmente interpretables (ºC, bar, %, m/s, etcétera).
- Se preverán las horas de inicio de la demanda y, en su función, se determinarán las horas de arranque y parada de la maquinaria de climatización (fundamental para asegurar un rendimiento efectivo, calentar motores, equilibrados hidráulicos, sobretensiones, etcétera).
- Si es posible o necesario, emplear dispositivos de paradas de emergencia y sistemas de rearme automático o manual.
- Colocar sensores y alarmas de forma efectiva, fuera de corrientes de aire, de focos térmicos, de otros aparatos que pueden afectarlos, etcétera.
- Para cada modo de climatización, se fijarán: temperatura, humedad relativa, calidad del aire, velocidad del aire (según escala Beaufort, máximo

25 m/s, Brisa Ligera <3 m/s), direcciones del flujo de impulsión, horas de funcionamiento, etcétera.

Actualmente, los sistemas centralizados y semicentralizados pueden gestionarse mediante programas informáticos que permiten una gestión más cómoda y eficaz a tiempo real, permitiendo exportar datos y generar informes.

Esquema de gestión y control de sistemas de climatización centralizado

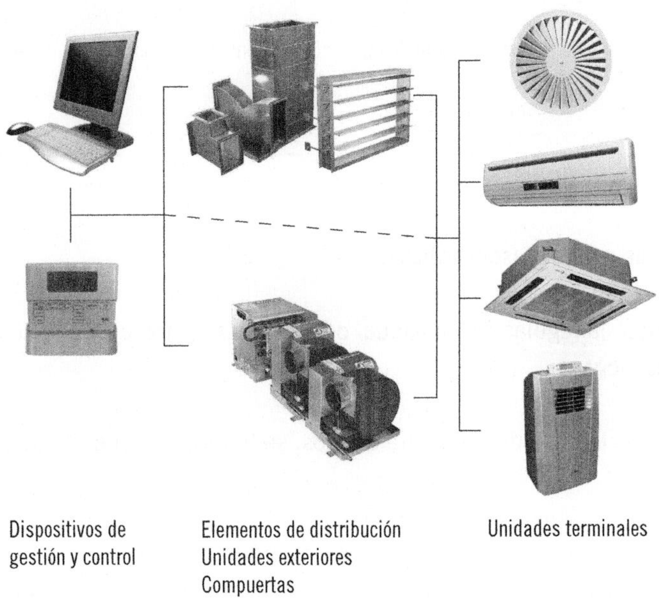

Importante

La regulación de los equipos de climatización debe hacerse conforme a las normativas aplicables en ahorro energético, según el RITE: 23 °C de temperatura mínima en verano y máxima de 23 °C en invierno.

4. Ubicación para el montaje de equipos y elementos en instalaciones de ventilación-extracción a partir de esquemas y planos

Antes de instalar cualquier elemento, se debe tener clara la disposición y situación de cada uno de ellos. Dicha información se obtendrá a partir de los planos del proyecto, en los que se indicarán, por ejemplo, las tomas de fuerza, dónde se conectará cada equipo y la situación de los mismos.

Los planos que contienen la disposición de cada elemento de estos tipos de instalaciones, se denominarán de la siguiente forma:

- Instalación de ventilación.

Instalación de ventilación

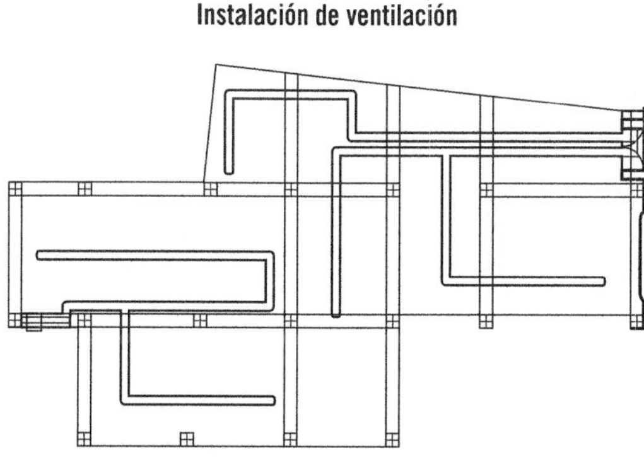

- Instalación de extracción.

Instalación de extracción

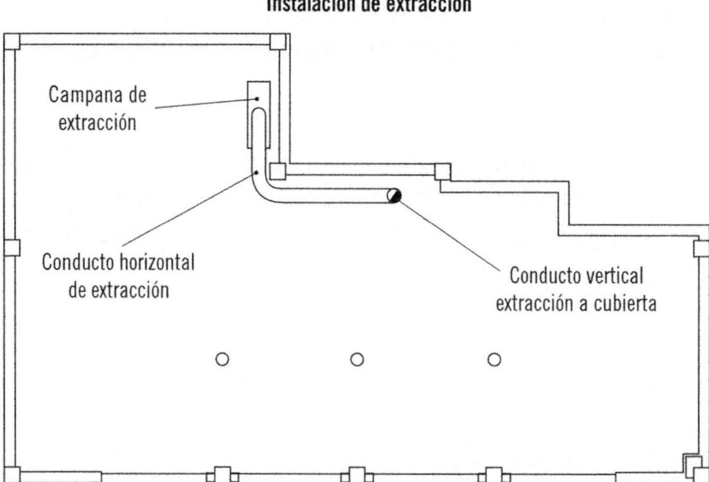

Aplicación práctica

Usted pertenece a la empresa subcontratada para ejecutar las instalaciones de climatización de un edificio de oficinas. ¿Cómo realizaría el montaje de la instalación centralizada de acuerdo a los planos y proyectos?

SOLUCIÓN

Primeramente, se realizará el replanteo de todos los elementos intervinientes bajo la conformidad de la dirección de obra, una vez aprobado esto, realizaría los siguientes trabajos.

De acuerdo al proyecto, se establece una sala de máquinas situada en la parte posterior del edificio, en ella se realizará una bancada apropiada para la máquina, conforme a su peso, a la estructura del edificio, y a la libre circulación de aire y de personas; requiriéndose el empleo de elementos antivibración adecuados.

Se colocará la maquina con el empleo de artefactos que lo hagan más manejable (toro mecánico, o grúa), atendiendo a tendidos eléctricos, de agua, etc. que puedan presentar un inconveniente.

Si no se tiene de fábrica, se realizará un sellado de las partes abiertas de la máquina para evitar que se ensucie su interior durante la realización de otras operaciones.

Continúa en página siguiente >>

<< Viene de página anterior

Por otro lado, se iniciará la instalación de elementos de distribución del aire o liquido refrigerante desde las unidades terminales hasta la maquina; esto es tanto las propias unidades terminales, *Split, Fancoils,* toberas, etc. como las tuberías de impulsión y retorno, conforme a los planos diseñados; y materiales y aparatos prescritos en el proyecto, dejando ocultas aquellas que se deban bajo falsos techos, verificando la limpieza interior de dichas conducciones, la Soportación y la estanqueidad.

Ha de tenerse presente la instalación de compuertas pasamuros, ventiladores intermedios en las conducciones y la instalación de cada uno de los elementos de detección, regulación y actuación en cada una de las estancias que lo requieran: Sondas de temperatura, de presión, termostatos, presostatos, reguladores, etc.

Una vez alcancen las conducciones la sala máquinas, se procede a la conexión de estas con la máquina, si fuese necesario y se pudiese mediante elementos de unión flexibles, de lo contrario se emplearían aparte de los existentes otros sistemas de insonorización; paneles absorbentes, mantas y recubrimientos amortiguadores de ruidos y vibraciones, manguitos antivibración, soportes elásticos, etc.

Se realizará el conexionado a la red de suministro eléctrico y se verificará el circuito de control (unidades remotas y centralita) y la eficacia de los dispositivos de emergencia.

Se procede al llenado de máquinas con los productos que requieran, aceites, refrigerantes, etc. se verificarán las canalizaciones de desagüe, si existen, y se realizarán todas las operaciones de purgado de los circuitos que se sean necesarias.

Por último, se realizará la puesta en marcha y los ajustes necesarios buscando un funcionamiento óptimo.

---

5. Montaje de equipos y elementos en instalaciones de ventilación-extracción a partir de esquemas y planos

Antes de continuar, se van a aclarar los pasos básicos para la determinación del ventilador más apropiado para la instalación en la que se desea realizar la renovación de aire.

1. Decidir el sistema más adecuado: ventilación ambiental (para el confort de seres humanos) o ventilación localizada (para controlar la contaminación en los lugares donde se genera).
2. Calcular el caudal de aire que es necesario renovar.
3. Determinar si es posible realizar una descarga libre al exterior del aire contaminado a través de un cerramiento, pared o muro.
4. Si la descarga debe realizarse en un punto lejano, se calculará la pérdida de carga (por longitud de la canalización, por la forma captación, por codos, expansiones, reducciones, obstáculos, etcétera) hasta alcanzar la salida.
5. Conocido ya el caudal necesario, se determinará el ventilador más adecuado. Para ello, se puede consultar en los catálogos de fabricantes de ventiladores cuáles de ellos tienen una curva caudal-presión adecuada a las características del punto de trabajo.

Nota

Otros parámetros a tener en cuenta en la elección del ventilador pueden ser: el ruido generado y/o permitido, la protección frente a agentes ambientales, la tensión de alimentación eléctrica, la posibilidad de regular la velocidad, posibilidades de instalación y los costes.

A continuación, se estudiarán los principales elementos que componen las instalaciones de ventilación-extracción.

5.1. Campanas y captadores de aire

La ventilación o captación focalizada pasa por ser aplicable en instalaciones industriales o semiindustriales frecuentemente.

Si la situación lo permite, se intentarán extraer los aires contaminados lo más cerca posible del foco de emisión y evacuarlos al exterior de la forma más directa posible, más si los productos contaminantes son eminentemente tóxicos o de una cantidad considerable. Este es el principio de la captación focalizada.

Nota

Aplicando este método, es posible disminuir los costes de inversión y operación, pues permite que la ventilación general sea de menor potencia.

Elementos de una captación localizada

Se enumerarán a continuación los elementos para realizar una captación localizada.

- Sistema de captación.
- Canalización de transporte del aire contaminado.
- Sistemas separadores, requeridos en cocinas industriales.

El sistema de captación

Conocido más comúnmente como campana, tiene el cometido de evitar que el contaminante se difunda por toda la estancia.

En su diseño, deben tenerse en cuenta unos principios básicos:

- Debe colocarse lo más cerca posible de la zona de emisión de los contaminantes.
- Debe acotarse la zona de generación de contaminantes tanto como sea posible.
- Debe instalarse el sistema de aspiración de forma que, si existe un operario, no quede entre este y la fuente de contaminación.
- Debe situarse la captación de forma que se aprovechen los flujos naturales de aire.

- Deben enmarcarse las boquillas de extracción.
- Debe repartirse uniformemente la aspiración a nivel de la zona de captación.

Sistemas de captación

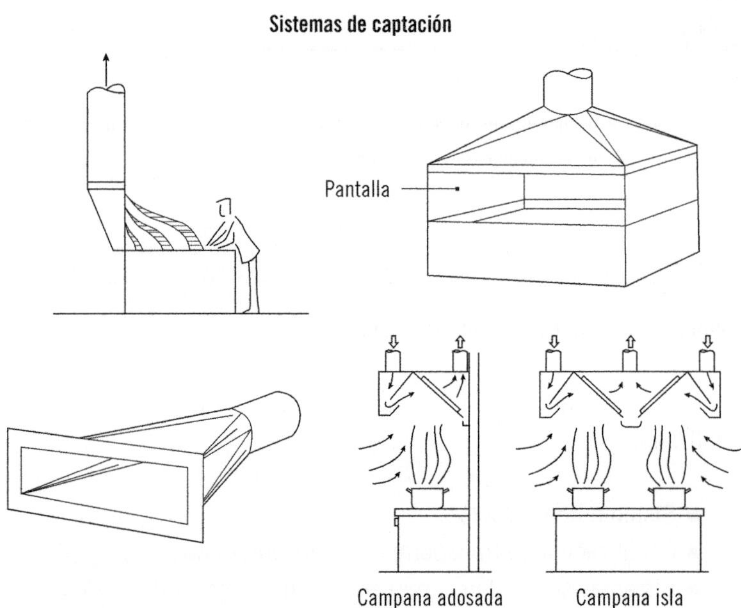

Importante

La norma UNE 100165:2004, Climatización. Extracción de humos y ventilación de cocinas, indica los requerimientos mínimos para dimensionar las campanas extractoras de cocinas y sus conducciones.

Nota

Conforme a la norma UNE-EN 17446:2022 y al CTE DB SI-2, las campanas de cocinas industriales han de contar con un sistema de extinción apropiado a la cantidad calor generado en la fuente.

Campana de cocina industrial con sistema de extracción

La canalización de transporte

Tiene el objetivo de asegurar el transporte del aire viciado hacia el exterior. Para ello, se requiere una velocidad mínima que impida que los contaminantes se depositen en dicha canalización. Esta velocidad dependerá del tipo de fuente contaminante.

Únicamente gases y vapores	Caracteristicas de la fuente de contaminación	Ejemplos	Velocidad de captación m/s
	Desprendimiento con velocidades casi nulas y aire quieto	Cocinas. Evaporación en tanques. Desengrasado.	0,25 - 0,5
	Desprendimientos a baja velocidad en aire tranquilo	Soldadura. Decapado. Talleres galvanotecnia.	0,5 - 1
	Generación activa en zonas de movimiento rápido del aire	Cabinas de pintura	1- 2,5
Con partículas sólidas en suspensión	Generación activa en zonas de movimiento rápido del aire	Trituradoras	1 - 2,5
	Desprendimiento a alta velocidad en zonas de muy rápido movimiento del aire	Esmerilado. Rectificado.	2,5 - 10

Cuadro de velocidades de captación según origen de los contaminantes

Sistemas separadores

Son filtros que retienen las partículas en suspensión, que actúan además como paneles de condensación de vapores, construidos generalmente con mallas de metal de densidad creciente.

Con el fin de recoger y evacuar los líquidos grasos condensados, en el borde inferior de estos sistemas debe colocarse un canalón y un recipiente acumulador.

Importante

Estos filtros deben ser fácilmente extraíbles y deben ser limpiados frecuentemente con agentes desinfectantes.

Suponga que le encargan la realización del montaje de un equipo profesional de extracción de humos de una cocina de restaurante, en la que únicamente existe un foco generador de calor (plancha + freidora). ¿Qué tendría en cuenta para el realizar el montaje?

SOLUCIÓN

Primeramente, determinar el grado de evacuación requerido por normativa para este tipo de instalaciones (conforme a CTE, condiciones de salubridad y ventilación, calidad del aire interior DBHS 3) e identificar en el catálogo del fabricantes el modelo de extractor más apropiado.

Ya en la cocina, realizar el montaje de la campana extractora y sus apantallamientos, si fuesen necesarios, a la altura determinada (altura mínima aproximada 65 cm), teniendo en cuenta que la geometría de la conducción de humos sea apropiada y compatible con la del extractor.

Verificar que no existen riesgos de bloqueo y/o taponamiento, asi como que las sujeciones son firmes y resistentes.

Por último, realizar el conexionado a la red eléctrica y puesta en marcha, tras verificar que la red, la tensión y la frecuencia son las apropiadas, así como que existen las protecciones eléctricas requeridas.

5.2. Desarrollo y montaje de conductos

El transporte del volumen de aire de ventilación se realiza fundamentalmente de dos modos: mediante el empleo de tubos flexibles y mediante conducciones rígidas: realizadas con paneles tipo sándwich o chapa metálica galvanizada. A continuación se verá cada uno de estos modos.

Tubos flexibles

Actualmente, para el transporte y distribución de aire de ventilación, se emplean tubos flexibles para la distribución del aire, pues facilitan el montaje adaptado a la fisonomía del local y también a la realización de emboques en zonas de difícil acceso.

Nota

Por sus características, estos tubos ofrecen poca pérdida de carga, flexibilidad máxima y un reducido coste de almacenaje y transporte.

Los tubos pueden ser de simple espesor o bien estar formados por un tubo interior aislado con manta de fibra de vidrio que se cubre exteriormente por una lámina de aluminio reforzada con hilos de fibra en espiral, lo que les proporciona mejores propiedades de aislamiento térmico y acústico.

Las principales características de los tubos flexibles son:

- Amplia gama de medidas.
- Resistentes a altas temperaturas.
- Soportan altas presiones de trabajo.
- Alta resistencia al fuego.
- Permiten flujos de aire a velocidades relativamente altas (30 m/s).

Se comercializan en diferentes longitudes, lo que permite un cómodo transporte y almacenamiento.

Nota

Suelen aplicarse en instalaciones de ventilación mecánica, campanas de cocina, acoplamientos a ventiladores, acondicionadores y conexiones de conductos de distribución de aire a difusores lineales, circulares, bocas de extracción, etcétera.

A continuación, se estudiará cuál es la forma de proceder (instrucciones) en la instalación de estos tipos de tubos.

Extensión y soportes

Para evitar la pérdida de carga en el conducto, este debe estar totalmente estirado. Su manipulación es fácil y permite ser cortado, embocado y reparado de rasgaduras con cinta autoadhesiva de aluminio.

Además, la soportación debe ser independiente para cada tubo y debe abrazar al menos la mitad de la circunferencia externa del tubo y tener un ancho proporcional a la envergadura de la tubería que soporte.

Soportación de tuberías y flecha máxima

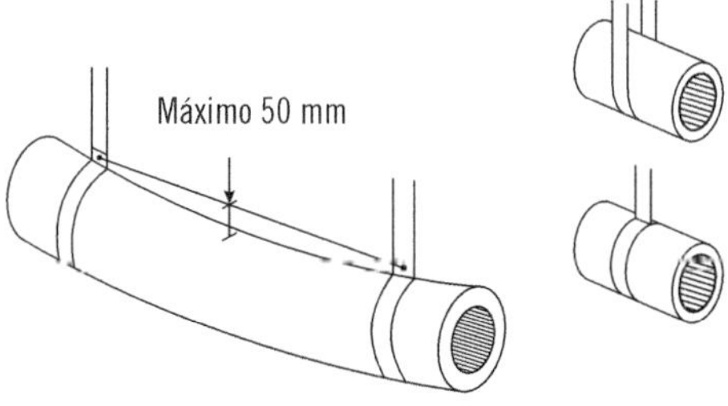

Nota

La soportación a intervalos no debe permitir pandeos o arqueamientos que produzcan una flecha superior a 5 o 10 cm. En ocasiones, al ser tan ligeros suelen ser apoyados en falsos techos.

Radios de curvatura

Por norma general, el fabricante indica en su documentación el grado de curvatura que pueden soportar sus productos, si bien, en ausencia de dichas recomendaciones, pueden seguirse los criterios siguientes como referencia de mínimos:

- Radio = diámetro del tubo (para tubos rígidos de chapa).
- Radio = 0,8 x diámetro (para tubos flexibles de aluminio o PVC).
- Radio en doble curvatura a 180º = 2 x diámetro (para tubos flexibles).

Curvado de tuberías flexibles

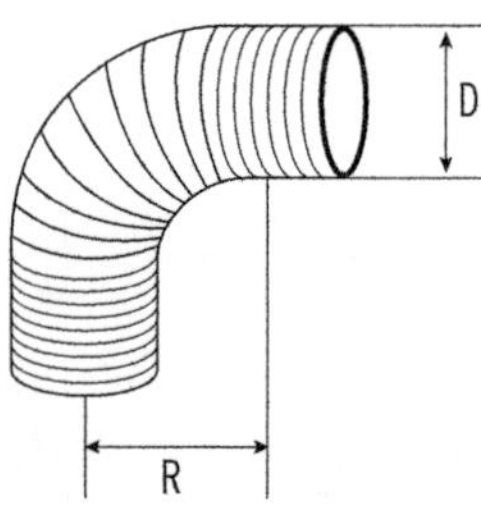

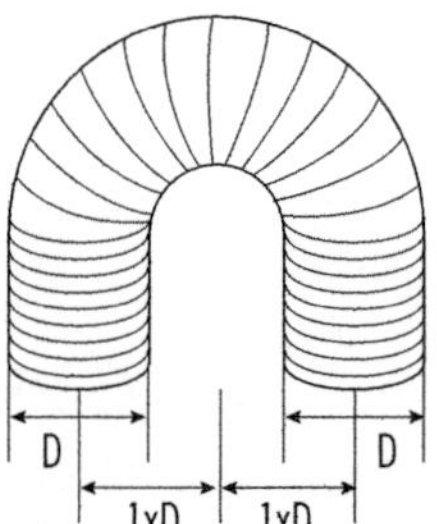

Conexión del tubo a elementos rígidos, difusores, cajas plenums y conductos rígidos

Las conexiones a elementos rígidos, como puedan ser difusores, plenums o conductos rígidos, requiere en ocasiones una soportación especial o una colocación particular, de forma que el tubo no quede forzado en una posición que impida su correcto funcionamiento, su deterioro rápido o ruidos indeseados.

Conexionado de tuberías flexibles

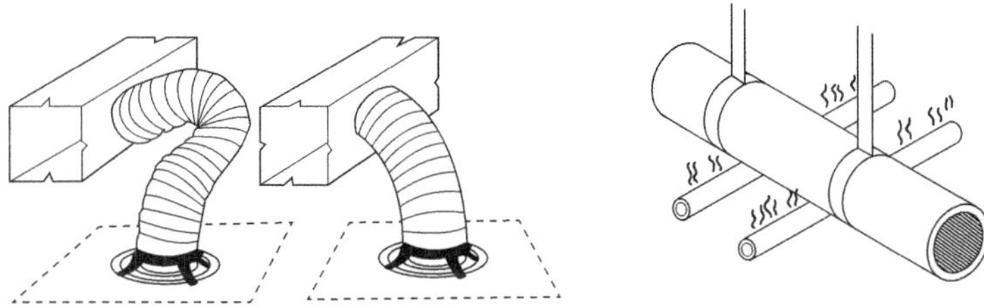

Conductos con panel *sándwich*

Como se mencionó anteriormente, existen herramientas específicas para la fabricación de este tipo de conductos.

La realización del conducto obedece al siguiente orden de operaciones:

1. Trazado.
2. Corte.
3. Encolado.
4. Ensamblaje y encintado.
5. Montaje de los perfiles de soportación.
6. Refuerzos.

Sabía que...

Para realizar estas conducciones pueden emplearse dos métodos: el método del tramo recto y el método de la tapa.

Las dimensiones de un conducto (b x h) se deben entender como las medidas internas netas, ya que esta es la sección de paso de aire prevista en el proyecto (medida nominal).

Los conductos son de 2 tipos:

- Piezas rectas: que pueden ser modulares o adaptadas (método del tramo recto).
- Accesorios: que pueden ser curvas, reducciones, injertos, etcétera (método de la tapa).

A continuación, se describe de forma detallada la construcción de cada una de estas piezas.

Trazado

Se realizará sobre el panel, una vez se tengan claras las dimensiones de las secciones del conducto.

Consejo

Para el trazado, sirve de gran ayuda el empleo de reglas guía y escuadras.

Corte

Se emplearán las cuchillas vistas anteriormente. A continuación, se verá una de las técnicas habitualmente más empleadas:

Cuchillas para lanas de vidrio

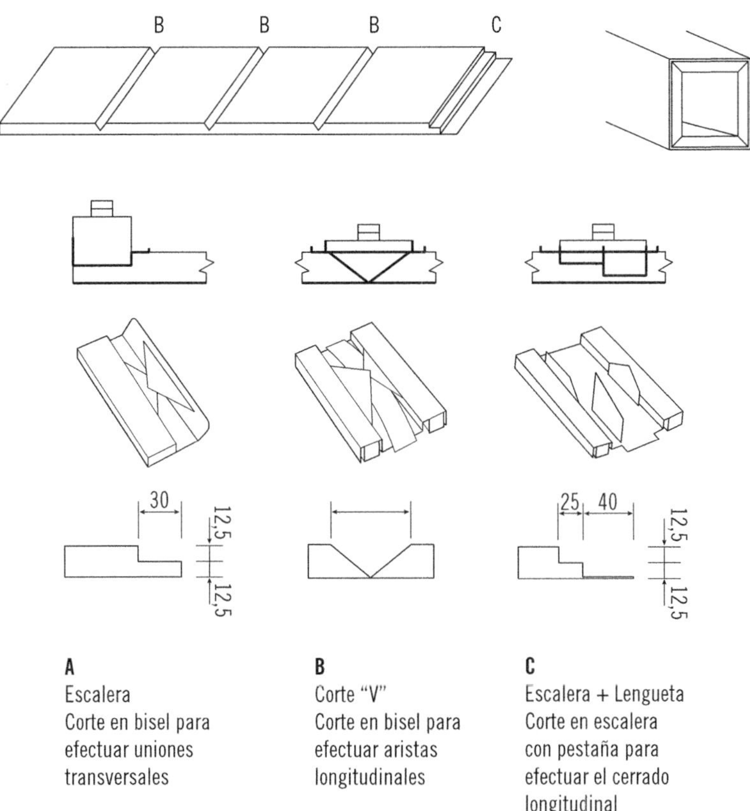

Las ventajas del método del tramo recto son:

- Mayor precisión.
- Resistencia y calidad.
- Menores pérdidas de carga.
- Mejor acabado.
- Menores desperdicios.

Se detallan en las imágenes posteriores las dimensiones y cortes a considerar en función del tipo de elemento que se va a realizar.

Trazado y premontaje de tramos rectos de diferentes formas

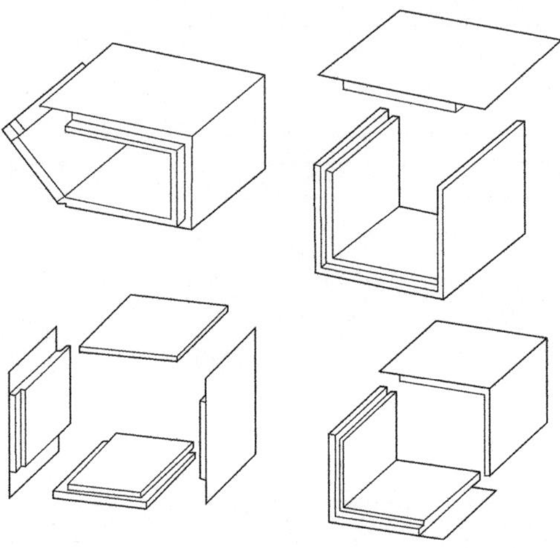

Encolado

Primeramente, verificar la limpieza de las superficies a unir (polvo, grasa, silicona, aceite, etcétera).

Distribuir la cola de forma cuantiosa y uniforme a lo largo de toda la superficie de corte, a poder ser finalizando completamente las uniones sin posponer ninguna de ellas.

Consejo

Para esta operación, según la cola empleada, se dispondrá de aproximadamente 30 minutos, siendo en los últimos minutos, cuando la cola está seca al tacto, el momento ideal para empalmar los cortes.

Ensamblaje y encintado

El orden de ensamble varía para cada forma en que se haya cortado. Lo más cómodo es siempre plegar y pegar en la misma dirección, siempre hacia el interior del canal, comenzando desde un extremo y procurando evitar rebabas y salientes. Para ello, debe asegurarse que las caras exteriores de aluminio de las piezas a ensamblar encaje perfectamente.

El encintado externo mediante cinta adhesiva de aluminio cumple dos funciones:

- Mantener la estanqueidad para evitar condensaciones en el interior.
- Mejorar el aspecto estético del conducto.

Se empleará en todas las zonas donde se hayan efectuado cortes o se haya dejado al descubierto la sección del conducto.

Consejo

Se debe usar una espátula para eliminar todo el aire que haya podido quedar atrapado entre la cinta y la cara de aluminio, pues puede provocar que con el tiempo se despeguen.

Montaje de los perfiles de soportación

Puede llevarse a cabo de las siguientes maneras:

En perfiles horizontales

Los soportes no deben aguantar más de dos conductos, tal y como indica la norma UNE EN 13403:2003.

Soportación con perfiles en horizontal

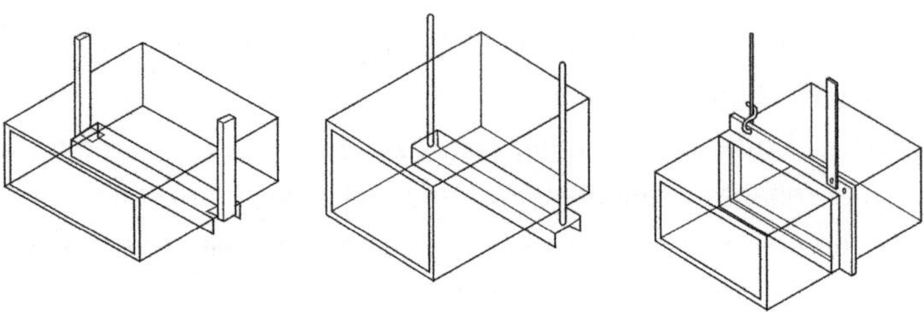

En perfiles verticales

En estos casos, el anclaje coincidirá con el refuerzo del conducto y, conforme indica la norma UNE-EN 13403:2003, deben ponerse a una distancia máxima de 3 m.

Soportación con perfiles en vertical

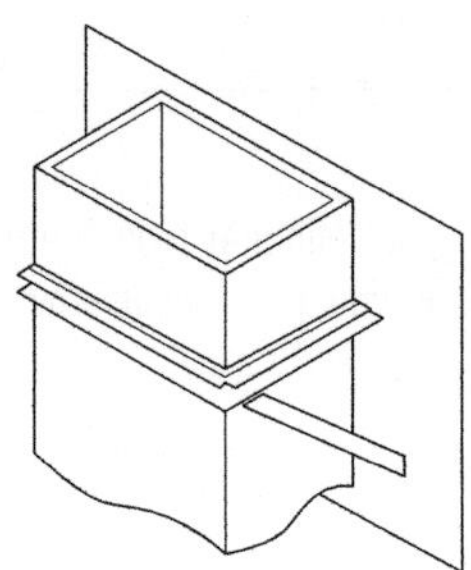

Consejo

Los perfiles verticales de soportación trabajan mejor a compresión, por lo que se montan por debajo del refuerzo, favoreciendo además de este modo (con su propio peso), que los tacos de fijación a la pared no se salgan.

Refuerzos

Los refuerzos están construidos por el mismo material que los conductos. Por su forma, aportan mayor rigidez a los paneles, al distribuir uniformemente el esfuerzo sobre ellos, lo que impide que estos se deformen.

Refuerzos en U y en doble L

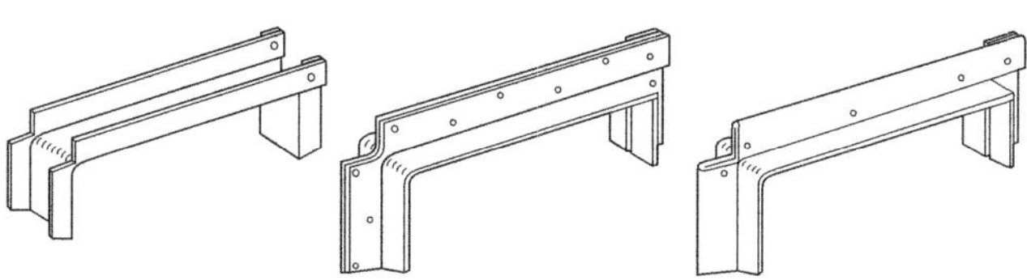

Nota

Los refuerzos deben hacerse una vez terminado el conducto.

A continuación, se mostrarán los accesorios más comunes en este tipo de conducciones, los cuales se elaboran, al igual que antes, como desarrollo de las paredes del conducto.

Conducto derivación en T con reducción

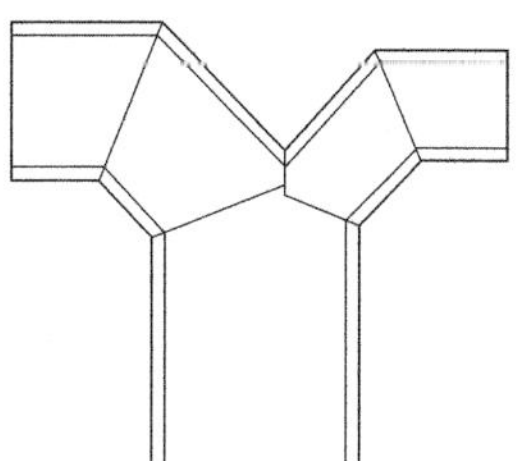

Conducto codo a 90° sección recta

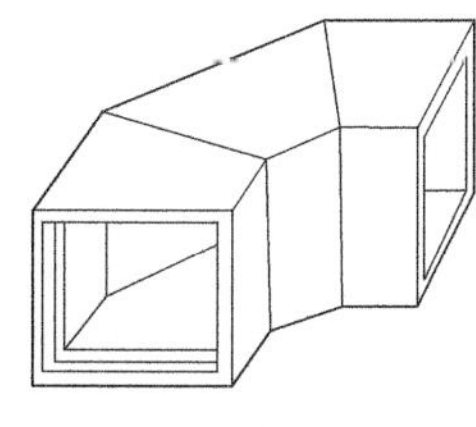

Conducto con reducción

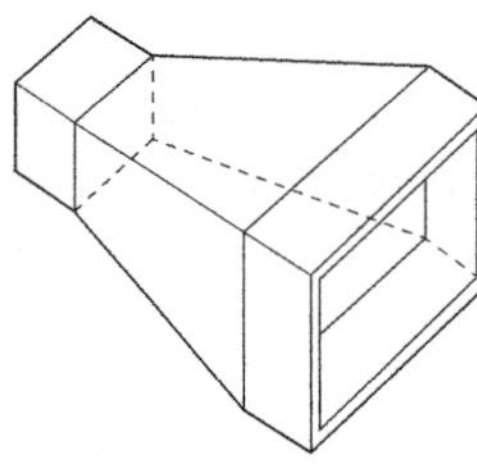

Conducto para compuerta cortafuegos

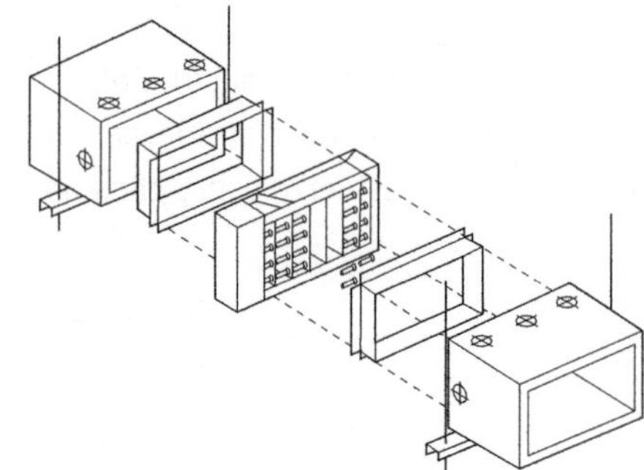

Conductos de Chapa metálica

Por lo general de chapa metálica galvanizada o acero inoxidable, de sección circular (helicoidal o lisa), ovalada o cuadrada, con o sin aislamiento intermedio en doble pared.

Suelen variar en espesores de 0.5 a 3 mm, según necesidades de rigidez, resistencia estructural, estanqueidad perdidas por fricción, vibraciones o ruidos conforme a las normas UNE-EN 1507:1999 a UNE-EN 150:1999, UNE-EN 13501: 2019 y UNE-EN 12236:2003 y 12237:2003, así como al CTE.

Sus aplicaciones son diversas, desde simples conductos de ventilación-extracción o climatización, con o sin aislamiento térmico, hasta instalaciones funcionales de extracción de humos a alta temperatura tipo Shunt, o soluciones estéticas para instalaciones vistas.

Las operaciones de confección del conducto se realizan básicamente como las vistas para paneles tipo sándwich, con las siguientes peculiaridades:

- El corte, se realiza con tijeras para chapa, o herramientas específicas.
- El ensamble y encintado, la unión de cierre del conducto se realiza mediante un pliegue y posterior apriete del mismo, a modo de costura, que asegura la estanqueidad del mismo sin necesidad de encintado posterior (cierre Pittsburgh).

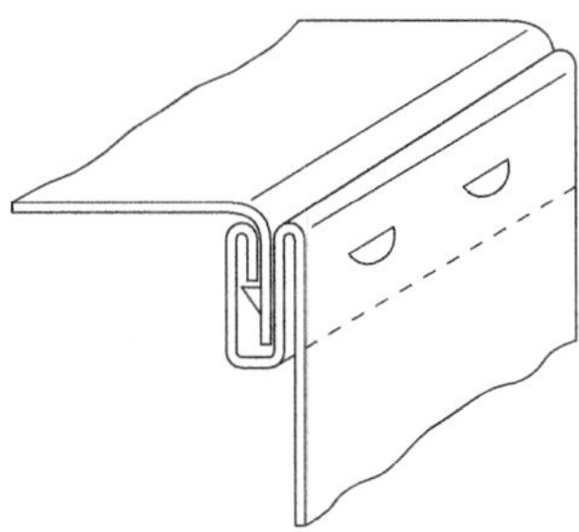

En el caso de conductos prefabricados la unión se puede realizar de dos modos según dimensiones y fabricante: mediante ajuste al insertar el extremo de un conducto en el extremo opuesto del tramo anterior, esta unión puede requerir de un posterior encintado exterior si no existe una goma de ajuste intermedia que asegure la estanqueidad de la unión o mediante brida tipo TDC integrada en cada extremo del conducto y sus correspondientes tornillos, arandelas y tuercas.

Ajuste con brida tipo TDC

El montaje de soportes y refuerzos es similar al de visto para paneles sándwich, con la consideración de ser un material diferente y por tanto, diferente peso y rigidez.

Sin efecto Coanda

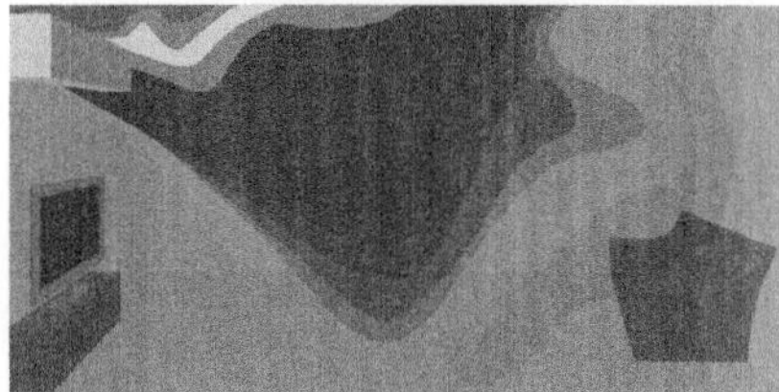

Con efecto Coanda

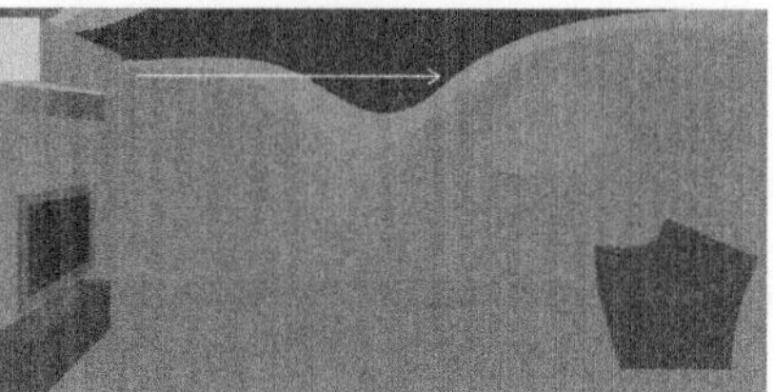

5.3. Distribución y transporte de aire

Las pautas básicas a seguir en la mayoría de las instalaciones de ventilación pasa por contemplar los siguientes pasos:

1. Las entradas de aire de renovación se situarán completamente opuestas a la ubicación del ventilador, asegurando de este modo que el flujo de aire fresco cruce toda la estancia.
2. Los extractores se situarán lo más cerca posible del foco de contaminación, si este existiese, de modo que se limite lo máximo posible su difusión por el local.
3. Los extractores se situarán de modo que el flujo de aire expulsado no pueda volver al interior por efecto de una ventana abierta o cualquier otra abertura.
4. Los ventiladores se situarán de modo que el flujo de aire no forme bolsas de aire estancado en el interior del local a ventilar.

Importante

De acuerdo al CTE y en su documento DB SI 3 (Evacuación de ocupantes), hay que garantizar la evacuación de humos que puedan generarse en caso de incendio.

La distribución de aire no puede entenderse sin conocer los parámetros característicos siguientes:

Alcance

Se define como la profundidad que alcanza el aire en su impulsión dentro del local. Depende de la geometría y la velocidad del aire impulsado.

Elevación o caída

Son los caminos que tomará el aire impulsado, dependiendo de la diferencia de temperatura respecto a la del aire que ya se encuentra en el local:

- **Elevación:** si el aire impulsado está a mayor temperatura que la existente, se desplazará por encima del aire existente.
- **Caída:** si la diferencia de temperatura es a la inversa.

Efecto Coanda

Es el efecto envolvente que se produce en la habitación cuando el aire impulsado desde muy cerca del techo cae por la depresión generada por el propio chorro de aire impulsado.

Nota

Este efecto mejora el alcance y retrasa la caída.

Inducción

Es el efecto de arrastre del aire existente en el local por efecto de un flujo de aire de impulsión. Dependerá, por tanto, de la velocidad de este último y de la geometría del difusor.

Las formas en las que se distribuye y difunde el aire en un local son las siguientes:

- Empujando el aire viciado del interior al exterior, empleando un flujo de aire.
- Impulsando a nivel de suelo del local aire limpio y dejando escapar por la zona superior el aire viciado, de forma natural.

Sabía que...

De ambas formas se consigue ventilar el local gracias a la introducción de un flujo de aire fresco que compensa las cargas térmicas internas y disminuye los niveles de estratificación del aire, así como una compensación a la baja de la contaminación del aire.

5.4. Filtros. Rejillas y difusores

En lo que se refiere a bocas de salida (rejillas y difusores), existe gran variedad de modelos, siendo los más usuales los siguientes:

Rejillas de deflectores fijos

Se instalan en paredes, techos y suelos, generalmente de locales medios y grandes en los que la orientación del flujo de aire no es relevante.

Rejillas de deflectores regulables

A diferencia de los anteriores, en estos modelos ajustan la dirección de los deflectores verticalmente, horizontalmente o ambos a la vez. Suelen emplearse en pequeños caudales.

Bocas de rendija

Funcionan como puedan funcionar las anteriores, pero se emplean en las ocasiones en las que se desea ocultar las rejillas deflectoras. Tienen el inconveniente de encontrarse limitadas en alcance.

Toberas eyectoras

Suelen emplearse en paredes y techos de locales de gran altura. Requieren un volumen de aire a gran presión para poder lograr la difusión y alcance necesarios para todo el local, a no ser que se desee focalizar la impulsión en un punto en concreto, para lo cual también son empleadas.

Nota

Se comercializan con una o varias salidas, de geometría variable o no variable y de geometría rectangular o circular.

Difusores de inducción interna

Este tipo de toberas son termoregulables. La corriente del aire de impulsión genera dos corrientes, una de impulsión de aire tratado y otra de aire aspirado desde el local y devuelta al mismo local, dependiendo de la diferencia de presión de este flujo respecto al tratado. Gracias a este tipo de toberas se evitan estratificaciones de aire y corrientes de aire fijas. Suelen montarse en paredes, techos o suelos.

Nota

Existe gran variedad de modelos de difusores de inducción interna: cuadrados, redondos, radiales, rotacionales, de cono regulable, de aleta fija o móvil, aletas rectas o curvadas, etcétera.

Paneles perforados

Pueden ser de suelo o techo. Permiten grandes movimientos de aire sin caer en la creación de corrientes de aire, ya que funcionan a un bajo nivel de impulsión.

Rejillas perforadas

Aunque existen de suelo, pared y techo, las más usadas son las 2 primeras. Pueden emplearse indistintamente para impulsión o retorno. En el primer, caso la velocidad depende de la pérdida de presión estática del local, lo que permite intuir que la velocidad de impulsión es muy baja. Si se emplean como extracción, permiten evitar efectos de corriente fija. Además, podría añadirse un filtro de partículas.

Sabía que...

Los materiales empleados en la fabricación de rejillas y difusores suelen ser antiadherentes para facilitar su limpieza.

Aplicación práctica

Se le encarga la tarea de seleccionar las rejillas y los difusores que se emplearán en una instalación de climatización y extracción-ventilación de un área comercial. ¿Cuáles emplearía para cada uno de los destinos de uso?

SOLUCIÓN

En los pasillos y galerías del área comercial, por ser zonas de gran altura y requerir un volumen de aire tratado muy grande, se seleccionarían:

- Toberas eyectoras.
- Paneles perforados.
- Rejillas perforadas.

En los locales comerciales, en los que se requiere un flujo orientado y termoregulado del aire tratado, se emplearían:

- Rejillas de deflectores regulables.
- Bocas de rejillas.
- Difusores de inducción interna.

En las zonas en las que se prevean estancamientos, debidos a la geometría de la edificación, a ser zonas no climatizadas o por las corrientes que se produzcan, se emplearían:

- Rejillas de deflectores fijos.
- Bocas de rejillas.

Para las zonas en las que estos artefactos tengan la función de extracción, pueden emplearse:

- Rejillas perforadas.
- Paneles perforados.

5.5. Equipos terminales. Ventiladores

Tal y como indica el RITE en su IT. 1.3.4.2.10.3: "las conexiones de las unidades terminales en ventilación deben realizarse mediante tubos flexibles, los cuales estarán totalmente desplegados y definirán unos radios de curvatura en los momentos necesarios de valor mayor o igual a los diámetros nominales de los propios conductos doblados". Dicha IT contempla además que la longitud de las conducciones flexibles no debe ser mayor de 1,5 m.

Nota

Además, estos tubos deben ser fabricados con materiales que cumplan con la norma UNE EN 13180:2003.

En las instalaciones de ventilación, suelen emplearse mayoritariamente dos tipos de unidades, que se diferencian fundamentalmente en la forma de orientar el flujo:

- Ventiladores axiales o helicoidales.
- Ventiladores radiales o centrífugos.

Ventiladores axiales o helicoidales

Producen muy poca pérdida de carga y permiten mover grandes caudales de aire.

Nota

El volumen de aire se desplaza en la misma dirección del eje de giro de las aspas o alabes.

Su montaje puede realizarse como parte sustitutiva del conducto de ventilación (en este caso, el diámetro del ventilador debe coincidir con el diámetro de la conducción, en la mayoría de los casos diámetros medios o pequeños). Otra opción en su colocación dentro de la propia tubería de conducción (mediante el empleo de soportación especial para tal fin).

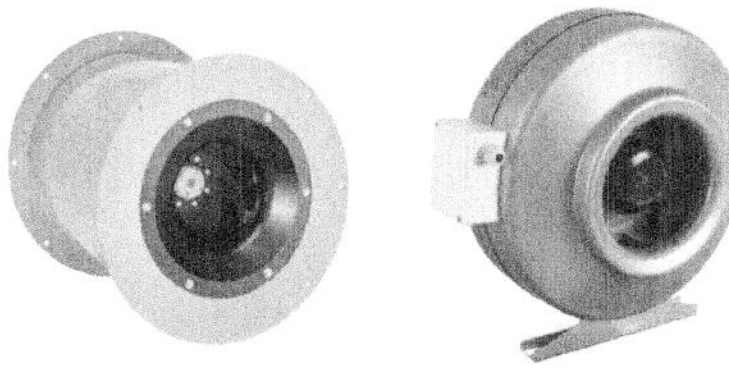

Ventilador axial como parte del conducto (izquierda) como elemento interno del conducto (derecha)

Ventiladores radiales o centrífugos

Se emplean fundamentalmente en grandes instalaciones *(parkings,* centros comerciales, etcétera) en las que se requieren grandes volúmenes de aire en movimiento, para lo que se emplean conducciones de gran tamaño.

Con ellos se alcanzan grandes presiones de funcionamiento, por lo que permiten un flujo constante en las instalaciones de redes de distribución en las que se montan.

Ventilador radial o centrífugo

Nota

Su característica constructiva permite mover el flujo de aire de forma perpendicular al eje de giro de los rodetes, los cuales pueden ser rectos o curvados hacia delante o hacia atrás.

Los ventiladores pueden clasificarse también por su función en:

- **Con envolvente:** impulsores, extractores o impulsores-extractores, empleados frecuentemente para la carga o descarga de aire en un local.
- **Murales:** empleados únicamente como extractores del volumen de aire de un local.
- **De chorro:** diseñados para dirigir una corriente de aire con precisión, suelen usarse cuando se decide dirigir dicho chorro de aire hacia una persona.

Ventiladores envolvente, mural y de chorro

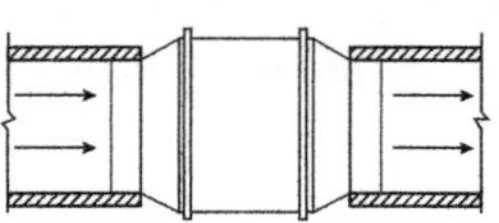
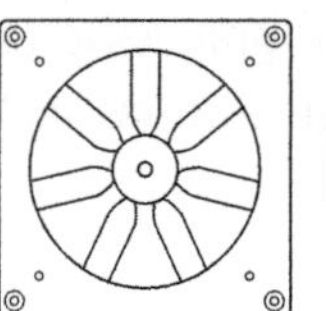
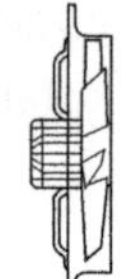
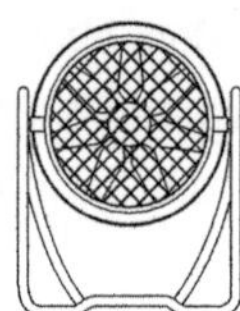

Importante

Según el conexionado eléctrico que se ejecute; estos equipos pueden funcionar haciendo girar los álabes en un sentido u otro, lo que debe tenerse en cuenta a la hora de impulsar o extraer los volúmenes de aire.

Aplicación práctica

En una nave industrial destinada a la separación del trigo, se genera un importante volumen de gases a extraer. ¿Qué sistema emplearía para renovar el aire interior?

SOLUCIÓN

Para la renovación de aire interior se instalarían ventiladores que realizaran tareas de extracción, de acuerdo a la geometría de la nave, a la ubicación del foco generador de contaminantes y de la salida de estos. Se emplearía un sistema de captación directo de aire impuro del mayor volumen posible.

Por otro lado, se tendería una serie de conducciones para la extracción de aire en las zonas de estancamiento, así como una ventilación generalizada de la nave. Para ello, se emplearían campanas extractoras sobre el foco de generación de contaminantes.

Conforme a la geometría de las conducciones de extracción, los ventiladores pueden ser axiales o radiales.

Por ultimo, para la evacuación general del aire de la nave, se recomienda el empleo de ventiladores tipo mural distribuidos de forma lógica sobre las paredes del edificio.

Debe prestarse atención a los requerimientos de apantallamientos y filtrado de los aires antes de su salida al exterior, por si pudiesen resultar nocivos.

5.6. Control y regulación del aire

Las prestaciones del ventilador pueden variarse de diferentes formas:

- Mediante regulación de la velocidad de giro: variando la tensión de alimentación, usando un transformador o bien empleando un variador de frecuencia.
- Mediante el empleo de compuertas: con ellas se podrá regular el volumen de aire aspirado por el ventilador.
- Mediante alabes de inclinación variable: principalmente empleados en ventiladores axiales, requieren mayor complejidad constructiva, pero con ellos se consigue un ajuste preciso del volumen de aire.

- Mediante la regulación de los alabes situados a la entrada de la caja de aspiración de aire.

Forma de regular el cuadal de aire

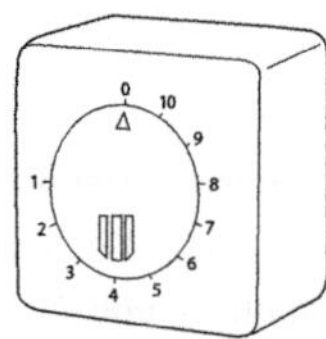	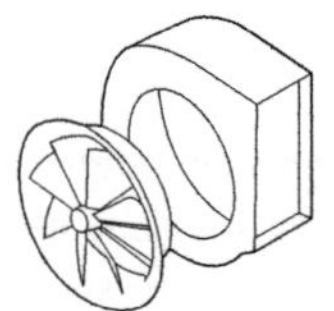	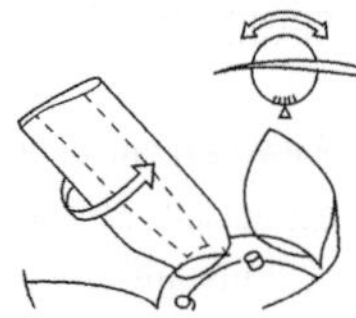
Regulador electrónico de velocidad	Compuerta de aletas radiales a la admisión	Hélice axial de álabes con inclusión variable

5.7. Equipos de medida y control. Válvulas

En la mayoría de las ocasiones, ha de realizarse un ajuste en las instalaciones de forma que su punto de funcionamiento se acerque lo máximo posible a los términos de funcionamiento para los que se diseñó.

Importante

En gran medida, este ajuste dependerá de si la instalación se diseñó para trabajar a un caudal de impulsión constante o variable. En el primer caso, el ajuste pasa por ser un establecimiento del caudal nominal de impulsión. En el segundo caso, se busca un ajuste del caudal a las necesidades demandadas, cosa que se consigue actuando sobre los reguladores existentes en las unidades terminales, de forma que la potencia requerida se ajuste a la demandada, maximizando de este modo el rendimiento y logrando cierto ahorro energético.

Tipos de regulación

A continuación, se muestran los tipos de regulación más habituales.

Por adaptación adecuada de la bomba

Sucede que en instalaciones de funcionamiento a régimen constante, en muchas ocasiones, la bomba se encuentra sobredimensionada para las necesidades a las que realmente funcionará. En este sentido, el mejor método de control y ahorro energético se conseguirá recalculando la bomba para adaptarse a la curva resistente de la instalación.

Por variador de frecuencia

Consiste en variar la velocidad de giro de la bomba a la demanda de caudal. Tiene la limitación de no poder trabajar por debajo de ciertas revoluciones. Además, se produce un aumento de la potencia consumida en las paradas y arranque de la bomba, pero, aun así, puede catalogarse como una regulación desde el punto de vista energético.

Por ahogamiento mediante válvula en serie

Consiste en situar una válvula/compuerta a la impulsión del caudal. Variando la apertura de la válvula/compuerta se podrá adaptar el caudal a la demanda. En cuanto a eficiencia energética, puede no ser la mejor de las opciones, pero con ella se consiguen mejores rendimientos de la bomba.

Por ahogamiento mediante válvula en paralelo

Consiste en situar una válvula a la impulsión del caudal, derivando parte de él al retorno sin recorrer el circuito. Aunque con este método se esté librando al circuito de sobrepresiones, es sin duda uno de los peores en cuanto a ahorro energético.

Tipos de válvulas reguladoras de aire

Importante

Las válvulas de estrangulamiento siempre se deben situar en la impulsión de la bomba, si fuesen colocadas a su aspiración podría darse lugar cavitaciones en la bomba.

5.8. Sistemas de arranque, regulación y protección de motores

Los sistemas de arranque, regulación y protección de motores empleados en ventilación son los mismos que en instalaciones de climatización, ya estudiados. A continuación, se puede observar un esquema de estos tipos de sistemas.

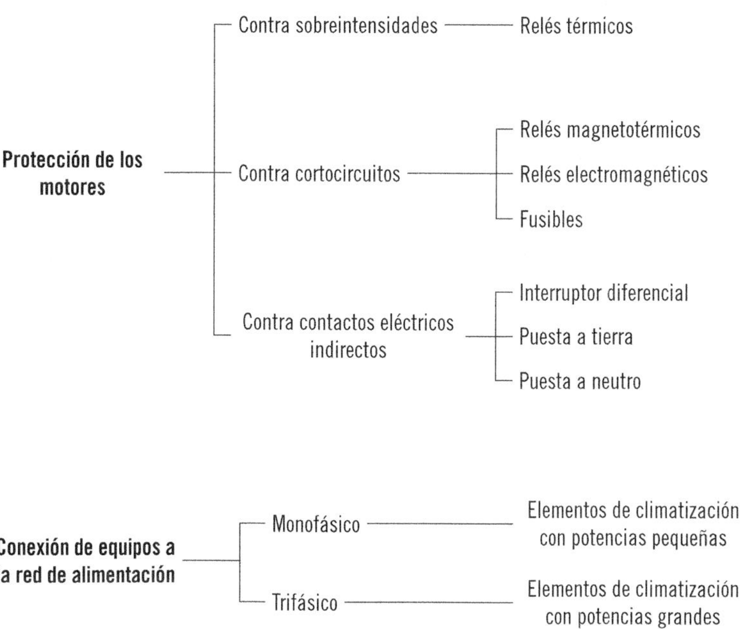

5.9. Detectores, actuadores, alarmas, entre otros

En general, se pueden emplear numerosos y variados automatismos, todos ellos encaminados a controlar el funcionamiento de la instalación o de una parte en particular.

Los elementos de mando para la puesta en marcha o parada de los equipos suelen ser de tipo interruptor, pulsador, contactor, relés o seccionadores.

Los más empleados suelen ser los de tipo pulsador, que actúan abriendo o cerrando el circuito. Según la posición que tomen en reposo, se pueden clasificar en abiertos, cerrados o conmutados, siendo estos últimos los más empleados.

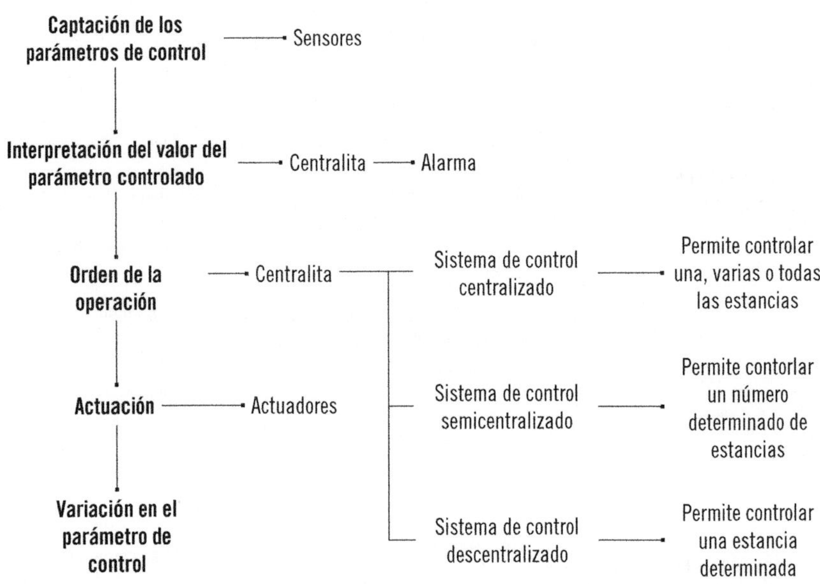

Nota

En instalaciones de cierta complejidad, en las que por volumen de aire, por la distribución de salas u otras circunstancias se requieran sistemas más sofisticados de ventilación, pueden emplearse los sistemas de detección de señales, regulación y control ya estudiados.

6. Resumen

En este capítulo se ha definido cada uno de los elementos que compondrán la instalación, cómo funcionan y cómo se instalan, en el caso de los más complejos.

Se ha incidido en que la ejecución debe ser lo más fiel al proyecto original, en el cual se tuvo en cuenta la ubicación de cada uno de los elementos. Si bien en la mayoría de las ocasiones existe una sala especialmente acondicionada, existen otras ocasiones en las que no puede ser así por razones de la fisonomía del edificio o por el tipo de instalación que se pretende ejecutar.

Por otro lado, se han diferenciado dos grandes bloques: el primero de ellos referido a los elementos necesarios para el acondicionamiento térmico (unidades enfriadoras, de producción de calor, de humidificación, de secado, de recuperación, etcétera) y, por otra parte, el bloque referido a las instalaciones en las que básicamente se busca la renovación de aire (campanas extractoras, captadores de aire, filtros y rejillas difusoras, etcétera).

Se han dado a conocer además otros elementos y partes que son propios de cada uno de los bloques, como los tipos de depósitos de acumulación empleados en climatización o cómo se emplean conductos de diferentes geometrías en la distribución de aires, pero también elementos de instalaciones de carácter más genérico, siempre enfocados a los dos bloques citados: los sistemas de medida y control y los de detección y gestión.

Por último, se ha mostrado también cómo deben protegerse los equipos conectados a la red eléctrica.

Ejercicios de repaso y autoevaluación

1. Clasifique los diferentes modos en los que se puede generar calor.

2. Describa brevemente y en orden lógico el funcionamiento de la unidad de tratamiento de aire para la climatización y la ventilación-extracción.

3. Realice una clasificación de los tipos de depósitos de combustibles existentes en el mercado.

4. **Los ventiloconvectores *(fancoils)* están compuestas básicamente por un intercambiador de calor y un ventilador.**

   - ☐ Verdadero
   - ☐ Falso

5. **El equilibrado de caudal en los circuitos hidráulicos es un factor fundamental. Si este no se consigue, ¿qué podría suceder en el sistema?**

6. **Enumere las formas en las que se pueden proteger los sistemas eléctricos de un motor.**

7. **Enumere el orden que debe seguirse para la realización de un conducto de panel de sándwich.**

8. **¿Cómo se puede distribuir y dispersar el aire en el interior de un local?**

   a. Empujando el aire viciado del interior al exterior empleando un flujo de aire.
   b. Impulsando a nivel de suelo del local aire limpio y dejando escapar por la zona superior el aire viciado, de forma natural.
   c. Las opciones a y b son correctas.

9. **¿Cómo clasificaría las unidades de ventilación?**

____
____
____
____
____
____
____

10. **Las válvulas de estrangulamiento siempre se deben situar en la impulsión de la bomba.**

    a. Falso, si fuese así se produciría una caída de presión.
    b. Verdadero, porque si fuesen colocadas a su aspiración podría darse lugar a cavitaciones en la bomba.

Capítulo 5

Montaje y mecanizado de conductos, uniones e interconexión de piezas y equipos de las instalaciones de climatización y ventilación-extracción

Contenido

1. Introducción
2. Montaje de conductos de aire. Desarrollos. Uniones e intersecciones
3. Montaje de rejillas y difusores
4. Materiales empleados en las instalaciones de climatización
5. Procedimientos y especificaciones técnicas de montaje de instalaciones de climatización y ventilación-extracción
6. Procedimientos y operaciones de mecanizado de instalaciones de climatización y ventilación-extracción
7. Uniones desmontables en ambos tipos de instalaciones
8. Procedimientos de unión: soldadura autógena y eléctrica
9. Dilataciones
10. Técnicas de montaje de sondas, sensores, etcétera, en máquinas y redes de tuberías
11. Herramientas, útiles y medios empleados en las técnicas de tendido y montaje de tuberías y conductos
12. Cimentaciones y bancadas de máquinas y equipos de instalaciones de climatización y ventilación-extracción
13. Alineación. Nivelación y fijación de máquinas y equipos
14. Técnicas de ensamblado y acoplamiento de máquinas, equipos y redes
15. Insonorización y antivibraciones. Técnicas de calorifugado de tuberías
16. Resumen

1. Introducción

En toda instalación de climatización y ventilación-extracción existe un momento en el que debe realizarse el montaje de todos los elementos que la comprenden.

En este capítulo, se verá cómo proceder a la creación de conducciones de aire y cómo montar los difusores y rejillas que les darán salida, así como las uniones más comunes entre elementos y las conexiones con otras máquinas.

Se mostrará también cómo reducir las vibraciones del sistema, desde la creación de una bancada para los equipos más pesados y ruidosos hasta la insonorización de las conducciones.

Se indicará también qué materiales son los más empleados en estas instalaciones y qué normas deben cumplir y se mostrará la secuencia de operaciones que debe seguirse para el montaje de los conductos, ya sean de panel o de chapa, e, igualmente, qué sería necesario para modificarlos y adaptarlos a las necesidades particulares de la instalación.

Asimismo, se enumerarán las herramientas, útiles y medios más empleados en el tendido y montaje de tuberías y conducciones.

2. Montaje de conductos de aire. Desarrollos. Uniones e intersecciones

Anteriormente se indicó el orden general en que se construyen los conductos de panel con panel sándwich o capa metálica:

Recuerde

El orden general en que se construyen los conductos de panel sándwich es:

- Trazado.
- Corte.
- Encolado.
- Ensamblaje y encintado.
- Montaje de los perfiles de soportación.
- Refuerzos.

En base a esta secuencia de operaciones, se desarrollarán las conducciones y los accesorios más comunes fabricados para el montaje en instalaciones de climatización y ventilación-extracción.

2.1. Método del tramo recto

Partiendo de planchas tipo sándwich y empleando las cuchillas ya vistas, se realizan los cortes longitudinales necesarios para crear el desarrollo del conducto que luego se plegará para crear la sección, por lo general cuadrada, de las dimensiones necesarias para conducir el aire a lo largo de la red de ventilación.

Método del tramo recto

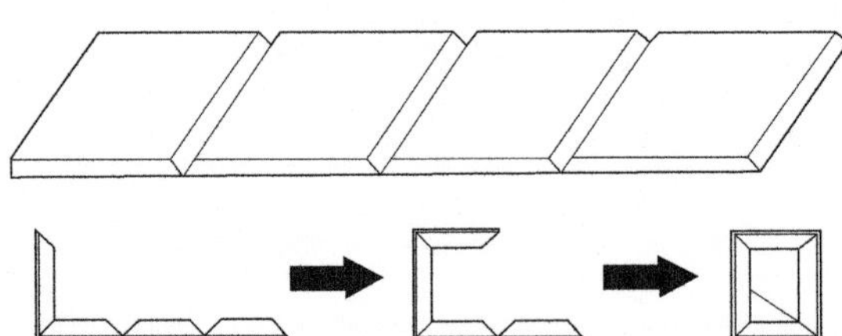

2.2. Método de las tapas

Consiste en cortar cada uno de los lados que formarán el conducto y posteriormente unirlos hasta formar la geometría deseada.

Método de las tapas

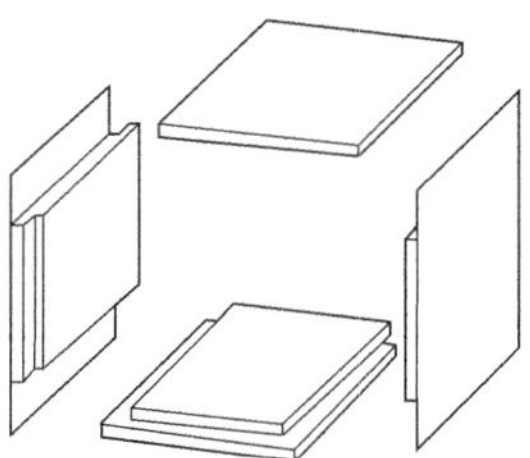

Nota

Suele recurrirse a este método cuando es necesario crear accesorios especiales, como pueden ser reducciones, codos, derivaciones, etcétera.

Ventajas de emplear el método del tramo recto sobre el método tradicional de las tapas:

- Menor desperdicio de material.
- Mejor acabado externo, estéticamente.
- Mejor acabado interno, pérdida de carga menor.
- Permite emplear máquinas de corte, mayor precisión.
- Mejor resistencia estructural.
- Más rápido y sencillo.
- Mejor calidad, en general.

2.3. Uniones transversales en conducciones

Se parte de dos tramos de conducto independientes a unir. Primeramente, se sitúan en el mismo plano, se esboza la intersección entre ambos y se procede a realizar el corte en aquel que será penetrado. Enfrentados ambos tramos, se unirán grapando la solapa de uno de ellos a la superficie del otro y posteriormente sellando la unión mediante cinta adhesiva.

Unión transversal de conductos

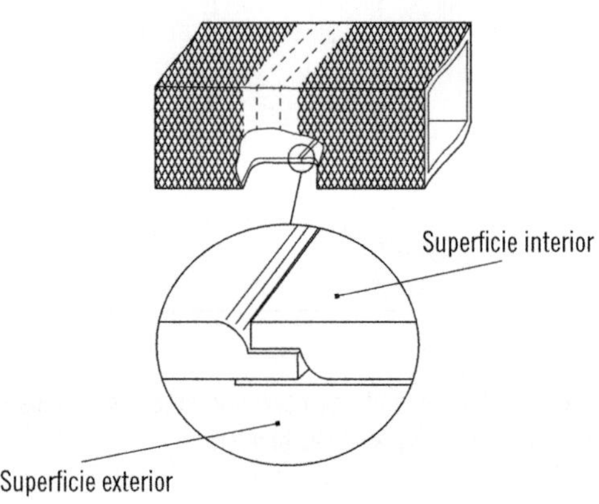

Recuerde

La unión debe ser encintada interior y exteriormente, principalmente para mantener la estanqueidad de la unión; pero además, la primera para evitar pérdidas de carga por imperfecciones en la conducción interior; y en el segundo caso, por razones estéticas.

2.4. Codos

Un codo es un tramo de conducto con el que se pretende un cambio en la dirección, sin implicar necesariamente un cambio en la sección del mismo o una bifurcación del flujo.

Elaboración de un codo de 90° partir de un tramo recto

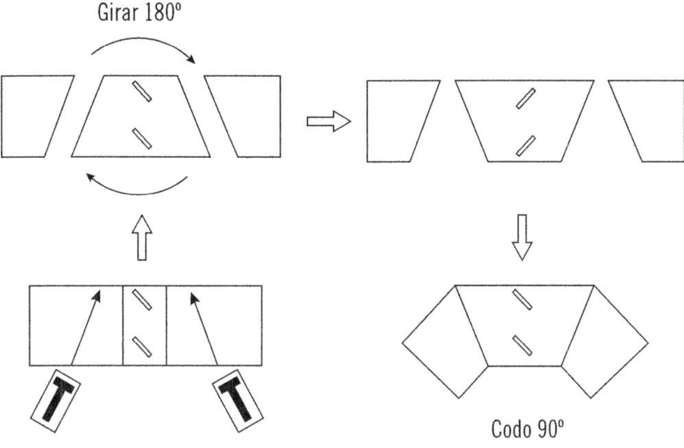

Recuerde

Para cada corte puede emplearse un tipo de cuchilla adecuada a la geometría que vaya a desarrollarse, estas cuchillas deben conservarse en perfecto estado, esto es; no deber estar oxidadas, desafiladas, dobladas, o mal montadas sobre el patín que las soporta; pues esto, puede provocar cortes imprecisos o dañar las superficies metálicas del panel, lo que con el tiempo puede traducirse en una debilitación general del tramo.

2.5. Desviaciones

Se emplean cuando es necesario un cambio en la dirección del conducto para salvar un obstáculo, sin implicar necesariamente un cambio en la sección del mismo o una bifurcación del flujo.

Elaboración de un desvío a partir de un tramo recto

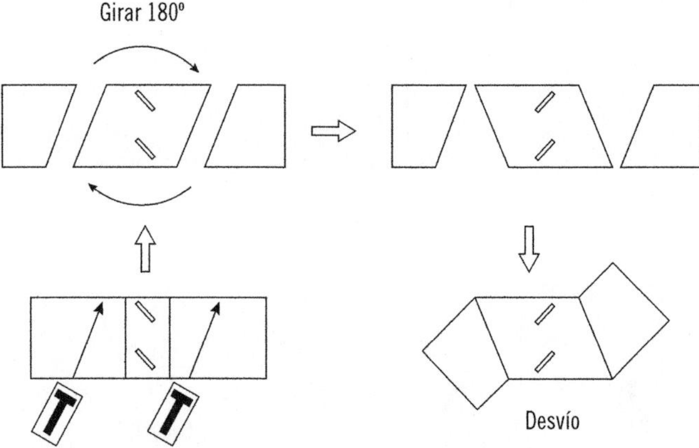

2.6. Ramificación simple

Partiendo de un tramo recto, se determinan las medidas exteriores de los conductos de salida X e Y, se suman y a la resultante se le resta la medida exterior del conducto principal A, dando lugar a una nueva medida C.

Si se divide C en dos, se obtiene d, que será la línea de referencia medida desde el exterior de cada conducto.

El primer corte se realiza sobre el conducto a insertar por la intersección entre la línea de referencia d y su sección.

Igualmente, se podrá hacer sobre la conducción principal o bien simplemente trasladar la sección cortada en el conducto a insertar y marcar la línea de corte.

Ramificación simple

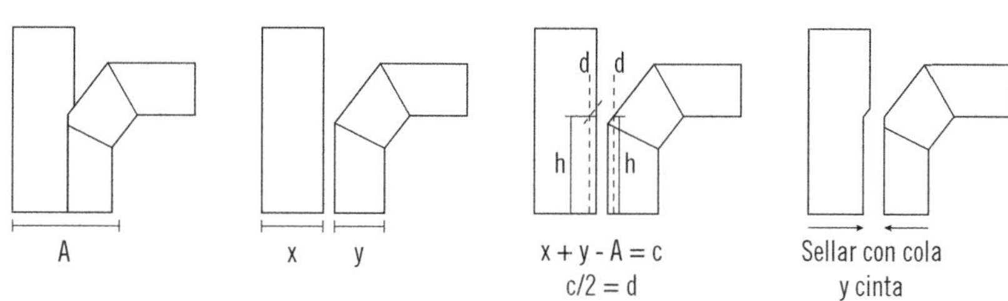

2.7. Ramificación doble

El modo de operación es el mismo que el empleado para las ramificaciones simples, salvo que en esta ocasión la conducción principal no mantendrá su geometría y su sección resultará simétrica a la insertada.

Ramificación doble

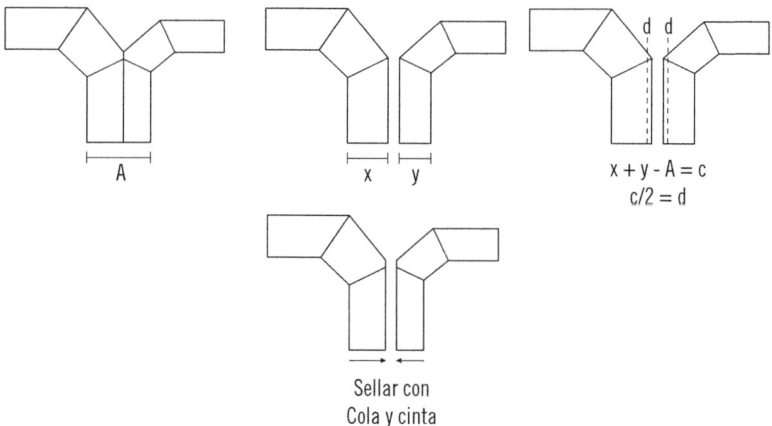

2.8. Ramificación triple o pantalón

Partiendo de un tramo recto se dimensión Z, se determinan las medidas exteriores de los conductos de salida X e Y, se suman y a la resultante se le resta la medida exterior del conducto principal A, dando lugar a una nueva medida C.

C se divide en cuatro, obteniéndose d, que será la línea de referencia medida desde el exterior de cada conducto de salida y a cada lado de la conducción principal Z.

El primer corte se realiza sobre los conductos a insertar por la intersección entre la línea de referencia d y su sección X e Y.

Igualmente, se podrá hacer sobre la conducción principal, empleándose las medidas h_1 y h_2, o bien simplemente trasladando las secciones cortadas de los conductos a insertar y marcando la línea de corte sobre la conducción principal.

Ramificación triple o pantalón

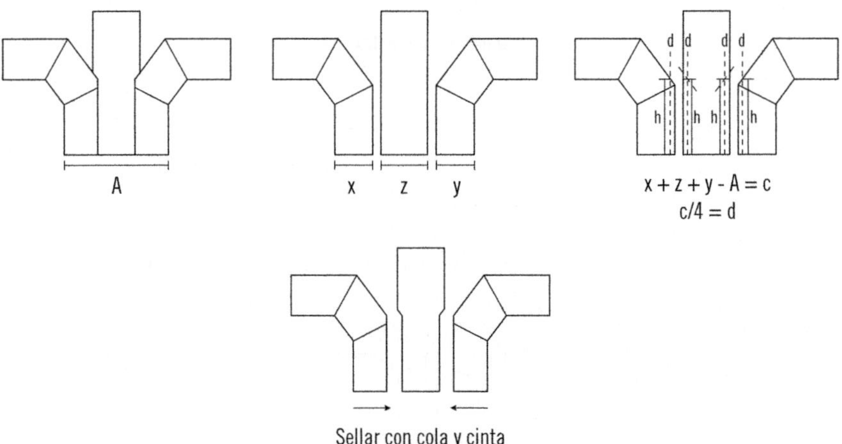

2.9. Ramificación lateral o zapato

Parte de un tramo recto y su uso suele limitarse a conexiones de rejillas, difusores y otros elementos.

Ramificación lateral o zapato

Nota

El método de fabricación es el mismo que para la elaboración de un codo, por lo que resulta realmente rápido y sencillo.

2.10. Reducciones

Implican un cambio en la sección del conducto y se usan para ajustar los caudales o las velocidades de la instalación. Se elaboran por el método de las tapas.

Las reducciones se pueden clasificar según el número de caras que se reducen y según si las bocas resultan centradas o no.

Aspectos generales en las reducciones

Se tendrán en cuenta las siguientes consideraciones:

- A cada lado de las bocas de conexión es recomendable dejar al menos 10 cm de tramo recto.

Conexión de las reducciones

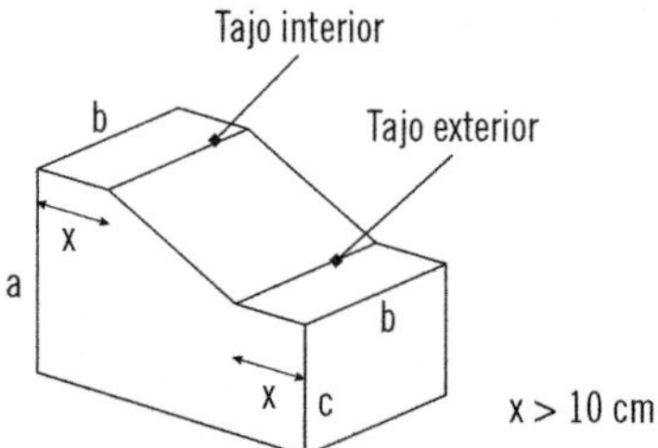

- Para evitar cambios bruscos en el flujo de aire, se recomienda hacer una reducción gradual, de al menos 30 cm.
- Comenzar el trazo por el lado que quedará plano puede servir de guía.
- Para no debilitar el panel, no se deben realizar cortes pasantes en piezas que serán plegadas.
- Las reducciones en impulsión serán por el lado macho y a la inversa en retornos, para evitar regularidades internas en el conducto.
- Sobre la cara que será reducida, se practicarán dos cortes ciegos (tajos), uno interno y otro externo, a la distancia X, cara 4 o tapa.

Tajos y desarrollo de la reducción

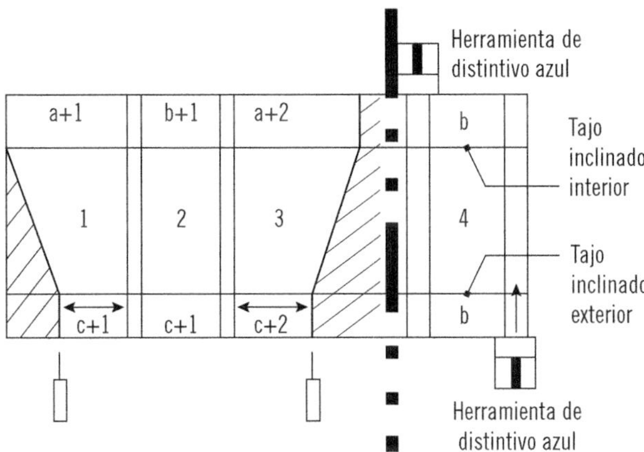

- El cajón inferior en forma de U se obtendrá cortando perpendicularmente a las distancias a+1 cm y b+1 cm.
- Para obtener el desarrollo final de la tapa en U, se deberá cortar la cara 1 a una distancia c+1 desde la línea de pliegue, en la cara 3 a una distancia c+2 en la boca de salida y de a+2 en la boca de entrada de la cara 3.
- La zona rayada en la imagen se cortará y se eliminará.
- Lógicamente, la tapa superior quedará más corta tras el pliegue. El material que falte puede obtenerse de recortes.

Reducción

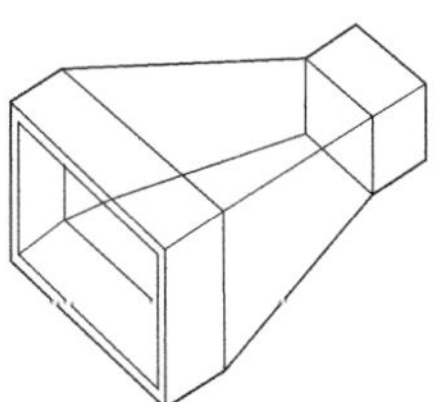

Existen ocasiones en las que las herramientas necesarias para la elaboración de las conducciones son específicas de cada fabricante de paneles, debido a la dureza de sus componentes materiales o por tener que ser cortados en una forma específica.

Importante

La unión entre piezas debe hacerse mediante cola, manteniéndola fuertemente apretada durante su secado. Para un mejor acabado, no olvidar encintar la parte exterior.

Nota

En la mayoría de las ocasiones, bastará con las herramientas clásicas ya conocidas.

Aplicación práctica

En un edificio de oficinas, ¿de qué forma se emplearían los accesorios elaborados con conductos de panel de sándwich en función de la distribución en planta del edificio?

Planta del edificio de oficinas

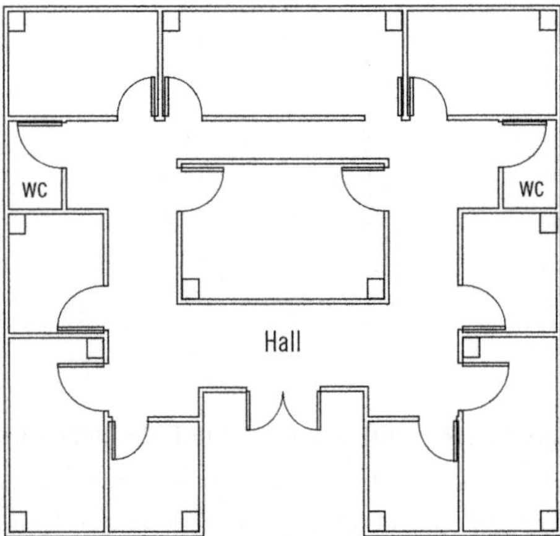

Continúa en página siguiente >>

<< Viene de página anterior

SOLUCIÓN

Distribución en planta del edificio de oficinas empleando los accesorios necesarios

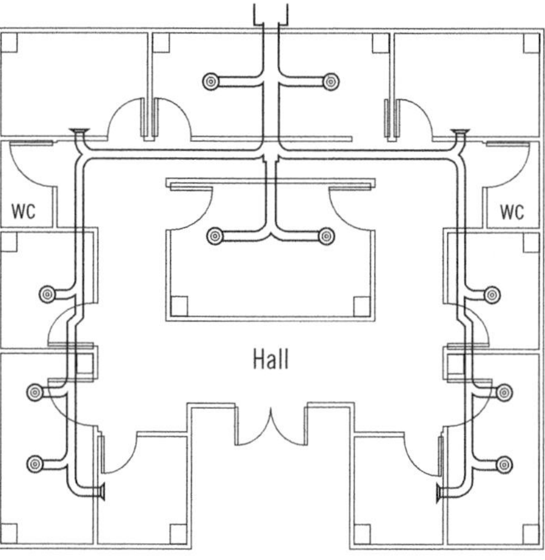

Nota

Debido a la dificultad de construir *in situ* las conducciones mediante chapa metálica, lo normal es que estas sean fabricadas en un taller con los medios y herramientas apropiadas, y luego simplemente sean ensamblados en el lugar de ejecución de la instalación. En esencia el método de montaje, uniones transversales, codos, derivaciones y ramificaciones o reducciones es el mismo que el empleado para las conducciones de panel sándwich de lana de fibra de vidrio.

3. Montaje de rejillas y difusores

A continuación, se verá cómo se montan sobre las conducciones las rejillas y difusores. El montaje de estos dos dispositivos puede hacerse sobre conductos de panel de sección cuadrada o circular.

3.1. Montaje de rejillas y difusores sobre conductos de panel de sección cuadrada

Las conexiones de rejillas pueden hacerse como se indicó (ramificación lateral o zapato) o bien directamente sobre la conducción principal empleando un perfil en H de las dimensiones del conducto a insertar.

Apertura de la conducción para la colocación de rejillas

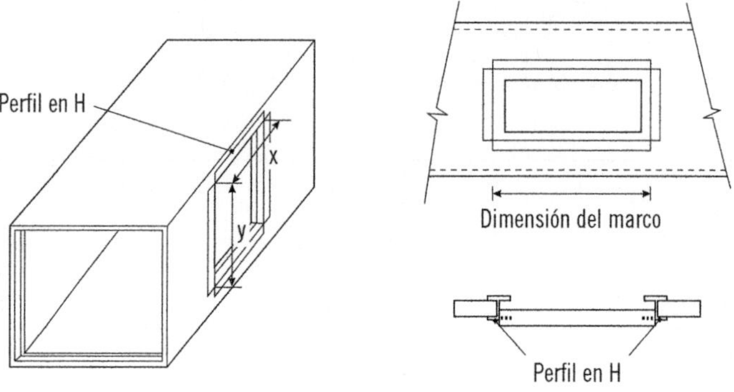

Importante

El RITE establece que deben existir en estas conducciones puertas de acceso que permitan su inspección interna. La forma de crearlas puede ser la empleada para la colocación de rejillas, empleando como puerta la propia tapa cortada para mantener el aislamiento.

La conexión de un difusor es parecida, pero se deberá emplear además un plenum antes de su salida, de forma que no se pierda la inercia del aire impulsado.

Consejo

Si la conexión se va a realizar a conductos flexibles, se deben emplear manguitos de corona de las dimensiones adecuadas como elemento intermedio, de modo que se asegure la estanqueidad.

Conexión de rejilla a conducción

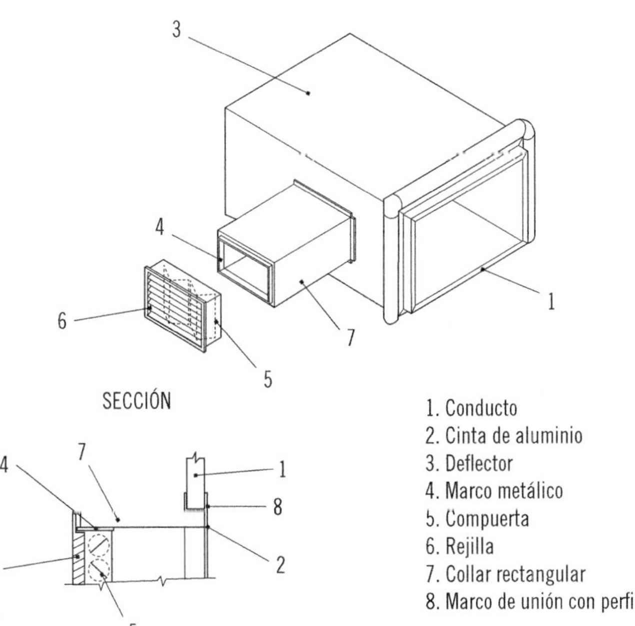

3.2. Montaje de rejillas y difusores sobre conductos de sección circular

La particularidad de este tipo de terminales es que se montan directamente sobre la conducción.

La secuencia de montaje implica:

- Determinar el radio de curvatura de la rejilla o difusor, de acuerdo al diámetro de la conducción en la que se empotrará.
- Sobre la conducción principal se realiza un corte de altura y longitud ligeramente superior a la de la rejilla o difusor, de modo que exista una pequeña holgura.
- La rejilla o difusor dispone de una espuma o goma elástica que se deforma y permite la adaptación a la conducción principal.
- En la mayoría de la ocasiones, el modo de fijación es mediante tornillos tirafondo que perforan la chapa del ramal principal.
- Si se trata de rejillas, solo resta regular la orientación del aire.

Sabía que...

Existen modelos que disponen de un embellecedor para ocultar los tornillos y otros que emplean un sistema de pestañas que entran a presión.

Vista de una rejilla montada directamente sobre la conducción principal

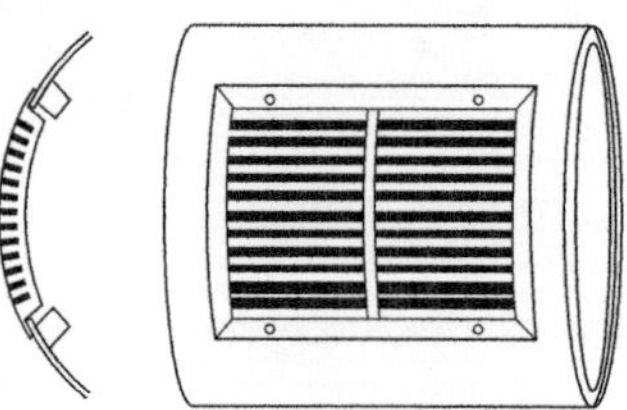

3.3. Riesgos principales durante el montaje

Durante las operaciones que se llevan a cabo para la elaboración de conductos, han de observarse unas medidas de seguridad mínimas frente a posibles daños. Las más comunes son las siguientes:

- Caídas a distinto nivel, trabajos sobre escaleras, andamios, etcétera: se utilizarán barandillas y arneses de seguridad.
- Cortes con chapas o cuchillos: se utilizarán guantes y ropa apropiada.
- Proyecciones de pequeñas partículas durante los cortes: se utilizarán siempre gafas protectoras, guantes y monos adecuados.
- Aspiración de fibras: se utilizarán mascarillas o pantallas.
- Inhalación de vapores tóxicos (disolventes y colas): se ventilarán los ambientes.
- Sobreesfuerzos y malas posturas: se utilizará maquinaria de transporte, de carga y de descarga y se evitarán trabajos en posturas incómodas.

4. Materiales empleados en las instalaciones de climatización

Cuando se habla de materiales y sus calidades, se trata de los objetivos a cumplir por esos materiales, encaminados principalmente a conceptos como efectividad, seguridad o ahorro energético.

Anteriormente se comentaron los materiales y herramientas más usuales en este tipo de instalaciones. A continuación, se indicarán algunas generalidades sobre los materiales según su uso.

Recuerde

Para evitar la inhalación de vapores tóxicos (disolventes y colas), se ventilarán siempre los ambientes.

4.1. Conductos y accesorios

Los materiales que forman los conductos deben presentar la suficiente resistencia a los esfuerzos producidos por su propio peso, por su manipulación, por el transporte de fluido en su interior o por los producidos durante su funcionamiento.

El material no podrá contener partes sueltas, sus superficies internas deben ser lo menos rugosas y no contaminar el fluido que circule por su interior.

Nota

Si el conducto es de chapa metálica, debe cumplir con las disposiciones de las normas UNE-EN 1506:2007, UNE-EN 1507:2007 y UNE-EN 12236:2003. Si es de fibra de vidrio, con las de la norma UNE-EN 13403:2003.

4.2. Chimeneas y conductos de humo

Para que cumpla con la norma UNE 123001:2012, el material del cual se compongan debe ser resistente a la acción corrosiva de los productos resultantes de la combustión, así como a la temperatura, manteniendo la estanqueidad.

Conducto de doble pared

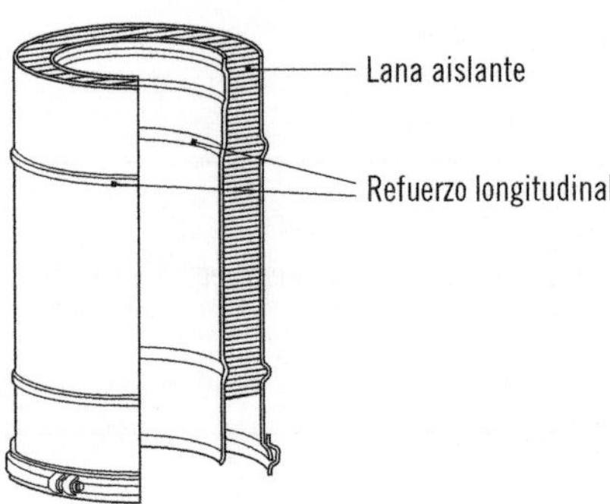

Importante

Igualmente, debe ser resistente al fuego, a la presión y a los posibles productos condensados, sin que esto merme la durabilidad de sus paredes interna y externa.

4.3. Materiales aislantes térmicos

La norma UNE 100171 (será anulada por la PNE 92320) especifica qué propiedades deben tener los materiales aislantes para conducciones, aparatos y equipos, así como los destinados a formar barreras de vapor.

En ella, se indican los requisitos que deben cumplir para:

- Evitar consumos energéticos.
- Conseguir temperatura de llegada similar a la salida.
- Cumplir condiciones de seguridad contra contactos accidentales.

De forma general, el espesor de aislamiento para tuberías según la temperatura del fluido será:

- Conductos y accesorios: si el fluido es caliente 20 mm y si es frío 30 mm.
- Aparatos y depósitos: si es $<2m^2$ = 30mm y si es $>2m^2$ = 50 mm.
- En exterior: si es caliente al menos 10 mm y si es frío al menos 20 mm.
- Cuando la temperatura del fluido sea menor que la ambiental se aislará para evitar condensaciones.
- Para tuberías enterradas será según proyecto.

Los siguientes materiales aislantes son los más extendidos ente las aplicaciones para climatización y ventilación-extracción:

- Lana de roca: en mantas, paneles o coquillas.
- Lana de fibra de vidrio.
- Vidrio celular.

- Poliestireno extruido o expandido.
- Silicato de calcio.
- Espuma de poliuretano.
- Espuma de polietileno.
- Espuma elastomérica.
- Espuma celulosítica.
- Productos ligeros reflectantes.
- Aglomerado de corcho.
- Fibras vegetales: madera, caña, paja, amianto, etcétera.
- Piedra pómez o escorias de lava volcánica.
- Arcilla expandida vermiculita.

Materiales empleados en canalizaciones:

- Polietileno reticulado PEX.
- Polipropileno PPR.
- Otros polímetros en tubos multicapa.
- Otros plásticos de menor densidad.
- Polibutileno.
- PVC.
- Cobre.
- Cinc.
- Aluminio.
- Chapa galvanizada.
- Acero ionizado.

Importante

Todos los materiales empleados en las instalaciones de climatización y extracción ventilación de aire deben de cumplir con la Instrucción Técnica Complementaria (ITE) 04. Equipos y materiales.

Igualmente, todos los artefactos instalados deben cumplir con las normas UNE, conforme al destino de uso que fuesen a tener.

5. Procedimientos y especificaciones técnicas de montaje de instalaciones de climatización y ventilación-extracción

A continuación, se mostrará el procedimiento que debe llevar a cabo la empresa o persona encargada del montaje de una instalación de climatización o de ventilación-extracción de aire en un espacio de nueva edificación o en reforma.

5.1. Para instalaciones mediante conductos de paneles

La secuencia según la cual se realiza el montaje para este tipo de conducto es la referida a continuación.

1. Conocido el local, se procede a realizar un plano del mismo, de modo que queden perfectamente definidas los siguientes elementos:

    a. Muros y tabiques.
    b. Pilares, vigas y huecos de ventilación.
    c. Cuadros de luces y cajas de conexión.
    d. Estancias, pasillos, ascensores, aseos, etcétera.

2. Conocida la distribución del local, se pasa a dibujar la ramificación de los conductos y la ubicación de las unidades climatizadoras o ventiladores-extractoras.
3. En este momento, se determina la ubicación y dirección de las bocas impulsora y de retorno.
4. Determinar las dimensiones de los conductos en función de la altura libre disponible en el falso techo.

Nota

Mejor cuanto más grandes sean los conductos y, a poder ser, de sección cuadrada.

5. Dimensionar la máquina climatizadora y los aparatos de ventilación-extracción.
6. Es aconsejable emplear el menor número posible de accesorios y piezas especiales, tipo codos, T, compuertas, etcétera, a fin de evitar grandes pérdidas de carga y no incrementar innecesariamente el coste de la instalación.
7. Conocidos ya los equipos y las dimensiones de los ramales y accesorios, se solicitan al proveedor, estimando la cantidad necesaria y aplicando un coeficiente de mayoración de las partidas que sean precisas.
   Por ejemplo, un 15 o 20 % más de longitud de conducciones y un 5 % más de rejillas o difusores.
8. A medida que avance la obra del local, se irá procediendo a la instalación de la soportación y colocación de las conducciones.
   Por lo general, resulta más efectivo elaborar las conducciones *in situ,* evitando demoras por replanteo.
9. Se cubrirán las bocas y otros orificios practicados en las conducciones a fin de evitar que se ensucien por dentro mientras trabajan otros profesionales.
10. Otra opción, puede ser dejar marcado el lugar donde posteriormente irían estos huecos, de modo que la empresa o persona encargada de hacer el falso techo o la tabiquería conozca dónde debe dejar espacios para las salidas de impulsión y las bocas de retorno.
11. A medida que los ramales se acercan a la ubicación de la máquina, habrá que ir acondicionando el lugar de esta. Se realizará por tanto la acometida eléctrica, las líneas de conexión a termostatos o unidades de control y las acometidas y desagües de agua, si se precisan.
12. Igualmente, se acondiciona la bancada sobre la que se situará la máquina, empleando sistemas antivibración u otros que eviten la transmisión de inestabilidades a la estructura.
13. Se montará el equipo de climatización o de ventilación-extracción, sin unir aún al sistema de distribución de aire, el cual debe comprobarse que esté completamente limpio en su interior.
14. Una vez la empresa encargada de la tabaquería y el falso techo finalice sus trabajos, tiene que haber dejado el espacio preciso para la colocación de las rejillas y difusores, perfectamente enrasado con las superficies de paredes, suelo y/o techo.
15. Se procederá a la verificación de la limpieza interna de las conducciones y, comprobado esto, se montarán los difusores y rejillas y sus embellecedores,

comprobando que las uniones queden lo más estancas posible, empleando para ello cinta de aluminio adhesiva.

16. Se conecta, ahora sí, la máquina central a las ramificaciones y se realiza la puesta en marcha.
17. Se irán orientando las rejillas y difusores de la mejor forma posible para que cumplan sus funciones y se verificará que la velocidad del aire no supere los límites de confort establecidos con la ayuda de un anemómetro.

5.2. Para instalaciones mediante conductos de chapa circular

Básicamente, se emplean para ventilación y extracción de aire contaminado, proveniente de cocinas, garajes, industrias, etc., y raramente se emplean para aire acondicionado, en cuyo caso se aíslan interiormente.

Nota

Los conductos circulares suelen ser de chapa galvanizada o lacada resistente al fuego.

El procedimiento para instalaciones en las que los conductos son de chapa de sección circular es similar al anterior, con las salvedades siguientes:

- Al determinar las dimensiones, ha de tenerse presente que, si las conducciones no vienen aisladas de fábrica y por su ubicación lo requieren, puede aumentar su grosor significativamente.
- Las caídas de carga con estas conducciones son diferentes, lo que se tendrá que tener en cuenta.
- Cuando se habla de elaborar las conducciones in situ, no llega a ser completamente lo mismo, pues, en esta ocasión, las conducciones se suministran en tramos de cierta longitud, que son cortados según la necesidad, y los accesorios se adquieren listos para ser montados.

- Tanto los diámetros de las conducciones como sus accesorios están normalizados y sus uniones machihembradas se hacen con juntas de goma y remaches o tornillos rosca-chapa.

Recuerde

Tanto los fabricantes como las empresas comercializadoras de estos productos disponen de manuales de montaje y documentación técnica para el asesoramiento de empresas instaladoras.

Aplicación práctica

Elabore un croquis de una instalación de ventilación en una vivienda mediante conductos circulares.

SOLUCIÓN

Instalación de ventilación en una vivienda mediante conductores circulares

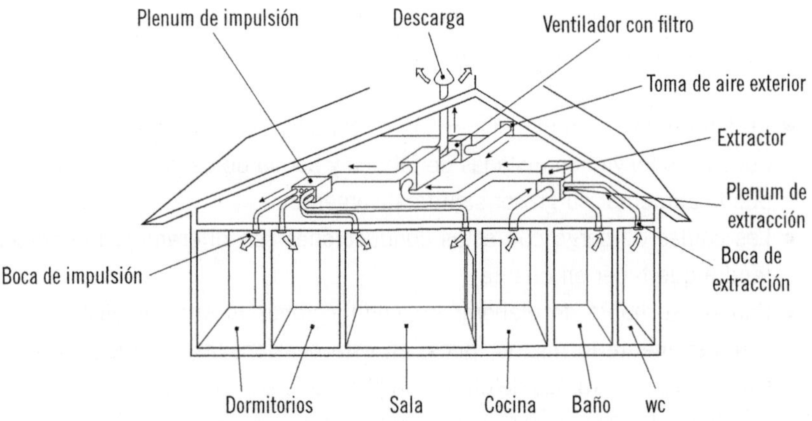

6. Procedimientos y operaciones de mecanizado de instalaciones de climatización y ventilación-extracción

Actualmente, los procedimientos y operaciones de mecanizado para la producción de piezas destinadas a instalaciones de climatización y ventilación-extracción van encaminados a una mejora de la calidad de los productos, un abaratamiento de los costes y una reducción de los tiempos de fabricación.

Nota

Para ello, las empresas cumplen con estrictas programaciones y exhaustos controles de calidad sobre los procedimientos y métodos de fabricación, lo que permite que los profesionales dedicados a la climatización y ventilación puedan contar con documentación muy exacta y una gran variedad de productos para muchos destinos de uso y de gran calidad, estandarizados, modulares e intercambiables.

A pesar de todo ello, se sigue necesitando hoy día realizar algunas operaciones para terminar de acoplar elementos de estas instalaciones, pues, aunque todas las instalaciones sean similares, cada una presenta su propia particularidad.

Cuando la empresa o persona encargada del montaje debe modificar alguna pieza prefabricada o elaborar una especialmente para un destino concreto, debe tener presente que:

- Antes de modificar o crear una pieza, debe obtener la mayor información posible para que cumpla con la función que debe desempeñar, para lo que puede recurrir a características técnicas, a planos y a formas de mecanizado y fabricación.
- Hay que determinar el número de unidades necesarias y establecer, en función de ello, los procedimientos y operaciones de fabricación: fases, parámetros de mecanizado, tiempos empleados, etcétera.

- Se deben identificar las herramientas, útiles y utillaje que harán falta para el mecanizado.
- Tienen que establecerse controles de calidad sobre el producto obtenido, de cara a evaluar si cumplirá con la función para la que se fabricó.

Las operaciones de mecanizado más recurrentes en obra son las necesarias para dar forma a conducciones de tipo cajón, elaboradas a partir de paneles tipo sándwich, o para conductos circulares, por lo general de chapa galvanizada, pero también suele ser muy habitual tener que modificar conexiones o reforzarlas de algún modo.

En el caso de las primeras, suelen emplearse:

- Rotuladores, reglas y escuadras.
- Cuter y juego de cuchillas que produzcan diferentes geometrías de corte.
- Pegamento cola.
- Cinta adhesiva de aluminio.
- Grapadora y grapas.

En el caso de las segundas, suelen emplearse:

- Tijeras de chapa.
- Máquinas de cortar chapa.
- Cinta adhesiva de aluminio.
- Cinta adhesiva de goma antivibración.
- Dobladoras de chapa, manuales o mecánicas.
- Alicates.
- Remachadoras.
- Tornillos de rosca-chapa.
- Soldadoras por puntos.

En el caso de modificar y reforzar elementos de conexión, suelen emplearse:

- Tijeras de chapa.
- Cinta adhesiva de aluminio.
- Cinta adhesiva de goma antivibración.
- Alicates para doblar chapa.

- Remachadoras.
- Tornillos de rosca-chapa.

Un caso particular es el referido al roscado de tuberías. En la mayoría de las ocasiones, las tuberías no se adquieren con la rosca ya practicada en sus extremos y, en otras, solo se requiere cierta parte de ellas, por lo que si existe esta rosca puede que no pueda ser aprovechada.

Para esta situación, se emplean las llamadas roscadoras de tubos o terrajas, manuales o eléctricas, que generan una hélice de material por arranque del mismo. La forma obtenida puede ser recta o helicoidal (si es helicoidal será mas eficaz para mantener la estanqueidad de la tubería).

Juego de terrajas manual

Recuerde

Hay que determinar el número de unidades necesarias y establecer, en función de ello, los procedimientos y operaciones de fabricación: fases, parámetros de mecanizado, tiempos empleados, etcétera.

La rosca inversa, rosca hembra en la cual entrará la tubería a la que se le practique la operación anterior, se obtiene mediante machos de roscar, que básicamente son tornillos que generan en el interior de una cavidad un surco que permite el roscado, por medio de un arranque de material.

Juego de machos de roscar

Nota

El diámetro de los machos de roscar está normalizado de modo que sea estándar su aplicación y compatibilidad con las roscas hembras.

En cuanto a anclajes a paredes y techos de las conducciones, aunque no se considera un procedimiento o una operación de mecanizado en sí mismo, se tendrá en cuenta que:

- Las perforaciones han de realizarse de forma precisa empleando las herramientas apropiadas (taladros, brocas, etcétera) y la soportación adecuada.
- Cuando las instalaciones están funcionando, las conducciones no solo soportan su peso propio, sino también los esfuerzos transmitidos por el aire que fluye a través de ellas, lo que provoca vibraciones que pueden llegar a debilitar e incluso a soltar las fijaciones.
- Deben emplearse los materiales apropiados.

Ejemplo

- No se puede considerar válida una soportación a base de alambres que atraviesan un ladrillo, que se abrazan a otras conducciones o se mantienen mediante cuñas de madera.
- Tacos expansivos para la tabiquería que sea hueca, tacos y colas para hormigón, varillas roscadas, barras aligeradas de apoyo o alambres galvanizados.

7. Uniones desmontables en ambos tipos de instalaciones

Básicamente, en las instalaciones de este tipo, las uniones desmontables pasan por ser de dos tipos: mediante el empleo de roscas o mediante el empleo de bridas. Ambas permiten separar con facilidad los elementos sin tener que romperlos ni deformarlos.

Nota

El material será de tipo especial si el fluido que atravesara la unión es igualmente especial, verificándose en este caso que ambos sean compatibles.

7.1. Uniones mediante roscas

Requieren que los elementos de unión estén roscados en sus extremos uno interior y el otro exteriormente y con diámetros compatibles. En su unión, para asegurar su estanqueidad, se interpone entre las roscas interior y exterior algún tipo de material, que comúnmente suele ser teflón o cáñamo.

En los equipos frigoríficos de aire acondicionado suele emplearse un tipo especial de rosca, que asegura una mejor hermeticidad en las conducciones que llevan gas a presión. Son las uniones abocardadas.

Consejo

Por lo general, deben evitarse y no deben utilizarse para unión a válvulas de expansión, lo que las deja limitadas a tuberías de poco diámetro en tramos intermedios rectos, comúnmente de cobre o aluminio.

Las uniones abocardadas son uniones en las que a un extremo del conducto se le da forma tronco-cónica para un mejor asiento del extremo de la otra tubería que se unirá a ella y que igualmente estará abocardada con pendiente inversa.

Puede darse también que las uniones sean cónicas y además roscadas, en las que igualmente debe emplearse gomas selladoras que aseguren la hermeticidad de la conexión. Este tipo se emplea con diámetros que, como máximo, sean de 40 mm.

Existe un tipo de unión por rosca, denominada unión por racor loco o por conectores, que tiene la particularidad de tener una rosca que gira libremente en el extremo de la tubería y va alcanzando la estanqueidad a medida que se aprieta dicha rosca sobre la rosca del siguiente tramo, permitiendo por tanto empalmes y desmontajes más rápidos.

Racor loco

Cada vez son más comunes las uniones mediante tuberías de plástico de alta densidad resistentes a altas presiones para usos como la climatización o la conducción de agua caliente o fría, gracias a las siguientes ventajas:

- Resisten a la corrosión.
- No permite deposiciones calcáreas.
- Más flexibles, atenúan de ruido y pesan poco.
- Montaje más simple y rápido.
- Conducen grandes caudales permitiendo altas velocidades

Para este tipo de materiales se emplean casquillos que, igualmente, pueden ser de plástico, de metal o de plástico y metal a la vez.

Casquillo para PVC multicapa de empalme rápido

El proceso de unión mediante casquillos de PVC de empalme rápido es el siguiente:

1. Cortar los tubos perfectamente rectos (algunos fabricantes tienen marcas para orientar el corte), evitando dejar rebabas o ralladuras, para lo que se recomienda una tijera especial.
2. Mantener el collar del casquillo presionado para que quede abierto.
3. Introducir la tubería hasta el tope, empujado fuertemente, hasta sentir que las garras del collar hacen efecto.
4. Tirar de la tubería para verificar que está bien sujeta.
5. En algunos casos, se requiere del empleo de una mordaza que asegure la estanqueidad.

Aplicación práctica

¿Cómo puede describirse mediante un dibujo la unión con casquillos de PVC de empalme rápido?

SOLUCIÓN

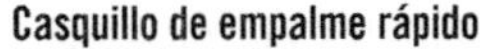

Casquillo de empalme rápido

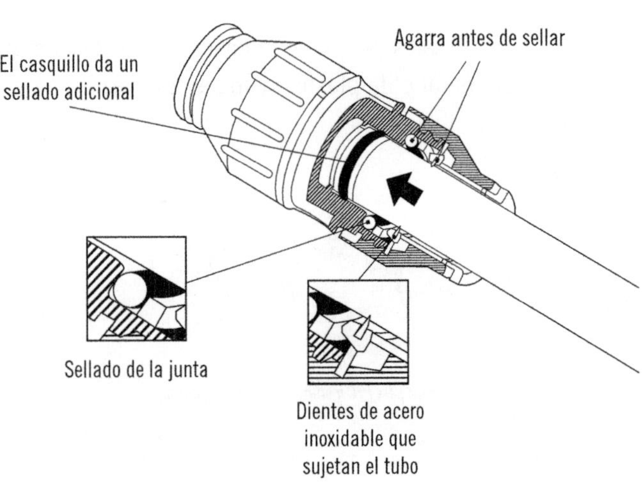

7.2. Uniones mediante bridas

Son uniones con dos discos de igual tamaño con múltiples perforaciones a través de las cuales se hacen pasar unos espárragos o pernos, que, cuanto más se aprieten, más unen los discos, aumentando de este modo la hermeticidad de la unión.

Unión mediante bridas

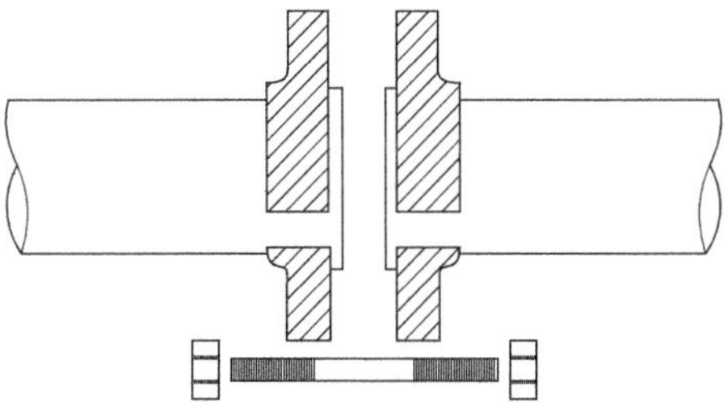

Nota

Se emplean en tuberías de diámetros muy diversos y para diámetros grandes son casi exclusivos.

Para asegurar la estanqueidad, se interpone entre las bridas un anillo elástico denominado junta y, en ocasiones, estas bridas contarán con unas acanaladuras que aseguren que una acopla perfectamente sobre la otra.

Las bridas están normalizadas de acuerdo a los diámetros nominales de las conducciones que unen y de las presiones que estas deben soportar.

Importante

Se debe poner especial atención a las tensiones de apriete que se les den a los pernos o tornillos, pues, una vez en operación, las tensiones pueden aumentar.

8. Procedimientos de unión: soldadura autógena y eléctrica

En redes de distribución de pequeño diámetro, las uniones desmontables resultan poco herméticas y en ocasiones difíciles de desmantelar, por lo que suele recurrirse a la unión mediante soldaduras.

La soldadura consiste en la unión de dos piezas metálicas para formar una sola, gracias a un aumento de la temperatura de las zonas a unir y aplicando la presión suficiente entre ellas, si bien en ocasiones es necesario aportar un material compatible para asegurar la unión.

8.1. Tipos de soldadura

Una clasificación de los tipos de soldaduras existentes puede ser la siguiente:

- Soldadura heterogénea:
  - Blanda.
  - Fuerte: amarilla o de plata.
- Soldadura homogénea:
  - Por frotamiento.
  - Por forja.
  - Ultrasónica.
  - Eléctrica:
    - Por resistencia eléctrica:
      - Por puntos o por costuras.
    - Por arco eléctrico:
      - En atmósfera normal, inerte o de hidrógeno.

Nota

En instalaciones de climatización, las más usuales son las heterogéneas y las eléctricas.

Soldadura heterogénea blanda

Es la realizada mediante material de aportación de bajo punto de fusión (de 400 a 500 °C) y se basa en el efecto capilar, por el cual el material de aporte en estado líquido fluye hacia el interior de una cavidad (cuanto menor, mejor efecto capilar) y tras enfriarse se solidifica consolidando la unión.

Aportación de material en soldadura blanda

Nota

El calentamiento del material de aporte puede conseguirse con una simple lámpara incandescente alimentada por gas propano, butano o de acetileno.

Procedimiento del proceso de unión

1. Se cortan los tubos, mediante cortatubos, a las dimensiones deseadas.

2. Se elimina la rebaba interior y exterior de los tubos, empleando escariadores y lanas de acero.
3. Se verifica que ambos tubos permitan el ensamble de uno dentro del otro sin excesiva holgura.
4. Se comprueba la limpieza de ambos tubos y se procede a aplicar un desoxidante, para asegurar la eliminación de posibles inclusiones.
5. Se acoplan las piezas a unir.
6. Se calienta la zona a unir y se añade gradualmente el material de aporte.
7. Una vez enfriada la unión, se procede a limpiar la zona y verificar que no existen anomalías.

Aplicación práctica

¿Qué materiales y herramientas se emplean en los procesos de unión mediante soldadura blanda?

SOLUCIÓN

1. Tubería de cobre.
2. Elementos de empalme: T, codo, casquillo, etcétera.
3. Metro, marcador y cortatubos del diámetro apropiado.
4. Escariador y lana de acero.
5. Limpiador desoxidante.
6. Soplete.
7. Material de aporte, estaño.

Soldadura heterogénea fuerte

Es la realizada mediante material de aportación cuyo punto de fusión se considera alto (de 600 a 3.000 °C), pero aún inferior al de los materiales base que forman las piezas.

En esta ocasión, para fundir el material de aporte se requiere la combustión de acetileno (lo que hace que comúnmente se las denomine soldaduras autógenas) y, por tanto, un soplete de oxiacetileno.

Nota

Podría realizarse por otros métodos siempre y cuando se asegure que se funde dicho material.

El soplete es el elemento principal para realizar el trabajo y su manejo debe ser lo más seguro posible, pues el acetileno disuelto en acetona y comprimido por encima de 2 bar o calentado es altamente inestable y explosivo. Por ello, se exige a quienes lo utilicen que estén acreditados para ello.

Nota

Las operaciones de soldeo deben realizarse con las mayores garantías de seguridad, por lo que un ambiente de trabajo apropiado y unas protecciones individuales se hacen imprescindibles.

La regulación del gas a la salida de las botellas que lo contienen se realiza mediante llaves manorreductoras y en el mango del soplete se realiza la mezcla de oxígeno y acetileno necesaria para realizar la soldadura.

Equipo de soldeo oxiacetilénico

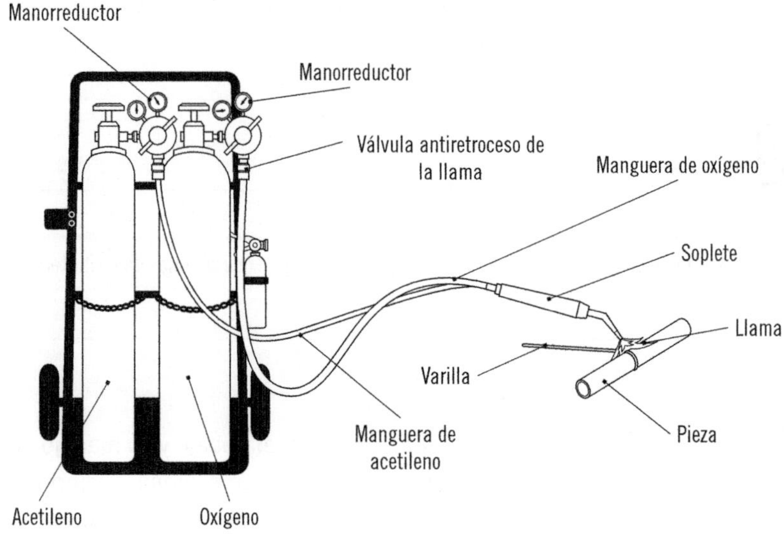

Soldadura por resistencia eléctrica

Es la realizada gracias al calor generado por la resistencia que los materiales a unir presentan al pasar una corriente eléctrica a través de ellos y, además, aplicarles una cierta presión.

Estas soldaduras se caracterizan por:

- Requieren una baja tensión y una alta intensidad de corriente eléctrica.
- Son rápidas y permiten elevadas repeticiones.
- Las zonas de fusión son pequeñas y no continuas.
- Requieren aplicar una gran presión.
- Permiten uniones férreas y no férreas.
- No requieren material de aporte.
- No requieren una alta cualificación de los operarios e incluso puede automatizarse.

Procedimiento de soldeo

1. Este tipo de soldadura se realiza de la siguiente manera:
2. Posicionar de las piezas a soldar entre los electrodos de presión.
3. Hacer pasar una corriente eléctrica con una diferencia de tensión entre los electrodos (fase de soldeo).
4. Al alcanzar la temperatura adecuada, se corta la corriente y se inicia el proceso de incremento de presión entre los dos electrodos (fase de forja).
5. Finalmente, se libera la presión manteniéndose unidas las piezas.

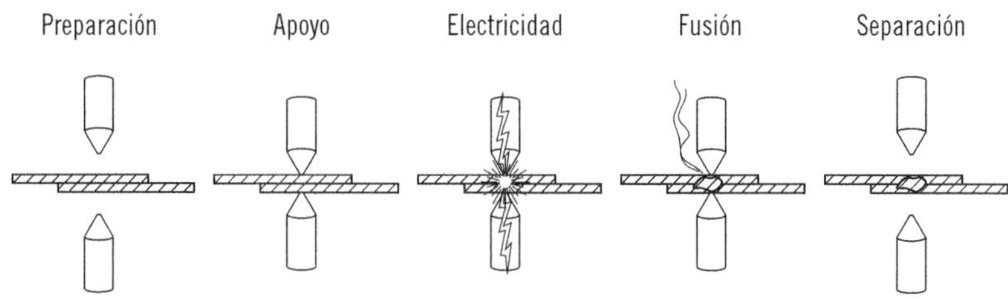

Soldadura por arco eléctrico

Es la realizada por la fusión que genera la energía calorífica producida en el arco eléctrico que se establece entre el electrodo y el material base.

Estas soldaduras se caracterizan por:

- El calor se genera en zonas localizadas.
- Pueden realizarse en atmósferas artificiales.

Procedimiento de soldadura

1. Se enciende el arco acercando el electrodo aprox. 1 cm al punto en el que se debe soldar, con una inclinación de entre 70 y 80° respecto al plano de trabajo.

2. Llevando la máscara delante de los ojos, dar un golpecito con el electrodo sobre la pieza y, apenas se encienda el arco, alejar ligeramente el electrodo e iniciar la soldadura, procediendo de izquierda a derecha o viceversa, procurando mantener una separación que no rompa el arco eléctrico.
3. Para facilitar el cebado, se suele arrastrar el electrodo (no muy rápidamente) sobre la pieza a soldar.

Soldadura por arco eléctrico

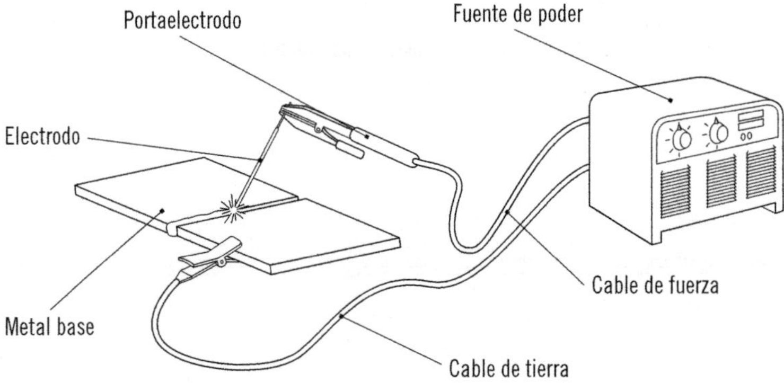

Consejo

Se debe tener cuidado de no tocar por accidente la pieza para no provocar golpes en el arco.

Recuerde

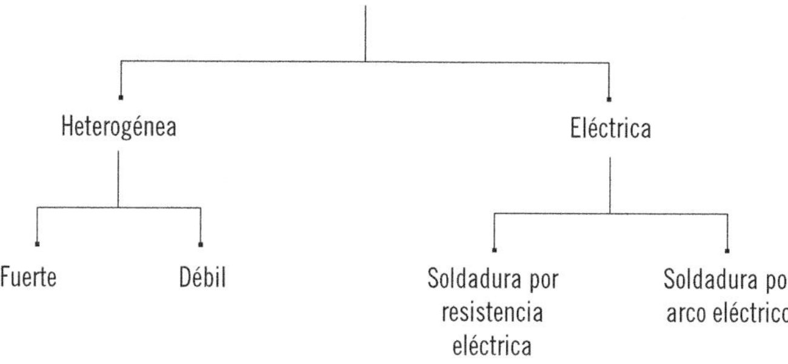

De forma general, es importante tener en cuenta, dependiendo del tipo de soldadura, una serie de recomendaciones:

- Verificar que no existen anomalías en el equipo de soldeo.
- Retirar los obstáculos de la zona de trabajo y asegurar una buena ventilación de la zona de trabajo, sin que esta pueda resultar perjudicial para las labores de soldeo.
- Comprobar que existen sistemas de extinción de incendios adecuados a las labores a desarrollar y que se cuenta con los equipos de protección individual.
- Comprobar el correcto funcionamiento de los equipos de parada por emergencia y los sistemas de conexión y desconexión de la alimentación eléctrica, así como los de puesta a tierra.

9. Dilataciones

Las propiedades de los materiales pueden verse afectadas por efecto de la temperatura que tengan.

Nota

La variación de la temperatura provoca principalmente la dilatación del cuerpo que la soporta, aumentando o disminuyendo su longitud o su volumen, con el aumento o descenso de la temperatura, respectivamente.

Cuando se da la dilatación longitudinal de un cuerpo, se denomina dilatación lineal, como la producida en tuberías. La capacidad de dilatar en esta ocasión se regirá por la siguiente fórmula:

$$\Delta L = Lf\text{-}Li = Li \times \alpha \times \Delta T$$

Donde el incremento de longitud (ΔL) dependerá de la longitud de inicial de la tubería (Li), el coeficiente de dilatación térmica (α, que varía según el material) y el incremento de temperatura (ΔT).

Si la tubería está fuertemente fijada en un extremo, la dilatación (en forma de alargamiento) se producirá por el extremo opuesto, pero si la dilatación es también impedida en el otro extremo, se producirán esfuerzos que tenderán a deformar la tubería.

Ejemplo

Una tubería de PVC de 10 m sometida a una temperatura de 40 °C, respecto a los 20 °C que pueda tener cuando opera en condiciones normales, puede dilatarse unos 30 mm.

Actualmente, en los casos de tuberías empotradas, el efecto de los aislamientos que se emplean permite reducir la dilatación en un gran margen.

En los casos en los que los aislamientos no sean suficientes, se recurre al empotramiento (en el hormigonado u otras superficies que puedan absorber los incrementos de presión) en tramos cortos de las tuberías.

9.1. Aspectos a tener en cuenta ante las dilataciones en la instalación de tuberías

A continuación, se indican algunos principios generales para la instalación de tuberías:

- Recubrir las tuberías con materiales aislantes, procurando evitar la condensación y actuando como aislante térmico.
- Dejar en la pared el espacio suficiente para rellenar con poliestireno u otros materiales de compresión tras la colocación de las tuberías y accesorios.
- En huecos, se emplearán abrazaderas de fijación inmediatamente antes de cada derivación de la tubería, quedando sin efecto de dilatación lineal.
- Las tuberías ascendentes pueden montarse rígidas, de forma que la dilatación queda absorbida entre los soportes fijos de la base.
- Para una fijación adecuada, se le puede dar una mayor holgura a los tubos pasamuros en su tramo flector.
- En las derivaciones y empalmes, pueden emplearse tuberías o tramos elásticos que permitan las dilataciones tanto longitudinales como axiales.
- En cualquier caso, no se recomienda que la distancia entre dos soportes fijos sea mayor a 3 m.

Compensador de dilatación con elastómero y con muelle

El aislamiento debe efectuarse con cuidado en instalaciones de refrigeración y climatización, debido a que la humedad ambiental podría condensarse y provocar goteos, impregnaciones, etcétera.

Importante

Para evitar estos fenómenos, la temperatura superficial del aislante debe ser al menos igual o superior a la temperatura de relente del aire ambiental.

Por ello, se tienen que calcular los espesores mínimos de las coberturas de las tuberías aislantes, que son función de la temperatura, diámetro externo de la tubería, humedad relativa, temperatura del aire ambiental y conductividad térmica del material.

Cuando las dilataciones se producen en líquidos o gases, estos experimentan un aumento de volumen, que, si no es absorbido por la instalación, puede acarrear aumentos de presión con lo que podrían producirse averías o roturas.

La capacidad de dilatar, en esta ocasión, se regirá por la fórmula:

$$\Delta V = Vf\text{-}vi = Vi \times \beta \times \Delta T$$

Donde el incremento de volumen (Δv) dependerá del volumen inicial del fluido (Vi), el coeficiente de dilatación térmica (β, que varía según el líquido o gas) y el incremento de temperatura (ΔT).

En las instalaciones de climatización en las que las tuberías y otros elementos empleados se caracterizan por su alta resistencia, un aumento de la presión interna debido a las dilataciones del líquido puede resultar catastrófico, por lo que se emplean depósitos de expansión, que absorben el incremento de volumen de los fluidos durante su dilatación, sin tener que liberar al exterior parte de dicho fluido, conservando así la cantidad de líquido o gas.

Depósitos de expansión de diferentes volúmenes

Recuerde

No se recomienda que la distancia entre dos soportes fijos sea mayor a 3 m.

10. Técnicas de montaje de sondas, sensores, etcétera, en máquinas y redes de tuberías

En ocasiones, los equipos comerciales incluyen en sí mismos algunos captadores para su funcionamiento, por lo general tarados en fábrica y listos para entrar en funcionamiento una vez se realice la instalación del equipo.

Suelen ser captadores de temperatura, de presión y de humedad los más usuales, si bien, existen otros destinados a medir velocidades, caudales, tensiones, vibraciones, etcétera.

Los captadores pueden ser de dos tipos básicamente:

- **Detectores,** cuando se limitan a evaluar si existe o no transmisión de la unidad que captan, esto es, si existe o no presión o caudal en el conducto, por ejemplo.
- **Medidores,** cuando realizan una comparación respecto a un valor de referencia para determinar la cantidad de unidad medida que circula por él (por ejemplo velocidad o bar de presión).

Cuando las instalaciones son más complejas o el número de parámetros que se deben monitorear es mayor, se deben instalar captadores en aquellos lugares en los que haga falta.

Según la forma o tipo de captador, podrá montarse simplemente introduciéndolo en una cavidad de la máquina, conductos, etcétera, pero, en otras ocasiones, deberá sujetarse mediante tacos o fijadores que lo mantengan en una posición determinada para su correcto funcionamiento.

Nota

Estos fijadores permiten sustituir fácilmente dichos captadores si estos deben ser sustituidos.

10.1. Dispositivos más comunes

A continuación, se detallarán los más comunes de estos dispositivos y cómo se efectúa su montaje.

Sensores de temperatura

Los empleados actualmente funcionan por par térmico y suelen presentarse para su acoplamiento en unidades centralizadas de monitorización (centralitas). Son empleados para la medición en las salas a climatizar, en los conductos y ramales de impulsión, en las entradas y salidas de los equipos de tratamiento del aire, etcétera. Según su destino tendrán una forma u otra.

Respecto a su montaje, este también depende del lugar en que se instalen: bien pueden ser introducidos dentro de una cavidad practicada en el lugar donde deben captar la temperatura o bien adosarse a este mediante uniones eficaces.

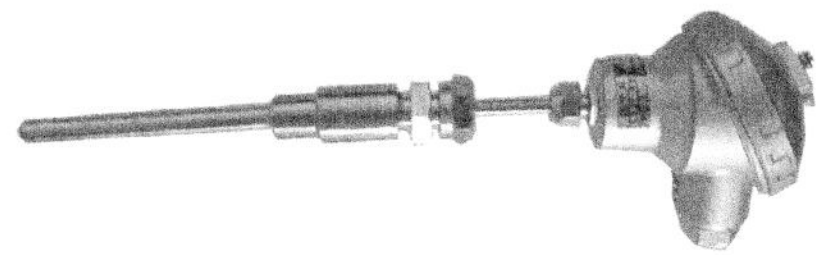

Sensores de temperatura

Importante

Tras su colocación, se deberá verificar que captan la temperatura sin mayor margen de error que el especificado por el fabricante.

Sensores de presión

Son manómetros o presostatos, que pueden ser de líquido, de gas o electrónicos, de medida directa o para ser interpretados mediante una centralita.

Son montados sobre conducciones o sobre los propios equipos.

Sensor de presión

Sabía que...

Incluso pueden montarse y desmontarse si se dispone de una válvula para la toma de presión.

Sensores de caudal

Este tipo de sensores debe seleccionarse teniendo en cuenta el tipo de canalización sobre el que se montará y el fluido o gas que medirá, la pérdida de presión que puede provocar sobre el fluido que mida y el tiempo de respuesta.

Montaje de un sensor de caudal

Importante

Aunque estos sensores no estén en la mayoría de los casos conectados a la red eléctrica, por ellos fluye una corriente que puede verse afectada por fuentes electromagnéticas próximas.

Separadores de aceites

Sirven para evitar la circulación del aceite por las tuberías de descarga, mejorando el rendimiento de los intercambiadores.

Se sitúan entre la válvula de descarga del compresor y la entrada al condensador.

Separador de aceite

Recuerde

En ocasiones, los equipos comerciales incluyen en sí mismos algunos captadores para su funcionamiento, por lo general tarados en fábrica y listos para entrar en funcionamiento una vez se realice la instalación del equipo.

Filtros deshidratadores

Retienen la humedad del circuito, permitiendo mantener el rendimiento de la instalación, evitando el deterioro de válvulas, cojinetes, juntas, aislamientos, etcétera.

Se sitúan a la salida de la válvula de expansión, donde hay más posibilidades de que aparezca humedad.

Filtros deshidratadores

Filtros de impurezas

No solo se emplean por las posibles impurezas que hayan perdurado en la limpieza anterior al montaje de la instalación, sino también por las posibles degradaciones que haya podido sufrir el refrigerante empleado.

Aunque su ubicación natural es tras el filtro deshidratador, pueden montarse en cualquier lugar donde se prevea que van a producirse contaminaciones, como por ejemplo en las tomas de agua.

Filtro de impurezas en Y

Nota

Por lo general, cuando estos dispositivos son adquiridos para su montaje en instalaciones, vienen acompañados de un manual de montaje elaborado por sus fabricantes en el que se hace referencia a los parámetros que controlan, en qué condiciones ambientales deben encontrarse para un correcto funcionamiento, cuál debe ser la posición en que actúan, el rango que miden y la precisión o sensibilidad con la que operan y cómo se realiza la conexión a otros elementos o al suministro eléctrico, si lo requieren, y con qué secciones de cable debe hacerse.

11. Herramientas, útiles y medios empleados en las técnicas de tendido y montaje de tuberías y conductos

Por lo general las herramientas, útiles y medios más empleados son los siguientes:

- Para el transporte, carga y descarga de los equipos:
  - Vehículo de carga, camión o furgoneta.
  - Carretilla mecánica elevadora, transpaleta o carro de mano.
  - Grúa o elevadores.
  - Andamios o escaleras.
- Para la obra de acondicionamiento del entorno:
  - Martillo percutor, mazas y cinceles.
  - Taladro y brocas de diferentes longitudes y diámetros.
  - Llaves y destornilladores.
  - Cementos, morteros y masillas.
- Para la instalación de la maquinaria:
  - Soportación y antivibradores.
  - Tuberías de cobre y coquillas de diversos diámetros.

- Curvador de tuberías de diferentes diámetros.
- Cortatubos, abocardadores y escariadores.
- Bomba de vacío y manómetro.
- Carga de refrigerante y balanza de precisión.
- Detector de fugas.
- Equipo de soldadura.

- Para la instalación de los conductos:

  - Metro, nivel y trazadores.
  - Elementos de soportación.
  - Cortadoras de tubos, de chapa y de paneles de lana de vidrio.
  - Tuercas y tronillos, remaches y cinta adhesiva.

- Para la instalación eléctrica:

  - Cable eléctrico.
  - Llaves y destornilladores.
  - Amperímetro y buscapolos.
  - Pelacables.
  - Fichas de conexión y cinta aislante.

- Para la instalación final:

  - Silicona y pistola de silicona.
  - Masilla y espátulas.
  - Conductos de desagüe.
  - Accesorios embellecedores.

Recuerde

Dependiendo del tipo de instalación, pueden requerirse estos y otros utensilios vistos en capítulos anteriores.

12. Cimentaciones y bancadas de máquinas y equipos de instalaciones de climatización y ventilación-extracción

En la mayoría de las ocasiones, los equipos compuestos por partes móviles que forman la instalación de climatización o de ventilación-extracción son alineados y equilibrados en fábrica, además de ser, por lo general, suministrados ya montados sobre una base, cuna o bancada construida con perfiles metálicos que le dan una robustez suficiente para ser transportados de un lugar a otro sin perder su alineación y equilibrio, evitando así su desgaste prematuro.

La superficie sobre la que apoya la bancada es completamente lisa o adaptada a las diferentes cotas de la cuna de la máquina. Se emplean además suplementos o calzos para mejorar el posicionamiento del equipo y apoyar la nivelación de este.

Importante

Esta operación debe ser seguida de una verificación, por ejemplo mediante el empleo de un nivel de burbuja.

Existen ocasiones en las que, tras colocar el equipo, se requiere de una operación para asegurarse que en un futuro no existirá desplazamiento, para lo que se vierte sobre su cuna una nueva capa de cemento o mortero, verificando que no existen colisiones ni interferencias que impidan el libre movimiento de los elementos que la constituyen antes de dejar fraguar esta nueva superficie.

Cuna para bancada

Cuando los equipos son conectados a otros elementos, se hace mediante acoplamientos semielásticos que permiten absorber pequeñas desalineaciones entre ellos, consiguiendo así que las averías debidas a las transmisiones entre ejes, los esfuerzos de torsión de los equipos, el calentamiento de rodamientos y otras partes móviles sean las menos posibles.

Las conexiones a tuberías de impulsión o retorno se deben realizar mediante elementos igualmente semielásticos que permitan una transmisión suave de los volúmenes de fluido o gas conducido.

Nota

En los casos en los que estos conductos atraviesen muros y forjados, deben emplearse masillas para sellarlos perfectamente, evitando de este modo la filtración de un lado al otro de aguas procedentes de lluvias o de humos, por ejemplo. Para este tipo de situaciones, existen conexiones especiales de tuberías llamadas pasamuros.

Existen otras situaciones en las que la maquinaria descansa sobre amortiguadores o placas antivibratorias, buscando conseguir los siguientes objetivos:

- Absorber las vibraciones durante el funcionamiento de la máquina.
- Mantener la máquina en su lugar para asegurar un correcto funcionamiento.
- Evitar que la máquina se vea afectada por aguas, salmueras, detergentes, ácidos o grasas derramadas en su entorno.
- Cambiar rápidamente de lugar la máquina si fuese necesario.
- Ahorrar tiempo de instalación.

Amortiguador y placa antivibratoria

13. Alineación. Nivelación y fijación de máquinas y equipos

En lo referente a la nivelación y fijación de máquinas y equipos, existen numerosos métodos y opciones de actuación, muchos de ellos diseñados por las propias casas fabricantes.

13.1. Masas de relleno

Son pastas de alta elasticidad para el relleno, nivelación y fijación de elementos de gran peso, incluidas no solo en máquinas industriales, sino incluso en los rieles de tranvías.

Sus ventajas son las siguientes:

- Alta estabilidad.
- Elevada resistencia a la presión.
- Elasticidad dura.
- Efecto antivibratorio y amortiguador de ruidos.
- Aislamiento eléctrico.

En cuanto a sus propiedades y formas de suministro, son las siguientes:

- Tipo masa de relleno en caliente.
- Base bitumen.
- Consistencia sólida.
- Densidad aproximada: 1,5 g/cm^3.
- Temperatura de vertido: 240 °C/ máximo 260 °C.
- Latas de uso único de 42,30 kg.

13.2. Mortero elastomérico

Consiste en una masilla a base de varios componentes de poliuretano, lo que le confiere tanto características elásticas como rígidas, haciéndolo ideal para soportar altas cargas estáticas y dinámicas estables o cíclicas, aunque su uso es mayoritariamente para las cíclicas, como son las producidas por rotores alternativos.

Nota

Por las características citadas, sus aplicaciones principales tienen como objetivos la atenuación de vibraciones y ruidos.

13.3. Mortero de saneamiento y nivelación

Este tipo de mortero de aglutinante mineral se emplea en construcciones y reparaciones de bancadas y firmes que han de soportar grandes cargas estáticas, siendo su gran ventaja la capacidad de mantener su resistencia aun en ambientes húmedos y temperaturas extremas de frío o calor.

Sus principales características son:

- Densidad (en seco): 2,20 g/cm^3.
- Tiempo de aplicación: 10-15 min.
- Resistencia a la presión (28 días después): aprox. 70 N/mm^2.

Mortero de saneamiento y nivelación

Aplicación práctica

Realice un dibujo en el que se muestre como quedaría una bancada lista para recibir a la máquina que luego debe soportar.

SOLUCIÓN

Bancada lista para recibir la máquina

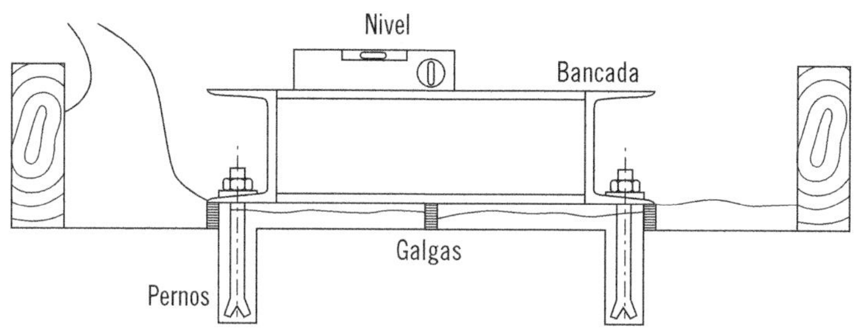

Sabía que...

Los muros exteriores de las viviendas y otros edificios son de doble pared, con la intención de crear un espacio donde el aire se enfríe o caliente, pero que esta diferencia térmica no llegue a pasar al otro lado del muro; esta opción constructiva tiene su reflejo en el empleo de lanas de fibra de vidrio para muros de medianería.

14. Técnicas de ensamblado y acoplamiento de máquinas, equipos y redes

En todas las instalaciones de climatización y de ventilación-extracción son necesarios los acoplamientos entre máquinas y sus elementos periféricos y otras máquinas o artefactos.

Las unidades estáticas, es decir, aquellas en las que no existen partes móviles, como puedan ser evaporadores o condensadores, las conducciones pueden ser acopladas mediante uniones rígidas, puesto que en ellas no se van a producir o generar vibraciones importantes.

Otra situación diferente es la que se produce en los grupos motocompresores, cuyas partes móviles generan vibraciones, que se traducen en incrementos de tensión en las uniones si estas son rígidas.

Nota

Esta situación se puede ver agravada si los regímenes de funcionamiento son extremos, pero también durante las paradas y puesta en marcha de los grupos.

Para evitar esto, los entronques (empalmes o codos de enlace) de los equipos dinámicos, tanto de entrada como de salida, son de material flexible, ya sean para su unión a conducciones o para la unión a otros artefactos. Además, para atenuar las vibraciones que se generan en estos equipos, se emplean amortiguadores sobre bancadas resistentes.

14.1. Métodos de ensanble en máquinas

A continuación, se verán algunos de los procedimientos empleados para la amortiguación en los ensambles, tanto flexibles como rígidos.

Bucles de amortiguación

Consisten en interponer pequeñas tiras de material elástico entre las acanaladuras en las que se deben insertar las pestañas que sirven de unión entre dos piezas.

Son la forma más común, por su simplicidad y efectividad, y puede emplearse tanto en ensambles de gran formato como en empalmes pequeños, existiendo una gran relación entre su elasticidad y su eficacia.

Bucles de amoriguación

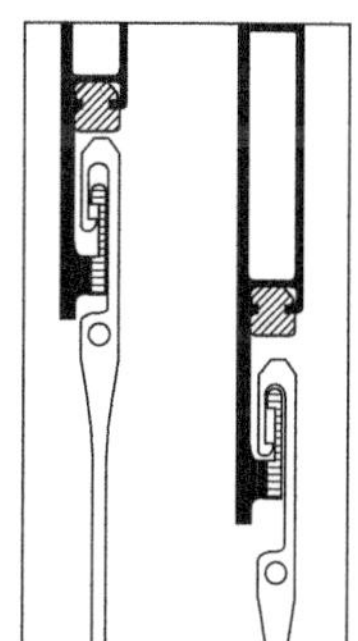

Nota

La sustitución de los bucles es relativamente sencilla.

Amortiguadores

Son porciones de tubería flexible recubierta por un fuelle de hilos metálicos cuyos extremos están soldados para evitar fugas. Están especialmente diseñados para conectar el compresor con otros elementos del sistema de refrigeración, minimizando las transmisiones de vibración.

Tubería antivibraciones

Nota

Su longitud y su diámetro están especialmente relacionados para eliminar gradualmente las tensiones internas producidas por los cambios de presión en su interior.

Manguitos de neopreno y conductos de aluminio flexible

Se emplean para la conducción de aire.

Los maguitos de neopreno son trozos de tejido elástico (neopreno) rematados en sus extremos por bridas o goma elástica, que forman una canalización elástica perfectamente adaptable a la sección de los conductos o de las salidas o entradas de máquinas.

Sabía que...

Los manguitos de neopreno son especialmente útiles en lugares de difícil acceso o cuando no existe espacio para el montaje de una canalización rígida.

Cuando no pueda emplearse este tipo de uniones debido a cualquier circunstancia, es posible emplear un sistema similar, formado por tubos flexibles de aluminio reforzado con espiral de alambre.

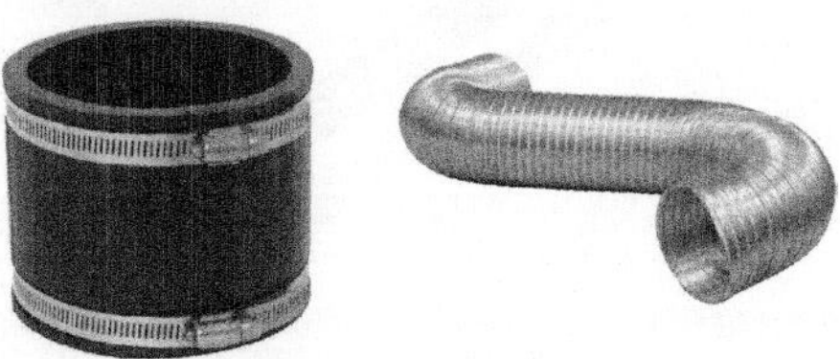

Manguito de neopreno y conducto flexible

Acoplamientos rígidos

Pueden darse tanto para el ensamblado entre conducciones rígidas como entre conducciones y aparatos.

Cuando el ensamblado es entre conducciones, se emplearán, por norma general, acoplamientos prediseñados (codos, T, derivaciones, etcétera), a no ser que por la geometría de la sala y la distribución de las redes de distribución no lo permitan. En tal caso, el montador deberá realizar el desarrollo de la conducción.

Importante

Caso especial hay que prestar a la conexión con las máquinas, por ser los puntos más críticos de la instalación, pues será ahí donde la velocidad del aire sea máxima y se producirán las mayores turbulencias y vibraciones.

Para atenuar los efectos perjudiciales, se tendrá en cuenta:

- No introducir parte de la conducción dentro del la boca de salida del ventilador.
- A la salida del ventilador, se debe continuar con un tramo recto cuya longitud sea al menos 1,5 veces la dimensión mayor de la boca.
- Si a la salida del ventilador debe hacerse una reducción, esta tendrá una inclinación máxima de 15°.
- Si a la salida del ventilador debe ponerse un codo, este tendrá que disponerse de modo que el flujo coincida con el del giro del ventilador.
- En la medida de lo posible, se emplearán uniones flexibles para este tipo de acoplamientos cuando no pueda cumplirse con lo anterior.

Salida del ventilador

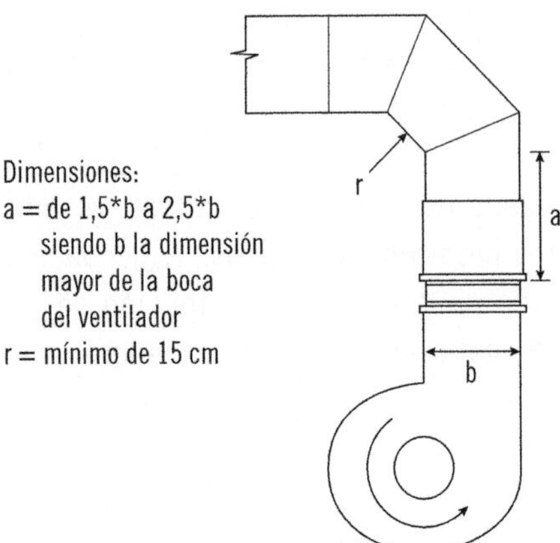

Consejo

Cuando se vea necesario, el uso de elementos de soportación puede ayudar a reafirmar la conexión.

No existen técnicas de acoplamiento propiamente dichas para la unión de los componentes de una instalación, además de las que el fabricante de estas partes exprese en sus manuales o fichas técnicas.

Nota

En la mayoría de los casos, se indica que debe emplearse algún tipo de conexión antivibratoria que atenúe las oscilaciones que puedan desencajar los elementos de la instalación.

Aplicación práctica

¿Cómo se reduce el sonido generado en las rejillas difusoras de los conductos de panel que transcurren sobre el techo?

SOLUCIÓN

Mediante el empleo de elementos de soportación adecuados, junto con conductos flexibles antes del difusor, tal y como muestra la imagen.

Elementos y montaje de un difusor

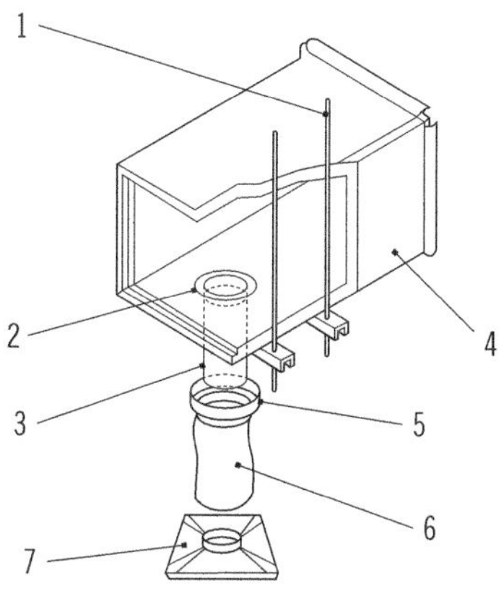

1. Varilla de soportación
2. Aro con pletina de soporte
3. Manguito de corona
4. Conducto
5. Abrazadera
6. Conducto flexible
7. Difusor

15. Insonorización y antivibraciones. Técnicas de calorifugado de tuberías

Las instalaciones bien previstas cuentan con diversos sistemas que ayudan a insonorizar y amortiguar las vibraciones.

Desde la cimentación, que establece una base firme y rígida para absorber los esfuerzos generados por el funcionamiento de la maquinaria y para evitar oscilaciones de la misma, pasando por la bancada, que sirve de cuna a las máquinas más vibrantes y en la cual se emplean muelles amortiguadores o mantas aislantes, con el fin de atenuar los ruidos y las vibraciones de forma local, hasta las técnicas de insonorización y aislamiento por calorifugado que se verán a continuación.

Cabe destacar también el empleo de elementos de soportación encaminados a aislar o atenuar las vibraciones y con ellas la generación de ruidos, así como piezas intermedias usadas en las canalizaciones que tienen el mismo fin.

Ejemplo

Dilatadores, filtros atenuantes, válvulas equilibradoras de presión, tuberías y uniones flexibles, vasos de expansión, etcétera.

Otro modo de insonorizar una instalación o parte de ella es mediante pantallas acústicas, paneles o muros absorbentes, setos y árboles, revestimientos y pinturas plásticas engomadas, etcétera, si bien es cierto que el método que más eficaz se considera es el encapsulamiento local únicamente de la fuente generadora de vibración.

Importante

En el dimensionamiento de grupos de presión o motores, se deben tener en cuenta sus regímenes de funcionamiento, en el sentido de que no trabajen al límite o a marchas forzadas, para evitar vibraciones y generaciones de ruido.

15.1. Técnicas de calorifugado de tuberías

El calorifugado de las tuberías consiste en aislarlas térmicamente de modo que no existan pérdidas o ganancias térmicas y, por tanto, la temperatura en el interior de las mismas se mantenga constante.

Cuando se aísla térmicamente, se está buscando la retención del frío o del calor o bien separar térmicamente dos zonas, pero el calorifugado implica controlar la temperatura de la superficie de conducción cuando las temperaturas son tan bajas que pueden producir quemaduras.

Existen 4 conceptos a tener presentes:

1. **Conductividad térmica:** la capacidad que tiene un material para conducir el calor a través de él.
2. **Resistencia térmica:** la oposición que presenta un material a ser atravesado por el calor, aislamiento.
3. **Puente térmico:** una debilidad del cerramiento que permite una disminución en la capacidad de aislamiento. Puede ser simplemente una disminución de la capa aislante o bien una inclusión, incrustación o deterioro en el sellado.
4. **Barrera de vapor:** la capa que debe proporcionar la estanqueidad, evitando así la transferencia de calor entre los medios. Puede conseguirse de diferentes formas, como se verá a continuación.

Expresado lo anterior, cabe mencionar que el calorifugado en las canalizaciones de las instalaciones de climatización puede conseguirse de diversas formas:

- **Mediante materiales flexibles:** en tal caso, para soportar las temperaturas y mantener el aislamiento térmico, se encapsulan las canalizaciones utilizando coquillas, mantas o paneles de fibra de vidrio, de lana de roca o de cerámica.
- **Mediante materiales rígidos:** en este caso, se podrá mantener el aislamiento térmico empleando coquillas, segmentos o paneles construidos con silicato de calcio, perlita o células de vidrio.

Importante

Para considerar que se ha conseguido un correcto aislamiento térmico, hay que verificar que no se producen condensaciones en fluidos fríos o no existen pérdidas de calor en fluidos calientes.

A continuación, se indican los materiales empleados para la calorifugación de tuberías y tanques:

- Lana de roca, por su estructura fibrosa multidireccional, que le permite mantener el aire casi inmóvil en su interior.
- Lana de vidrio, por su estructura en forma de hebras, que igualmente permite el estancamiento del aire en su interior casi totalmente.
- Aerogel, por ser un material microporoso que reduce el movimiento del aire en su interior.
- Fibras cerámicas, por su capacidad refractaria, que impide que el calor atraviese de un medio a otro.
- Espuma de poliuretano, por que encierran un gas de menor conducción térmica que el propio aire, lo que limita la transferencia de calor.
- Poliestireno o poliexpan, que es un material plástico espumado que permite encapsular el aire.
- Silicato cálcico, que es resistente, rígido, ligero, resistente al agua y de baja conductividad térmica, todo lo que lo hace ideal como aislante interno de calderas.

Como se ha visto, el objetivo es provocar una capa de aire estanco que produzca una barrera de vapor. Es lógico pensar entonces que el vacío sea el mejor de los aislantes y así es, pero mantener las condiciones de vacío no siempre es posible.

15.2. Aislamiento térmico de canalizaciones

Ya sea de conducción rectangular o circular, para transportar líquidos, gases o vapores se puede hacer con las siguientes técnicas:

Mediante coquillas

Se realiza un corte a lo largo de la coquilla, si esta no lo tiene ya, y se dispone abrazando la conducción y asegurando que no se vuelva a abrir, empleando para ello los pegamentos apropiados, cintas adhesivas y/o abrazaderas.

Coquilla sobre tubería de cobre

Nota

Los espesores de las coquillas están normalizados en función del diámetro de la tubería y de la temperatura que han de soportar.

Mediante mantas

El tejido aislante se presenta en rollos que se deben cortar en función del diámetro o desarrollo de los lados de la conducción. Igualmente, se abrazará la conducción y, en esta ocasión, se asegurará empleando una malla o alambre.

Su espesor deberá de ser acorde a la temperatura que soportará.

Bobinas de manta aislante

Sabía que...

Estas mantas, también pueden emplearse para realizar las pantallas que encapsulen a las fuentes generadoras de ruido.

Colocación de las bobinas

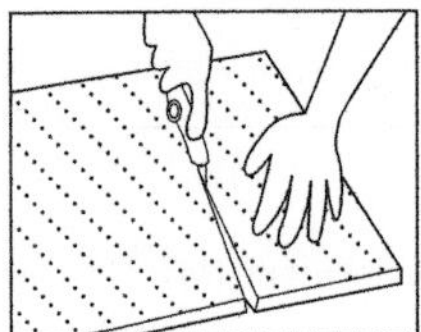

Cortar el fieltro de acuerdo con el desarrollo de la tubería

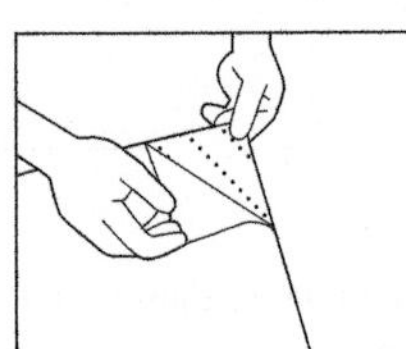

Retirar el plástico protector de la cara interna del aislante

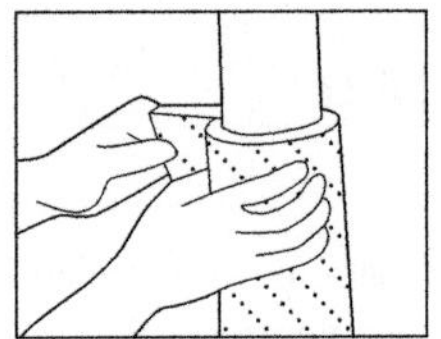

Fijar el fieltro a la tubería presionando ligeramente para asegurar la perfecta adherencia

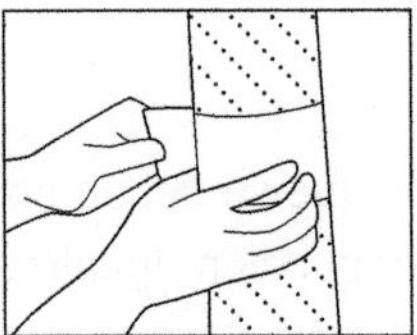

Se encintan las uniones con una cinta adhesiva de aluminio

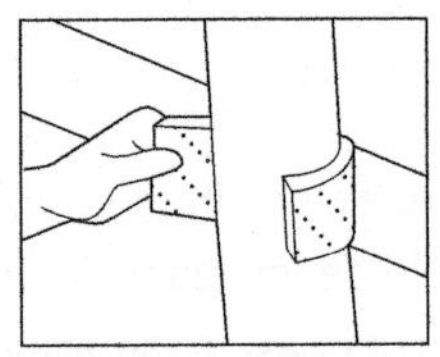

Entre la tubería y el forjado proteger con lana de roca rígida no protegida

15.3. Protección externa de las canalizaciones

El revestimiento externo suele hacerse con chapas de aluminio, chapas galvanizadas o lacadas o chapas de acero inoxidable, siempre con un espesor en consonancia con el diámetro del conducto.

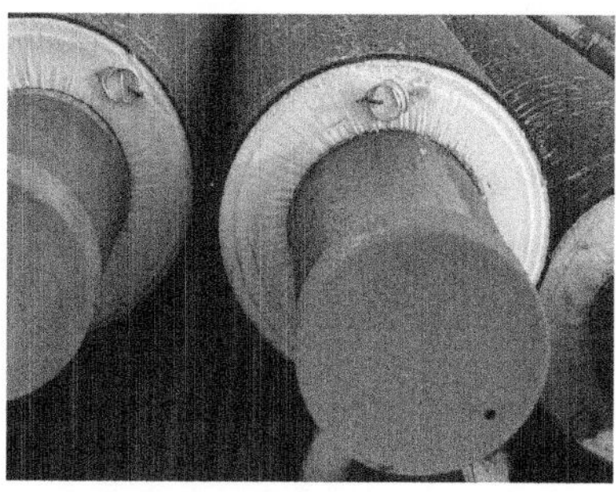

Conducto rígido aislado con doble capa

Nota

Para diámetros grandes, estas chapas son soportadas mediante abrazaderas de rosca chapa o mediante tornillería.

Aplicación práctica

¿Como realizaría el aislamiento térmico de una conducción, ya fuese rectangular o circular?

SOLUCIÓN

1. Puesto que será aislada toda la conducción, incluidos los accesorios, se tendrán que medir los metros lineales de tubería, la cantidad de codos, T, válvulas, etcétera. Además,

Continúa en página siguiente >>

<< Viene de página anterior

se tendrá en cuenta el espacio necesario para la manipulación de los aislamientos y el espacio que estos ocupen.

2. La red de tuberías se someterá a ensayo de temperatura y presión antes de calorifugarse.
3. Antes de aplicar el aislamiento, todas las superficies deben estar limpias, secas y libres de impurezas.
4. Se cubrirán las superficies de metal con pintura anticorrosiva inorgánica (silicatos y polvo de zinc) u otro revestimiento protector de forma uniforme y con el espesor adecuado.
5. Cuando esté seca la protección, se colocará el aislamiento.
6. Se utilizará una sola capa de espesor adecuado, aunque pueden existir ocasiones en las que se requieran varias capas, si la tubería es grande o las temperaturas son demasiadas altas.

15.4. Aislamiento térmico en tanques y depósitos. Recomendaciones

Para la realización de este tipo de aislamientos, se recomienda lo siguiente:

- El material aislante debe ser lo más rígido posible, estilo bloque, panel o malla reforzada.
- El material aislante debe fijarse al tanque mediante puntales soldados equidistantemente, procurando mantener la distancia a las paredes del tanque, de forma que se cree el espacio vacío entre el aislante y las paredes del tanque.
- Otra opción de fijación es mediante flejes pretensados y anillos distanciadores para separar las paredes del tanque de los bloque aislantes.
- La parte exterior del tanque o depósito será recubierta con una chapa ondulada o lisa, lo suficientemente resistente como para permitir la sujeción del mismo mediante estructura o bancada.

Aislamiento de un depósito

16. Resumen

En este capítulo, se han visto los métodos para desarrollar los conductos en panel de sándwich o chapa metálica y los accesorios más usuales, así como la terminación mediante rejillas y difusores para este tipo y para conducciones de sección circular de chapa galvanizada.

Se ha indicado también qué materiales son los más empleados en estas instalaciones y qué normas deben cumplir.

Se ha mostrado la secuencia de operaciones que debe seguirse para el montaje de los conductos, ya sean de panel o de chapa, e, igualmente, qué sería necesario para modificarlos y adaptarlos a las necesidades particulares de la instalación.

Asimismo, se han expuesto los modos de unión empleados en climatización y ventilación-extracción, ya sean fijas o desmontables y cómo amortiguar las dilataciones que se producen cuando opera la instalación.

Posteriormente, se ha expresado dónde deben situarse algunos de los elementos más comunes en estas instalaciones, como son filtros o sensores.

Se han enumerado las herramientas, útiles y medios más empleados en el tendido y montaje de tuberías y conducciones.

Se ha hecho referencia a cómo fabricar una bancada para las máquinas más importantes de la instalación y cómo mantenerlas niveladas y fijas.

Por último, se ha analizado cómo acoplar las máquinas a la red de distribución de aire, de modo que se atenúen las vibraciones, y cómo insonorizar y aislar térmicamente los depósitos, tanques y conducciones que forman el sistema.

Ejercicios de repaso y autoevaluación

1. **¿Cuál de los siguientes es un método de fabricación de conductos de panel en sándwich?**

   a. Método del tramo curvo.
   b. Método del tramo recto.
   c. Método de la tapa.
   d. Solo las opciones b y c son correctas.

2. **¿Puede emplearse una rejilla de retorno como puerta de inspección de una conducción de paneles?**

   a. Sí.
   b. No.

3. **¿Cuál será el espesor que debe tener un depósito de agua caliente de 5 m^2?**

   ____
   ____

4. **Enumere al menos 7 materiales empleados para aislamiento térmico.**

   ____
   ____
   ____
   ____
   ____
   ____
   ____

5. ¿Qué ventajas presentan las uniones mediante polímeros de alta densidad resistentes a altas presiones?

6. Clasifique las uniones mediante soldadura que se emplean en instalaciones de climatización y ventilación-extracción.

7. ¿A qué se debe el uso de depósitos de expansión en instalaciones de climatización?

8. ¿Dónde debe situarse el filtro separador de aceite en una instalación de aire acondicionado? ¿Y los filtros deshidratadores?

9. ¿Qué objetivos se persiguen con la instalación de amortiguadores y placas antivibratorias en la elaboración de bancadas para equipos?

10. ¿Sabría decir para que se emplea el elemento de la siguiente imagen?

Capítulo 6

Montaje de instalaciones eléctricas y sistemas de regulación y control

Contenido

1. Introducción

La energía eléctrica es necesaria en casi todas las instalaciones domésticas o industriales y las instalaciones de climatización y ventilación-extracción no son una excepción.

En este capítulo, se va a ver cómo son estas instalaciones eléctricas, qué conductores se emplean, qué canalizaciones se requieren y cómo se componen los cuadros de maniobra y protección de todas las instalaciones, así como las aplicaciones a motores y máquinas típicas de climatización y ventilación-extracción.

Se expondrá cuál es la secuencia de operaciones para el montaje de las instalaciones eléctricas, haciendo referencia a los aspectos más importantes, como son tableros, empalmes, circuitos, aislamientos o puestas a tierra.

Asimismo, se darán a conocer los elementos que forman parte de la instalación eléctrica (pulsadores, contactores, relés, fusibles, seccionadores, interruptores, ICP y otros menos usuales como temporizadores, arrancadores, programadores, etcétera).

Hoy día, las instalaciones han pasado de ser controladas por medios mecánicos, eléctricos o semi-eléctricos a ser gestionadas por programas automáticos, lo que se verá también en este capítulo.

2. Canalizaciones eléctricas

La forma de transportar la energía eléctrica desde las centrales generadoras hasta los puntos de consumo se hace mediante líneas y redes de distribución constituidas por canalizaciones eléctricas.

Definición

Canalización eléctrica

Conjunto formado por uno o más conductores de corriente eléctrica y los elementos auxiliares que lo protegen y lo soportan para mantenerlos en su lugar.

Para instalaciones de baja tensión, los componentes de una canalización son:

- **Conductor eléctrico:** constituido por una sección compacta o hilos trenzados de cobre o aluminio que, por su alta conductividad, transportan la energía eléctrica.
- **Aislante:** generalmente de vinilo o cualquier otro termoplástico, cuya función es anular la diferencia de potencial entre el conductor y tierra.
- **Relleno:** son materiales repelentes de agua que se emplean para encapsular los conductores y sus aislantes.
- **Recubrimiento:** suelen ser plásticos de alta densidad que proporcionan al cable la resistencia mecánica, química y ambiental necesaria. En ocasiones, puede contar con una malla metálica que mejore las propiedades mecánicas.

COMPARACIÓN COBRE-ALUMINIO

Metal	Ventajas	Desventajas
Cobre	- Alta conectividad eléctrica - Alta conductividad térmica - Permite optimizar en volumen - Fácil de soldar - Fácil de trabajar - Buena resistencia a la corrosión	- Baja resitencia a la tracción - Baja resitencia a la oxidación
Aluminio	- Bajo peso específico - Bajo costo - Permite optimización en peso	- Baja resistencia a la tracción

Componentes de un cable eléctrico

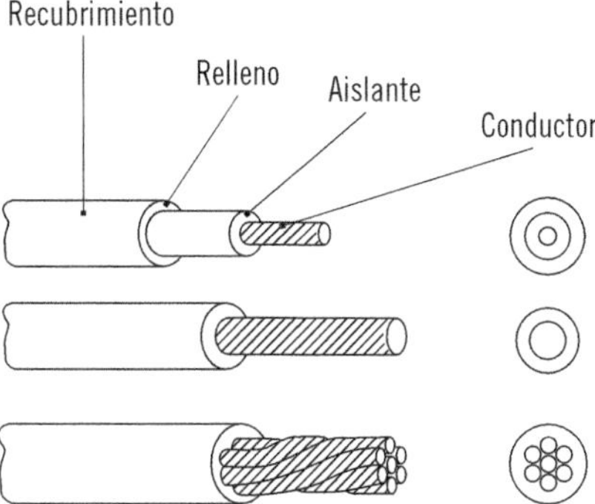

Las secciones de cables pueden ser de diversas geometrías, pero generalmente se usan dos: de sección circular o de sección plana. Además de la geometría de la sección, los cables pueden presentarse de las siguientes formas:

- **Conductor aislado:** un solo conductor eléctrico más su aislamiento.

Conductor aislado

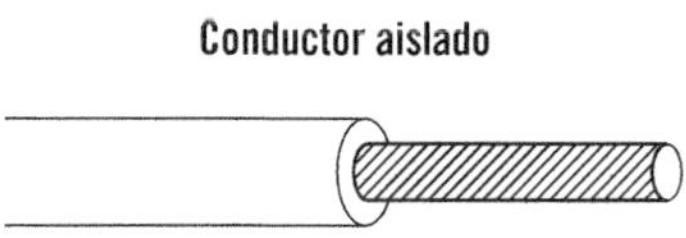

- **Cable aislado:** dos o más conductores eléctricos con sus correspondientes aislamientos, compartiendo el relleno y el recubrimiento.
- **Cable unipolar:** cable formado por un solo conductor aislado.

Cable unipolar

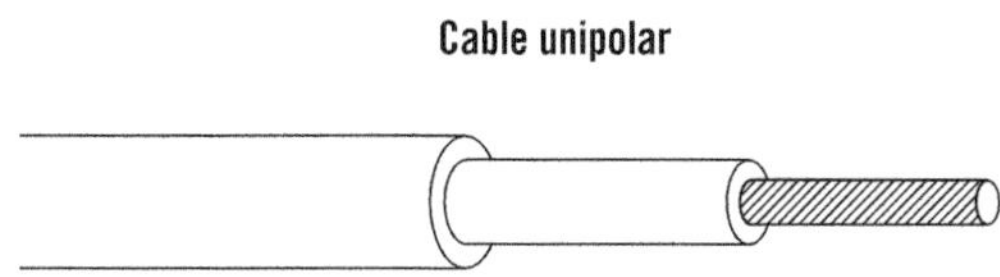

- **Cable multipolar:** cable formado por más de un conductor aislado.

Cable multipolar

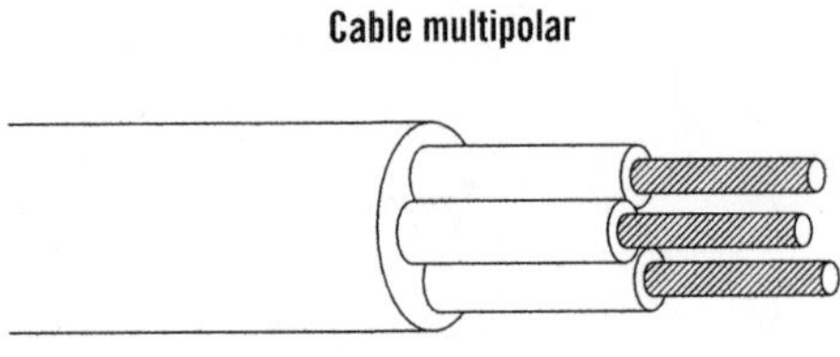

Importante

Los conductores eléctricos se rigen bajo la norma UNE-EN 50575:2015/A1:2016. Cables de energía, control y comunicación. Cables para aplicaciones generales en construcciones sujetos a requisitos de reacción al fuego.

2.1. Modos de soportación

Es la forma en la que se sustentan las canalizaciones eléctricas. Pueden ser los siguientes:

- **Canalizaciones fijas a la pared:** se realiza mediante tacos fijados a la pared que abrazan cada cierta distancia la canalización.
- **Electrocanal:** es un envoltorio rígido en forma de U con tapadera que protege los cables y los separa de otras instalaciones.
- **Bandeja de cables:** suele ser un cajón, con o sin tapadera, de metal o plástico perforado que sirve de base continua al tendido de los cables.
- **Canal de cables:** similar a la bandeja de cables, discurre por el suelo o por el techo, quedando oculto, pero permitiendo la ventilación de las canalizaciones.
- **Conductos de inserción:** tanto para conducciones de sección circular o no, son de envolvente cerrado y se emplean para sustituir conductores aislados o cables de instalaciones eléctricas enhebrándolos.

2.2. Cables eléctricos

Para cables multipolares, se identificarán por colores (si contiene 5 o menos conductores) o por números (si son más de 5 conductores). Y deben mantener esta identificación hasta el cuadro general, conforme a la norma UNE 21123-1:2017

IDENTIFICACIÓN DE CABLES MULTIPOLARES POR COLORES	
FASE R	Rojo o negro
FASE S	Balnco o gris
FASE T	Marrón
NEUTRO	Azul
PROTECCIÓN	Bicolor verde y amarillo

Nota

Deben estar marcados exteriormente, indicando el fabricante y la sección de forma legible cada 20 o 50 cm a lo largo del cable, según tengan recubrimiento o no.

El conductor de fase será aquel por el que circule la corriente alterna activa.

El neutro es el que protege la estabilidad del sistema eléctrico y protege a los usuarios frente a descargas eléctricas.

El cable de protección o tierra es el encargado de derivar a tierra los potenciales eléctricos de los aparatos cuando estos son tocados por las personas, desviando así cualquier potencial eléctrico que pueda suponer un peligro para los usuarios al cerrar el circuito, así como disminuir el riesgo de avería de los aparatos conectados a la red.

Según el destino de uso de cada cable, este será de un tipo u otro, tal y como se muestra en la siguiente tabla para instalaciones de baja tensión.

CABLES PARA INSTALACIONES DE BAJA TENSIÓN

TIPO DE CABLE			Delegación	Tensión	Material	Conductores	Clase de conductores (IEC228) y rango de secciones normalizadas
Cables con aislamiento de PVC para tensión nominal hasta 450/750V IEC227-1	Cables sin cubierta para instalaciones fijas IEC227-3	Cable unipolar, de conductor rígido, para propósitos generales	227 IEC 01	450 / 750V	Cu	1	1 para conductores macizos 2 para conductores cableados Rango de 0'75 a 400 mm^2
		Cable unipolar, de conductor flexible, para propósitos generales	227 IEC 02	450 / 750V	Cu	1	5 Rango de 1'5 a 240 mm^2
		Cable unipolar, de conductor macizo, para cableado interno, T=70°	227 IEC 05	300 / 500V	Cu	1	1 Secciones de 0'5, 0'75 y 1 mm^2
		Cable unipolar, de conductor flexible, para cableado interno, T=70°	227 IEC 06	300 / 500V	Cu	1	5 Secciones de 0'5, 0'75 y 1 mm^2
		Cable unipolar, de conductor macizo, para cableado interno, T=90°	227 IEC 07	300 / 500V	Cu	1	1 Rango de 0'5 a 2'5 mm^2
		Cable unipolar, de conductor flexible, para cableado interno, T=90°	227 IEC 08	300 / 500V	Cu	1	5 Rango de 0'5 a 2'5 mm^2
	Cables con cubierta para instalaciones fijas IEC227-4	Cable con cubierta ligera de PVC	227 IEC 10	300 / 500V	Cu	2, 3, 4 o 5	1 para conductores macizos 2 para conductores cableados Rango 2x1'5 mm^2 a 5x35 mm^2
	Cables flexibles (cordones) IEC227-5	Cable plano tipo tinsel	227 IEC 41	300 / 300V	Cu	2	
		Cable plano sin cubierta	227 IEC 42	300 / 300V	Cu	2	6 Secciones de 0'5 y 0'75 mm^2
		Cordones para guirnaldas luminosas	227 IEC 43	300 / 500V	Cu	1	6 Secciones de 0'5 y 0'75 mm^2
		Cable con cubierta ligera de PVC	227 IEC 52	300 / 300V	Cu	2 y 3	5 Rango de 2x0'5 mm^2 a 3x0'75 mm^2
		Cable con cubierta común de PVC	227 IEC 53	300 / 500V	Cu	2, 3, 4 o 5	5 Rango de 1x0'75 mm^2 a 5x2,5 mm^2

Continúa en página siguiente >>

<< Viene de página anterior

CABLES PARA INSTALACIONES DE BAJA TENSIÓN

TIPO DE CABLE		Delegación	Tensión	Material	Conductores	Clase de conductores (IEC228) y rango de secciones normalizadas
Cables de potencia con aislamiento extruida sólida de 1kV a 3kV IEC502-1 (aislam. en PVC, XLPE, EPR y HEPR)	Para Instalaciones fijas: redes de distribución o instalaciones industriales		0'6 / 1kV (Para Um = 1'2 kV)	Cu o Al		1 o 2 Rango de 1'5 a 1000 mm^2
Preensamblado	Para uso interperie, línea aérea	RZ 0'6/1kV 4X6Cu, por ejemplo	0'6 / 1kV	Cu o Al	2 a 4	2x6 Cu 4x6 Cu 2x10 Cu 4x16 Cu 3x25 Al + 1x54,6 Alm 3x50 Al + 1x54,6 Alm 3x95 Al + 1x54,6 Alm 3 x 150 Al + 1x70 Alm

La selección de canalizaciones en función del tipo de conductor, conforme a la Norma IEC 60 364, se muestra en el cuadro siguiente.

SELECCIÓN DE CANALIZACIONES EN FUNCIÓN DEL TIPO DE CONDUCTOR

Conductores y cables	Método de instalación							
	S/fijación	Grapado directo	En conducto	En canal	Insertado	En bandeja	Sobre aisladores	C/hilo portante
Conductor desnudo	No	No	No	No	No	No	Sí	No
Conductor aislado	No	No	Sí	Sí	Sí	No	Sí	No
Unipolar	N/C	Sí	Sí	Sí	Sí	Sí	N/C	Sí
Multipolar	Sí	Sí	Sí	Sí	Sí	Sí	N/C	Sí

Aspectos a tener en cuenta

Las consideraciones que, sobre sistemas de canalizaciones, pueden tener los agentes externos son:

Temperatura ambiente

Se seleccionarán las canalizaciones para la temperatura máxima que pueda darse en el local donde se instalen.

Fuentes de calor

Tuberías de agua caliente, luces, máquinas industriales, etcétera, pueden actuar como fuentes de calor, por lo que se recomienda que las canalizaciones eléctricas no se instalen cerca.

Nota

De no poder evitar que estén cerca, se interpondrá algún tipo de apantallamiento.

Agua

Agua o condensaciones en las cercanías de la canalización: deben evitarse y, de existir, deben ser desaguadas.

Importante

Las canalizaciones deben tener un IP (índice de protección) adecuado al ambiente en que se instalen.

ÍNDICES DE PROTECCIÓN ELÉCTRICA IP				
PRIMERA CIFRA			SEGUNDA CIFRA	
IP	Protección contra contactos eléctricos directos	Protección contra penetración de cuerpos sólidos extraños	IP	Protección contra penetración de agua
0	Ninguna protección	Ninguna protección	0	Ninguna protección
1	Penetración mano	Cuerpos Ø > 50 mm	1	Goteo vertical
2	Penetración dedo Ø > 12 mm y 80 mm de longitud	Cuerpos Ø > 12'5 mm	2	Goteo desviado 15º de la vertical
3	Penetración herramienta	Cuerpos Ø >2'5 mm	3	Lluvia. Goteo desviado 60º de la vertical
4	Penetración alambre	Cuerpos Ø > 1mm	4	Proyecciones de agua en todas direcciones
5	Igual que 4	Puede penetrar polvo en cantidad no perjudicial	5	Chorros de agua en todas direcciones
6	Igual que 4	No hay penetración de polvo	6	Fuentes de chorros de agua en todas direcciones
			7	Inmersión temporal
			8	Inmersión prolongada (Material sumergible)

Cuerpos sólidos

Aun cuando el grado de protección para el tipo de instalación sea el apropiado por norma, si existe riesgo de acciones externas debidas a sustancias sólidas (polvo, etcétera), se tomarán mayores precauciones.

Sustancias corrosivas

Cuando se prevea que las características del sistema de canalización no sean suficientes para evitar el deterioro por efecto de agentes corrosivos o contaminantes, serán protegidas adecuadamente con pinturas, grasas, ánodos de sacrificio, etcétera.

Vibraciones e impactos

Se incrementará la resistencia mecánica de la canalización si fuese necesario y se prestará especial atención a conexiones, cambios de dirección, acciones de peso propio y agrupamiento de cables.

Fauna y flora

Además del índice de protección adecuado, las instalaciones se mantendrán libres de flora y protegidas de la fauna.

Nota

Las instalaciones pueden sufrir agresiones por parte de raíces (flora) o roedores (fauna).

Efectos sísmicos, climatológicos, etcétera

Serán previstos y se actuará en consecuencia para que no afecten a las canalizaciones.

A continuación, se muestran ejemplos de diferentes métodos de instalación de canalizaciones eléctricas.

DIFERENTES MÉTODOS DE INSTALACIÓN DE CANALIZACIONES ELÉCTRICAS	
Métodos de instalación	**Descripción**
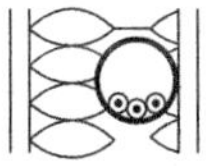	Conductores aislados o cables unipolares en conducto en una pared técnicamente aislante
	Cables multipolares en conducto en una pared técnicamente aislante
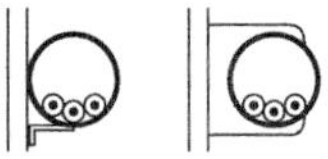	Conductores aislados y cables unipolares en conducto sobre una pared de madera o mampostería
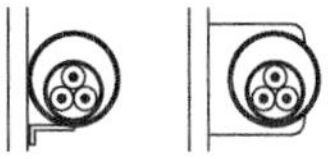	Cable multipolar en conducto sobre una pared de madera o mampostería
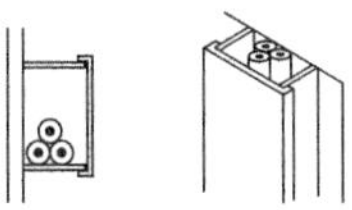	Conductores aislados o cables unipolares en canal o en conducto de sección no circular sobre una pared: - Con recorrido horizontal - Con recorrido vertical
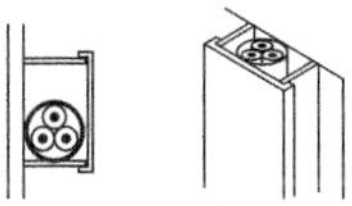	Cable multipolar en canal o en conducto de sección no circular sobre una pared: - Con recorrido horizontal - Con recorrido vertical
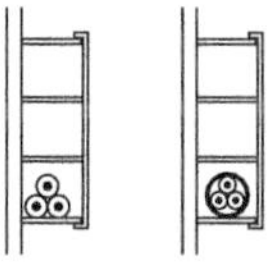	- Conductores aislados o cables unipolares en canal con separadores sobre pared - Cable multipolar en canal con separadores sobre pared
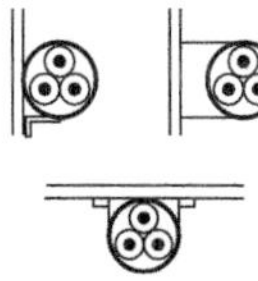	- Cables unipolares o multipolares fijados directamente a una pared - Cables unipolares o multipolares fijados directamente bajo un techo
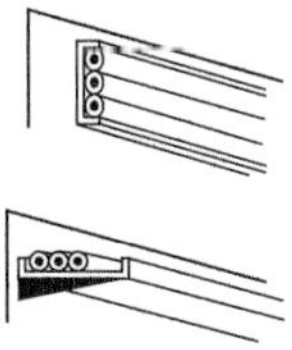	Cables unipolares en bandeja no perforada

Continúa en página siguiente >>

<< Viene de página anterior

DIFERENTES MÉTODOS DE INSTALACIÓN DE CANALIZACIONES ELÉCTRICAS	
Métodos de instalación	**Descripción**
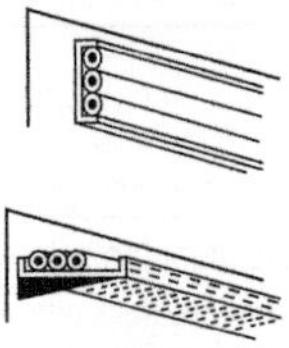	Cables unipolares o multipolares en bandeja perforada
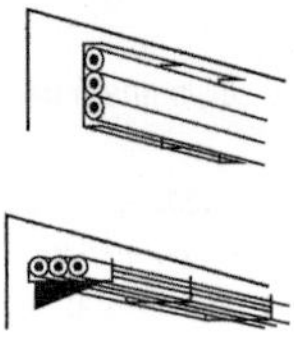	Cables unipolares o multipolares sobre ménsulas o en bandeja tipo rejilla
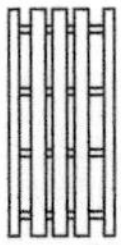	Cables unipolares o multipolares en escalerilla
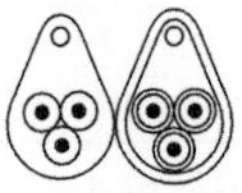	Cable unipolar o multipolar suspendido de un hilo autoportante o que incluye un hilo autoportante
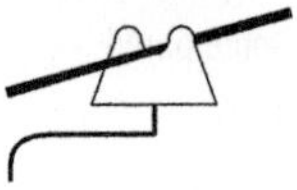	Conductores desnudos o aislados sobre aisladores
	Cable unipolar o multipolar en un ducto de construcción
	Cable unipolar o multipolar en conducto en un ducto de construcción
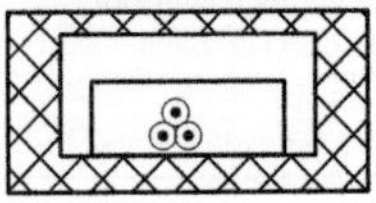	Conductores aislados en conducto de sección no circular en un ducto de construcción

Continúa en página siguiente >>

<< Viene de página anterior

DIFERENTES MÉTODOS DE INSTALACIÓN DE CANALIZACIONES ELÉCTRICAS	
Métodos de instalación	**Descripción**
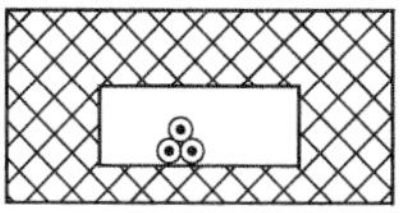	Conductores aislados en conducto de sección no circular en pared de mampostería que presente una resistividad térmica menor o igual a 2K m/W
	Cable unipolar o multipolar en conducto de sección no circular en pared de mampostería que presente una resistividad térmica menor o igual a 2K m/W
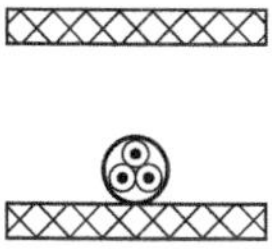	Cable unipolar o multipolar: - Sobre un cielorraso - Bajo un piso elevado
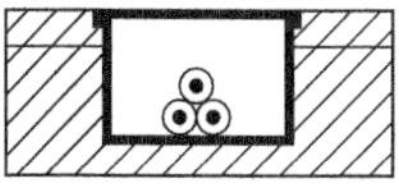	Conductores aislados o cable unipolar en canal embutido en el piso
	Cable multipolar en canal embutido en el piso
	- Conductores aislados o cables unipolares en canal con separadores embutido - Cables multipolares en canal con separadores embutido
	Conductores aislados o cables unipolares en conducto dentro de un canal de cables sin ventilación
	Conductores aislados en conducto dentro de un canal de cables abierto o ventilado en el piso

Continúa en página siguiente >>

<< Viene de página anterior

DIFERENTES MÉTODOS DE INSTALACIÓN DE CANALIZACIONES ELÉCTRICAS	
Métodos de instalación	**Descripción**
	Cable con cubierta, unipolar o multipolar, en un canal de cables abierto o ventilado, con recorrido horizontal o vertical
	Conductores aislados o cables unipolares en conducto de mampostería
	Cables multipolares en conducto de mampostería
	Cable multipolar en conducto o en conducto de sección no circular enterrado
	Cable unipolar en conducto o en conducto de sección no circular enterrado
	Cables con cubierta, unipolares o multipolares enterrados directamente con protección mecánica adicional

3. Elaboración de cuadros eléctricos

Las instalaciones de climatización y ventilación-extracción son en su mayoría consideradas de baja tensión, lo que implica que deben de cumplir con el Reglamento electrotécnico de baja tensión (REBT), así como con sus Instrucciones técnicas complementarias (ITC).

Los objetivos de dicho reglamento son:

- Establecer las condiciones técnicas que preserven la seguridad de la instalación y sus usuarios.
- Cerciorarse del correcto funcionamiento de la instalación y prevenir anomalías.
- Contribuir a la fiabilidad de la instalación y a su rendimiento económico.

Como se indica en el esquema siguiente, la corriente eléctrica proveniente de la compañía suministradora es proporcionada a baja tensión desde el centro de transformación (CT) y de ahí a los consumidores por medio de un cuadro general de baja tensión (CGBT), desde el cual se ramifican otros subcuadros secundarios que alimentarán a los aparatos que forman parte de la instalación.

Recorrido de la corriente eléctrica

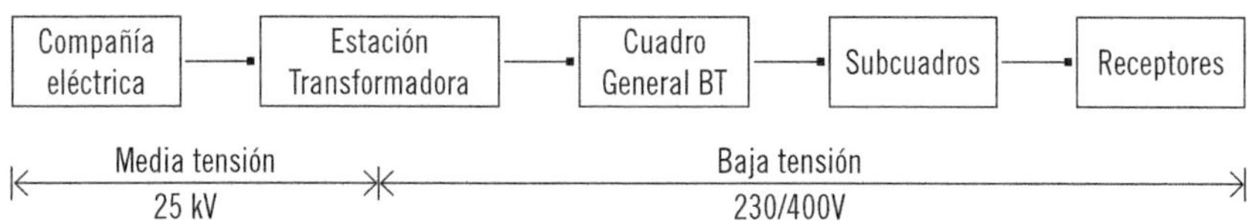

Los cuadros de distribución secundarios servirán de distribución y protección de las líneas hasta los diferentes puntos de consumo y serán de construcción similar al cuadro general de distribución.

Leído sobre planos, el esquema eléctrico debe ser de fácil interpretación, por lo que debe seguirse el orden lógico de distribución de la tensión eléctrica.

Nota

Los cuadros eléctricos deben ser sobredimensionados de cara a un futuro aumento de la capacidad demandada o que se tengan que incluir nuevos elementos.

La disposición de la instalación de enlace puede hacerse de varios modos, partiendo de conocer las partes que lo constituyen, que son:

1. Caja general de protección (CGP).
2. Línea general de alimentación (LGA).
3. Elementos para la ubicación de contadores (CC).
4. Derivación individual (DI).
5. Caja para interruptor de control de potencia (ICP).
6. Dispositivos generales de mando y protección (DGMP).

Conocido esto, la distribución será prioritariamente en serie, una conexión tras otra, existiendo la salvedad de cuando exista más de una derivación individual, en cuyo caso estas serán en paralelo y sus líneas aguas abajo se volverán a plantear inicialmente en serie, hasta después del interruptor diferencial (ID), a partir del cual los diferentes circuitos se distribuirán en paralelo por medio de los interruptores de protección individuales.

Centro de transformación - Red de distribución - Acometida - Instalación de enlace

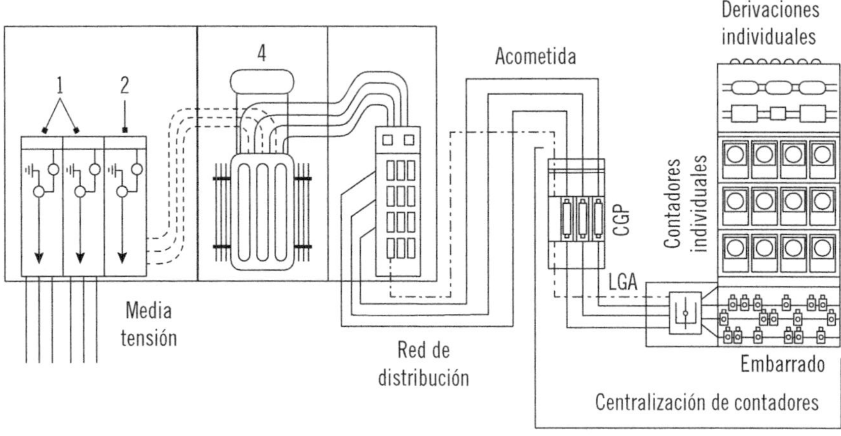

3.1. Cuadros eléctricos

El cuadro que físicamente se monta en estas instalaciones contiene los dispositivos de seccionamiento, protección y mando que permiten dar suministro, a la vez que protegen a estos dispositivos de acciones externas, clasificando por niveles las corrientes, las protecciones eléctricas y las secciones de los conductores.

Conexiones en el interior de un cuadro

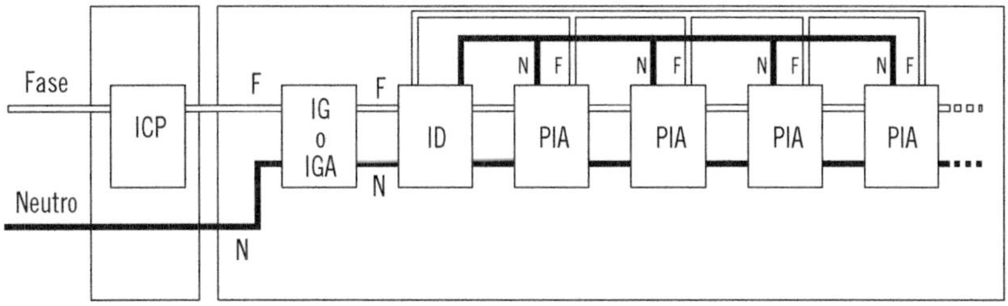

Fase
Neutro
ICP
F
IG o IGA
F
N
N
ID
PIA
PIA
PIA
PIA
N F

Más adelante se verán con más detalle, pero ahora se introducirá brevemente cada unos de estos elementos.

Interruptor de control de potencia (ICP)

Interruptor precintado que la compañía suministradora de energía eléctrica coloca en cada cuadro (o externo a él, pero siempre antes de su suministro) para la interrupción de la corriente si esta supera la contratada.

Interruptor general automático (IG o IGA)

Se denomina así al primero de los interruptores de potencia, pues es el encargado de proteger al resto de interruptores.

Se determina en función de la potencia contratada y del mayor de los circuitos a proteger:

$$P = VxI = 220\ V \times 25\ A = 5500\ V$$

Interruptor diferencial (ID)

Corta todos los circuitos en caso de riesgo a humanos por falta de aislamiento en los conductores, al detectar una diferencia de potencial desviada.

La sensibilidad de estos interruptores determinará el valor de la corriente que lo hace saltar.

Ejemplo

Para viviendas, se emplean interruptores de alta sensibilidad de 30 mA y 50 ms de tiempo de respuesta, pues se considera el límite aceptable para proteger a las personas.

Pequeño interruptor automático (PIA)

Protege a la instalación frente a cortocircuitos y sobrecargas. Se emplea uno por cada circuito y la intensidad que puede soportar depende de las secciones de los conductores que se unan a él.

Suelen comercializarse según la potencia máxima del circuito que protegen (P = VxI: 10 A, 15 A, 20 A, 25 A, 40 A, etcétera) y por el número de polos que conectan.

Nota

Su grado de electrificación dependerá del número de suministros, por lo que no será el mismo para una vivienda habitual que para una nave industrial.

Actualmente, los cuadros eléctricos son módulos prefabricados, generalmente de plástico en forma de armario con puertas, que disponen de una estructura para fijarlos a la pared y que tienen las aberturas necesarias para las entradas y salidas de las canalizaciones. Contienen también las pletinas sobre las que fijar los dispositivos, la tapadera con las dimensiones exactas de los elementos y un espacio destinado a señalizaciones y nombramiento de los circuitos que los forman.

Cuadro de protección y maniobra

Importante

El dimensionado del cuadro será en función de los elementos a instalar, debe existir un espacio de separación entre cables para hacer eficaces los aislamientos de los mismos y del conjunto y debe cumplir con las normas vigentes en cada momento.

3.2. Tipos de esquemas de circuitos

Básicamente, conviene realizar dos tipos de esquemas: un esquema de potencias y un esquema de mando.

El esquema de potencia o primario

Representa la potencia transmitida a cada elemento de la instalación cuando este es accionado.

Esquema o circuito de potencia

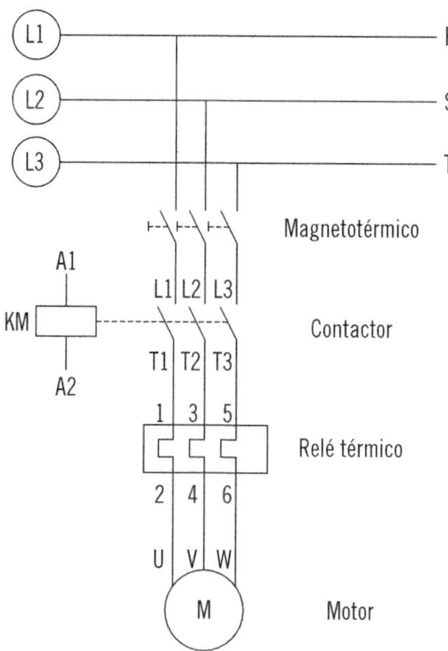

Nota

Para corriente trifásica, será de tres o cuatro hilos conductores y, para monofásica será de dos hilos.

El esquema de mando y señalización o secundario

Representa el control de los procesos y dispositivos que se hace mediante dispositivos de enclavamiento, de autorretención o temporizadores.

Nota

Para corriente alterna monofásica de 220 V o menos, se emplean dos hilos conductores.

Los objetivos que se persiguen al hacer dos representaciones son:

- Simplificar el esquema de la instalación en dos más sencillos.
- Ahorrar cables, pues el circuito de mando, de señalización o secundario es monofásico (muchas de las bombas empleadas en las instalaciones de climatización y ventilación-extracción no son trifásicas), por lo tanto pueden emplearse conductores de menor sección.
- Dispositivos de mando más simples, pues no se les exige lo mismo que a los circuitos de potencia.

Esquema o circuito de maniobra

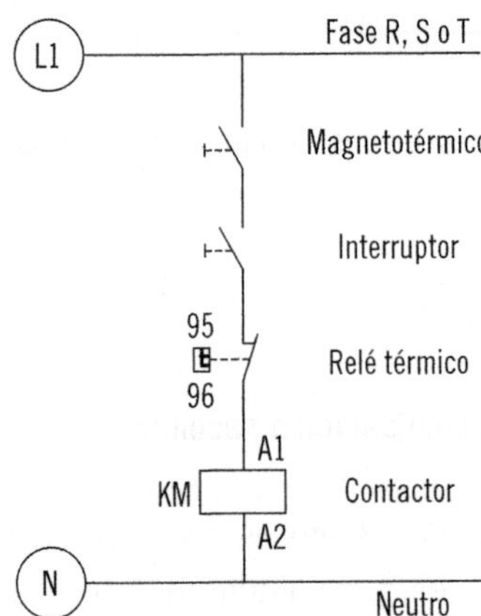

Aplicación práctica

El esquema o circuito de conexión es la unión del circuito de fuerza y el circuito de maniobra y sirve para ver con claridad las conexiones de los elementos de la instalación. ¿Cómo sería para un motor trifásico?

SOLUCIÓN

La ordenación sería la siguiente:

Circuito de conexiones de un motor trifásico

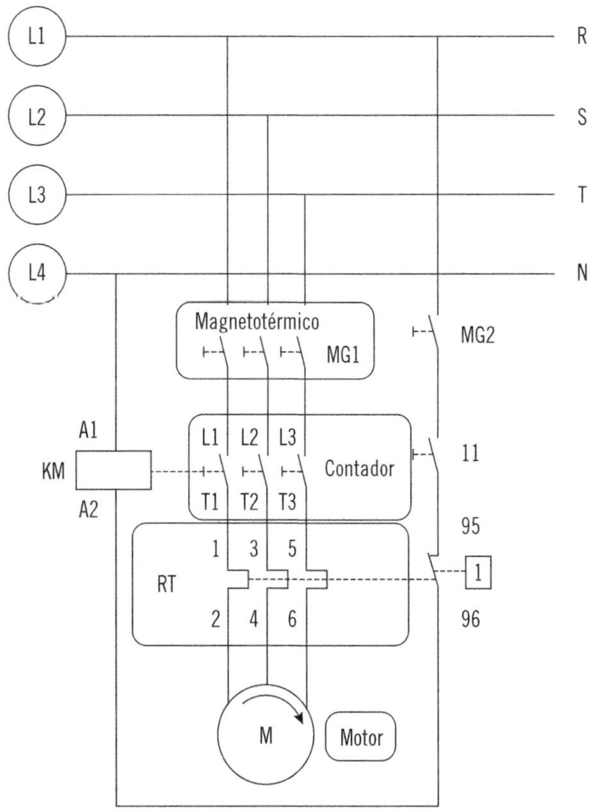

3.3. La instalación de baja tensión (AC)

Desde el cuadro general de baja tensión (BT) la instalación continua con el interruptor de control de potencia (ICP) visto anteriormente, el cual se instala justo antes del cuadro general del consumidor.

En el interior del cuadro general, se monta primeramente el interruptor general automático (IGA) o magnetotérmico general de protección. Lo siguiente es el interruptor diferencial (ID) y, por ultimo, cada uno de los interruptores magnetotérmicos (PIA) de los circuitos que formen la instalación.

En la salida del cuadro existirán tantas canalizaciones eléctricas como circuitos existan dentro, en cuyo interior se encontrarán los conductores.

Nota

A lo largo de una canalización, pueden interponerse tantas cajas de derivación y registro como hagan falta con el fin de evitar tendidos demasiado largos o curvas innecesarias.

Sabía que...

Actualmente los contadores inteligentes permiten, entre otras cosas, el control telemático (a distancia) de la potencia; lo que en la práctica supone poder ser usado como Interruptor de Control de Potencia (ICP); por lo cual no sería necesaria su instalación en el cuadro general del consumidor.

En cuanto a sección de conductores, dimensiones de tubos tráquea y de la separación de estos, entre ellos y respecto a suelos, paredes y techos, se puede consultar el REBT, que regula estos aspectos.

Caja de registro y derivación

Aplicación práctica

¿Qué aspectos se tendrán en cuenta al montar el cuadro eléctrico de una bomba compresora de una instalación de aire acondicionado? ¿Cómo se ordenarían algunos de los elementos que lo forman, según su función? Relacione para ello las funciones de la columna izquierda con los elementos de la columna derecha.

FUNCIONES	ELEMENTOS
	Disyuntores
	Voltímetros
Elementos de maniobra	Conmutadores
	Resistencias estatóricas
	Pulsadores de paro
	Pilotos de señalización
	Contador
Elementos de protección	Relés
	Indicadores de tensión
	Variadores de frecuencia
	Pulsadores de marcha
Elementos de medida	Amperímetros
	Fusibles
	Contactores

Continúa en página siguiente >>

<< Viene de página anterior

SOLUCIÓN

Se tendrá en cuenta que la caja que albergue estos elementos sea normalizada y aprobada por la empresa suministradora de energía.

Debe situarse en un lugar de fácil acceso para el personal autorizado y disponer de la rigidez suficiente para su manipulación. Las conexiones que lleguen a ella deben tener el aislamiento apropiado y estar conectadas a tierra.

Los elementos del cuadro eléctrico serán, según su función:

FUNCIONES	ELEMENTOS
Elementos de maniobra	Contactores
	Pulsadores de marcha
	Pulsadores de paro
	Conmutadores
	Variadores de frecuencia
	Resistencias estatóricas
Elementos de protección	Fusibles
	Relés
	Disyuntores
Elementos de medida	Amperímetros
	Voltímetros
	Contador
	Indicadores de tensión
	Pilotos de señalización

Aplicación práctica

Diseñe el cuadro eléctrico de una vivienda de más de 170 m², en la cual, además de los usos normales de vivienda, se disponga de sistemas de calefacción, climatización, ventilación-extracción y automatismos.

SOLUCIÓN

El esquema sería de un grado de electrificación elevado y del siguiente modo:

Esquema de instalación eléctrica

Grado de electrificación elevado

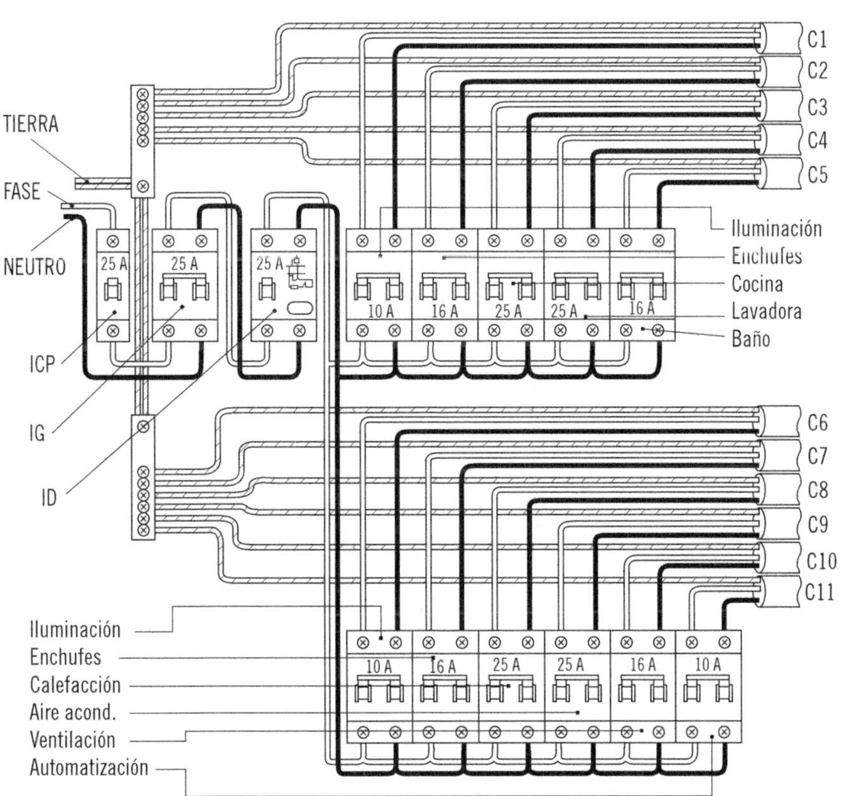

4. Conexión de máquinas y equipos

La calidad de las conexiones eléctricas es responsabilidad de los montadores que ejecuten la instalación y, aunque posiblemente solo ellos conozcan su complejidad, esta no debe repercutir en una disminución de la eficacia ni mucho menos de la seguridad, ni de los aparatos y dispositivos conectados a ellas ni de los usuarios que las utilicen.

La ejecución de los trabajos debe ser fiel a la instalación diseñada por los técnicos encargados, para lo que se debe seguir necesariamente:

- Los planos de diseño originales.
- Los esquemas y diagramas eléctricos.
- Las tablas, características y especificaciones técnicas de los componentes.
- La memoria de cálculo.
- Las medidas de protección establecidas.

Recuerde

Antes de la puesta en marcha de la instalación, esta debe ser inspeccionada y ensayada con la intención de verificar la correcta ejecución.

4.1. Consideraciones generales

A continuación, se comentan algunos aspectos a tener en cuenta durante la inspección de la instalación.

Tableros de protección

La estructura de la caja debe ser robusta y tener el tamaño apropiado. Debe ubicarse a la altura apropiada con las fijaciones correctas.

Se prestará atención a la salida y entrada de conductos, protecciones, barras, alambradas limitadoras, etcétera.

Puntos de empalme

Conductos, tableros, cajas y puesta a tierra deben estar conforme a lo expresado en los planos, en las posiciones correctas y sin suciedad.

Circuitos

La sección de las líneas de tensión y de los conductos ha de tener el tamaño apropiado.

Las cajas de derivación y registro deben ser resistentes y permitir el aislamiento de los conductores y las conexiones, dejando el espacio libre suficiente y evitando acumular suciedad.

Las cajas de interruptores y enchufes deben ser de calidad, con una entrada de conductos adecuada y un accionamiento mecánico correcto.

En cuanto a la puesta a tierra, debe ser de la sección adecuada, cumpliendo con el código de colores y con unas buenas uniones al cuadro de mando y a la barra de derivación clavada en la tierra.

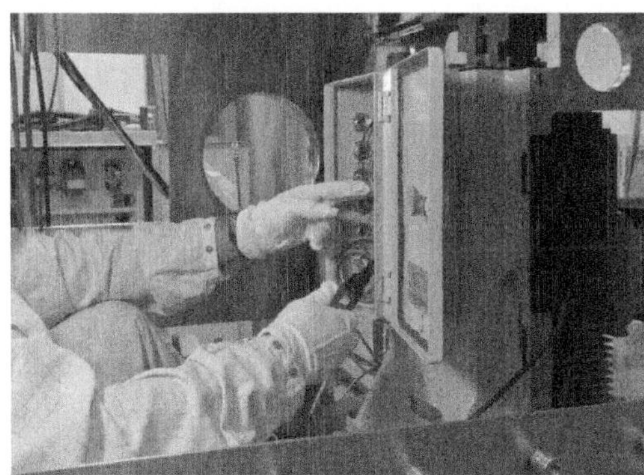

Revisión de cuadros de mando y maniobra

Importante

Deben ser accesibles totalmente para operaciones de inspección y reparación.

Durante la instalación y posterior revisión, se deben realizar los ensayos especificados por las normas, teniendo en cuenta lo siguiente:

- La continuidad de los conductores de tierra y las conexiones equipotenciales.
- La separación eléctrica de los circuitos.
- La resistencia de los aislantes.
- La resistencia de los electrodos de protección a tierra.
- La tensión de operación y de prueba.
- El correcto funcionamiento frente a contactos directos e indirectos.
- El correcto funcionamiento de dispositivos contra cortocircuitos y sobre cargas.

4.2. Cómo verificar la instalación

A continuación, se indican algunos de los procedimientos de verificación de la instalación.

Medición de aislamientos

Puesto que los aislantes perfectos no existen, debe verificarse el aislamiento entre cada conductor activo y entre estos y tierra.

Para ello, las instalaciones deben estar sin tensión, no haber ningún receptor de corriente enchufado y todos los interruptores conectados para permitir la continuidad de la corriente eléctrica.

La prueba consiste en conectar un generador de corriente *megger* de 500 y 1000 V, tal y como se muestra en las imágenes, y realizar la lectura de la resistencia de aislamiento.

Medición del aislamiento

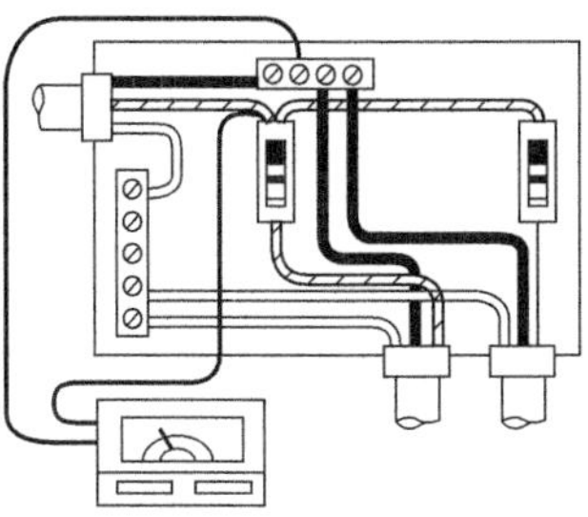

Medida de aislamiento entre conductores activos y tierra

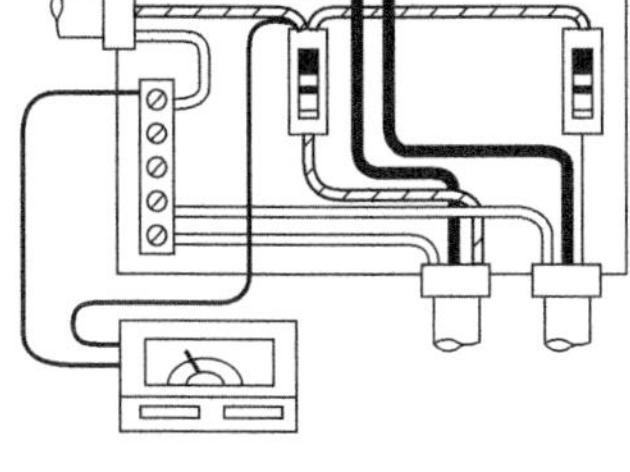

Medida de aislamiento entre conductores activos

Importante

Durante la medición no tocar las puntas del megger pues conducen corriente.

Medición de la puesta a tierra

La puesta a tierra tiene como objetivos:

- Desviar al suelo las corrientes que, por falta de aislamiento, hayan cargado eléctricamente la carcasa de los aparatos y equipos.
- Permitir la actuación de las protecciones, haciendo saltar el magnetotérmico antes de que a los 5 segundos el cable comience a fundirse.
- Controlar el voltaje de los equipos conectados, para que no superen los umbrales de seguridad.

Nota

Las mediciones se realizan sobre las protecciones contra contactos indirectos y son dos: realizar una medición de la protección a tierra o medir la protección diferencial a tierra.

El ensayo se realiza del siguiente modo:

- Se libera de energía toda la instalación.
- Se desconectan todas las puestas a tierra.
- Se mide con un instrumento especial la resistencia de la puesta a tierra.
- El valor medido deberá ser igual o menor a un valor de referencia calculado.

Nota

Para ello, deberá conectarse cada una de las puntas de aparato de medida a la pica o electrodo de tierra de la instalación y a otras dos picas igualmente clavadas a tierra a una distancia pertinente.

Medición de la resistencia del firme

Se emplea para establecer si un suelo es aislante y se realiza del modo siguiente:

- Se coloca en el suelo un paño cuadrado de 30 cm de lado y sobre él una placa de metal limpia de óxido, también cuadrada, pero de 25 cm de lado, sobre ella, una tabla de madera de igual medida y 2 cm de espesor y, sobre todo ello, una carga de 75 kg.

- Se realizan 3 mediciones de la tensión mediante un voltímetro de resistencia interna 3.000 ohm.
- Se considerará un suelo o firme aislante si alguna de las mediciones es superior a 50.000 ohm.

Medida de la resistencia de pisos

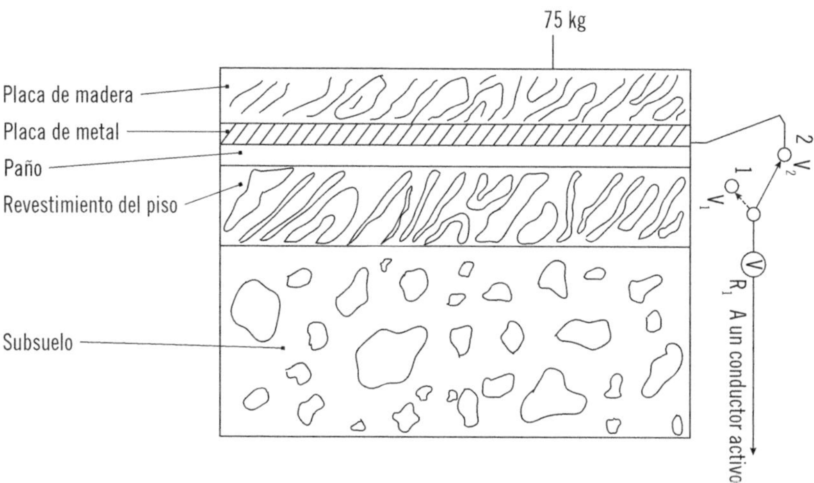

Otros ensayos

Además de las medidas anteriores, existen otros tipos de pruebas o ensayos.

Ensayo de polaridades

Se realiza para conocer las polaridades de los devanados de un transformador. Para ello, pueden usarse una fuente de corriente y un voltímetro.

Ensayo de tensión aplicada

Se emplea para la rigidez dieléctrica de los elementos de la instalación.

Consejo

Ha de tenerse en cuenta si se está operando en corriente continua o alterna, ya que de lo contrario puede averiarse el instrumento de medida.

Ensayo de funcionamiento

Una vez se ha finalizado el montaje, se verifica si el conjunto (cuadros, dispositivos accionadores, controladores, protectores, etcétera) funciona correctamente y conforme a la normativa aplicable.

4.3. Cómo proteger una instalación frente a rayos

Para que un pararrayos sea efectivo en la protección de toda una instalación eléctrica y de sus usuarios, es necesario que esté conectado a tierra de forma efectiva, esto es, que la resistencia de todo el sistema de tierra sea menor a 10 W.

Nota

Además, debe tenerse en consideración que la tensión generada al descargar el rayo no produzca bucles de inducción sobre otros aparatos eléctricos.

El sistema se compone principalmente de:

- La/s toma/s de tierra.
- Los anillos de enlace.
- El punto de puesta a tierra.
- Las líneas principales de tierra.

La toma de tierra

Consiste básicamente en un electrodo resistente a la corrosión, de cobre, acero zincado o galvanizado, que permite el contacto directo con el terreno de forma permanente.

El electrodo puede tener diversas formas, según el lugar donde se ubique, a fin de presentar más o menos resistencia:

- **Pica:** en forma de tubo de al menos 14 mm de diámetro y 2 m de largo, que se separarán como mínimo 2,5 m si se requiere emplear más de una.
- **Cable enterrado:** será de al menos 2,5 mm de diámetro y se enterrará horizontalmente a 50 cm bajo la superficie.
- **Malla:** puede ser un entrelazado de cables enterrados.
- **Placa:** se enterrará también a 50 cm bajo la superficie y sus dimensiones mínimas serán de 4 cm de espesor y 0,5 m^2, separadas por una distancia de 3 m y dispuestas en vertical.

Las líneas principales de tierra

Las forman los conductores que unen el pararrayos con todos los puntos de puesta a tierra, pero también con todos los elementos metálicos del edificio (tuberías de gas, de fontanería, estructuras metálicas del edificio, etcétera), a fin de asegurar una total y correcta descarga.

Importante

Se debe disponer al menos de 2 trayectorias de descarga a tierra para que esta sea lo más rápida posible.

Los anillos de enlace

Sirven para conectar entre sí todos los dispositivos eléctricos con la puesta a tierra por medio de entramado de conductores de sección mínima igual a 35 mm^2.

El punto de puesta a tierra

Es el punto de conexión de todas líneas principales de tierra y del anillo de enlace. Se localiza en un lugar aislado y protegido.

Sabía que...

Conforme al código técnico de la edificación el uso de pararrayos es obligatorio cuando:

- El edificio tenga una altura superior a 43 metros.
- En el edificio se manipulen sustancias tóxicas, explosivas o inflamables.
- La frecuencia de rayos que se espera que impacten en él sea superior a lo admisible (en función la ubicación geográfica, su superficie y situación respecto a otros, así como su estructura y uso).

Aplicación práctica

Suele ocurrir que, durante una tormenta, algún rayo alcance un edificio y produzca sobre los aparatos que se encuentran dentro de él algún tipo de interferencia electromagnética. ¿Cómo sería aproximadamente el croquis de la instalación de puesta a tierra que protegería el edificio?

SOLUCIÓN

El croquis sería el siguiente:

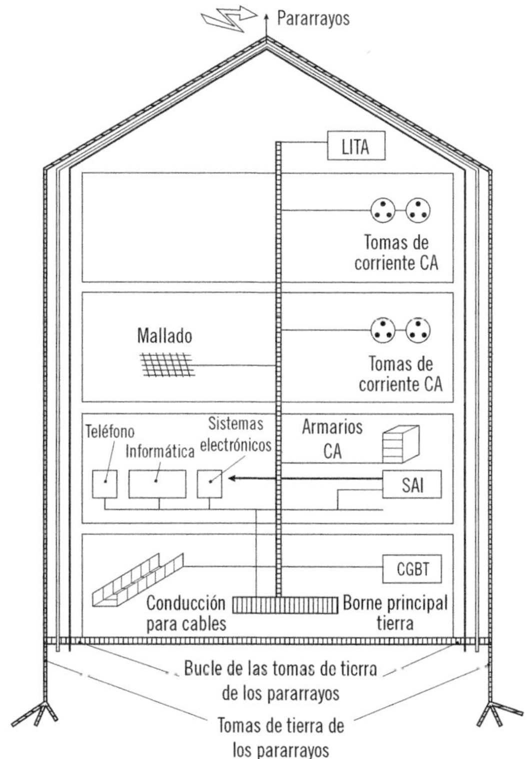

Instalación de protección contra rayos

4.4. Arranque de motores en instalaciones

En la mayoría de las instalaciones de climatización y ventilación-extracción, los motores empleados son de dos tipos: asíncronos monofásicos o asíncronos trifásicos.

En los primeros, la tensión es monofásica y se emplean dos devanados para el estator, uno principal y otro auxiliar de arranque desplazado 90° respecto al anterior, que permite inducir un campo magnético con la ayuda de un condensador para iniciar el giro del motor lentamente hasta que alcance unas revoluciones mínimas de funcionamiento.

Conexiones de un encendido monofásico

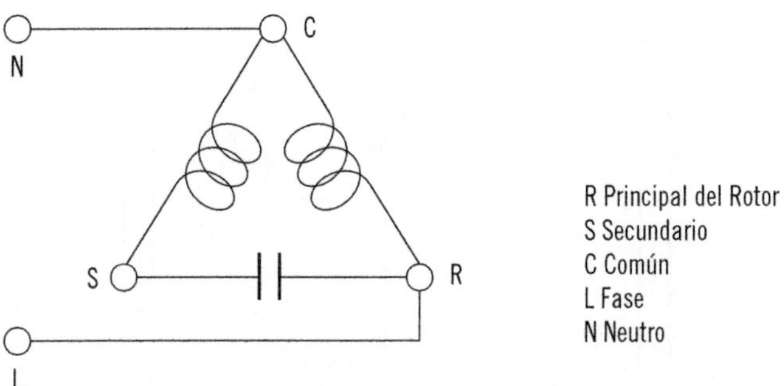

El condensador puede desconectarse una vez alcanzados los regímenes de operación o dejarse conectado para que el giro sea más estable.

Nota

Puede emplearse siempre que no se supere más de 1 kW de potencia aproximadamente.

En los motores asíncronos trifásicos, se cuenta con tres devanados desfasados entre sí 120° que, al aplicarles una corriente trifásica, generan un campo magnético constante que permite el giro estable del motor desde el primer momento.

Dependiendo de la secuencia de conexiones de los devanados (R, S, T), el motor girará en un sentido u otro.

Según su configuración y la intervención de la fase neutra (N), se contempla la configuración en triángulo y en estrella.

Conexiones de una configuración en triángulo y en estrella

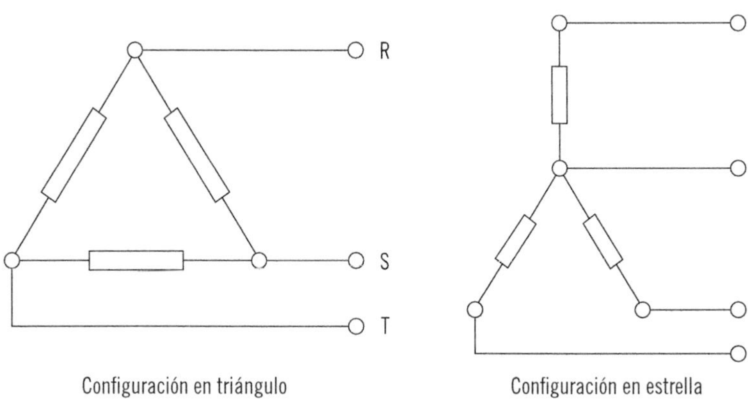

En estos motores trifásicos, existe el inconveniente de que, durante el arranque, se exige una intensidad hasta 8 veces superior a la nominal, lo que puede provocar una caída de tensión que afecte a la red. Para evitar esto, se presentan a continuación varios métodos de arranque de motores trifásicos.

Arranque directo

Empleado generalmente en motores de poca potencia, el bobinado se conecta directamente a la red y el arranque en un único tiempo. Durante el arranque, sufren una subida repentina de intensidad (hasta 8 veces la nominal), lo que provoca un golpe de par en el giro para iniciar la marcha.

Circuito de fuerza y de maniobra de un arranque directo

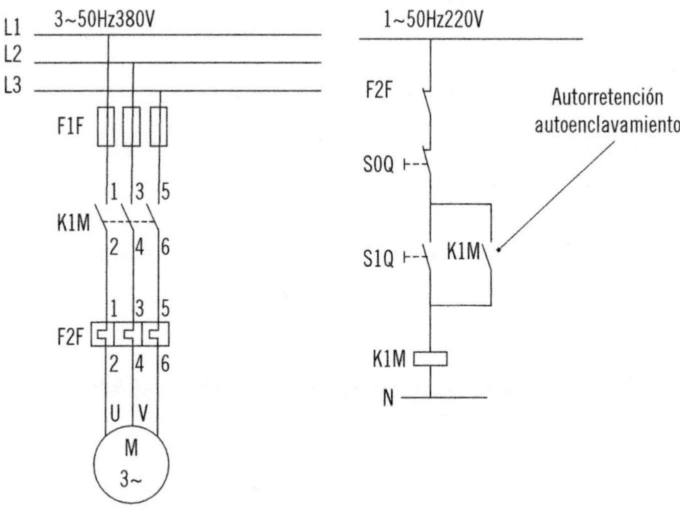

Arranque por estrella-triángulo

El arranque de estos motores se inicia con una configuración en estrella de sus tres devanados en la caja de bornes. Una vez el motor alcanza el 80 % de su velocidad nominal (cuando el par es máximo y la corriente está cercana a la nominal), se produce el cambio de los devanados a una posición de triángulo.

Caja de conexiones en estrella o en triángulo

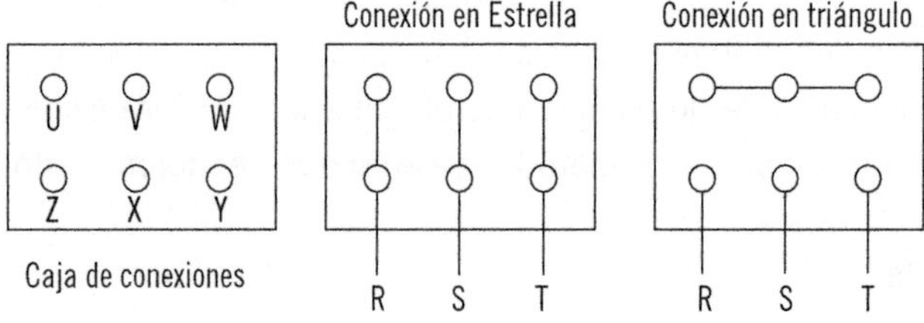

Mientras la configuración es de estrella, la tensión es aproximadamente del 57 % y su par es la mitad (50 %). Esta disminución de la intensidad permite generar el par de arranque que inicia la marcha del motor.

Nota

He aquí la explicación de por qué este tipo de arranque se limita a motores de máquinas que trabajan en vacío o que tienen un par de arranque pequeño.

En el cambio de una configuración a otra, se produce un pico de intensidad.

El sentido de giro del motor puede invertirse si se alteran las posiciones de los devanados en las cajas de bornes.

Circuito de fuerza y de maniobra de un arranque por estrella-triángulo

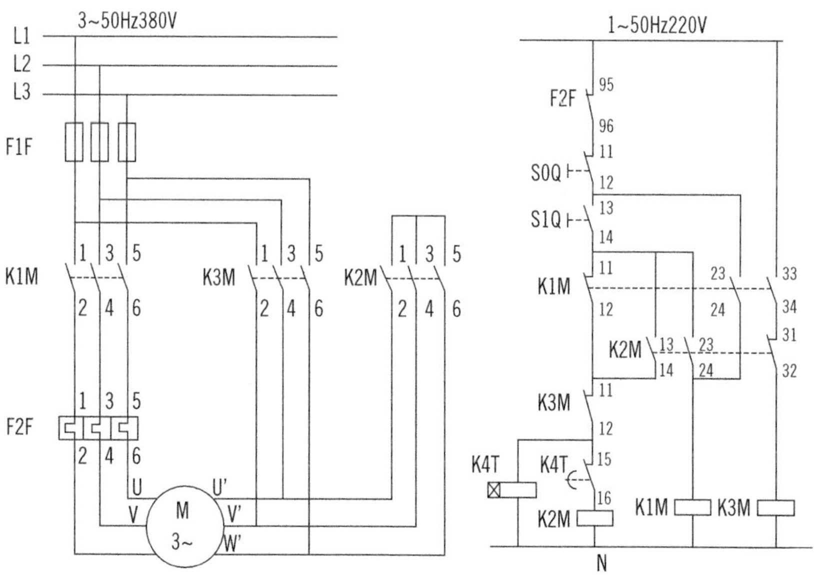

☒ Sistema de tracción con retardo magnético en la conexión

■ Sistema de tracción con retardo magnético en la desconexión

Arranque por resistencias estatóricas

Con ellas se consigue que, en los primeros momentos, la tensión que alimenta el motor sea mucho menor a la nominal. Para ello, se pone en serie con cada fase del estator una resistencia que posteriormente se cortocircuitará, gracias al empleo de un contactor temporizado.

Arranque por autotransformador

El autotransformador permite reducir la tensión inicial que alimenta al motor hasta que finaliza el arranque.

Nota

Aunque es similar al empleo de resistencias estatóricas, este método permite encender motores de mayor potencia (que requieren mayor par) sin tener que sufrir necesariamente un pico de intensidad mayor.

Arrancador estático

El convertidor estático (alterna-alterna) logra un aumento paulatino de la tensión de arranque.

Estos sistemas requieren un circuito de regulación para el arranque y otro para la potencia con la que opera el motor.

Nota

Al igual que se puede lograr un arranque progresivo, se puede lograr una parada progresiva.

Arranque por variador de frecuencia

Cuando el motor es asíncrono y trabaja en corriente alterna, la velocidad con que gire no depende de la tensión que lo alimente, sino de la frecuencia de la red, lo que se puede conseguir con un variador de frecuencia.

Empleando dos convertidores de red, uno de alterna a continua y otro de continua a alterna, se puede variar la frecuencia entre 0 Hz y la que tenga la red (por lo general 50Hz), y, por tanto, conseguir controlar la velocidad de giro desde 0 rpm hasta su velocidad nominal.

Aplicación práctica

¿Cómo se ordenarían de forma lógica los dispositivos que dan suministro eléctrico a un motor desde el cuadro maniobra y protección?

SOLUCIÓN

La ordenación sería la siguiente:

Ordenación de los dispositivos de suministro eléctrico

5. Automatismos eléctricos

Se conoce como automatismos eléctricos a todos aquellos dispositivos que forman parte de la instalación eléctrica y que están destinados a operar de forma independiente del operario, liberando a este de la ejecución del proceso.

En climatización y ventilación-extracción pueden emplearse multitud de ellos, de forma independiente o interrelacionados. Los más comunes se presentan a continuación.

5.1. Elementos de protección

Son los destinados a proteger los elementos de la instalación y a sus usuarios, por lo general interrumpiendo el suministro eléctrico, tal y como se ha visto en anteriores capítulos.

En muchas de las ocasiones, cuando se trabaja ligeramente por encima de la tensión nominal no actúan estos dispositivos de protección.

Importante

Si esta situación se prolonga en el tiempo, puede dar lugar a deterioros de parte de la instalación que pueden provocar con el tiempo un colapso inesperado, si no se llevan a cabo tareas de mantenimiento preventivo.

5.2. Elementos de la instalación

A continuación, se presentan los elementos que forman parte de los circuitos de potencia de baja tensión y de los cuadros de mando y protección, en los que se engloban los aparatos eléctricos empleados en instalaciones de climatización y ventilación-extracción.

Pulsador

Mantiene una sola posición: pulsador de inicio de marcha (o pulsador normalmente cerrado, al pulsarlo los contactos se abren y mantienen la circulación de corriente eléctrica mientras se mantenga pulsado) y pulsador de paro (o pulsador normalmente abierto, al pulsarlo los contactos se cierran cortando el suministro eléctrico mientras se mantenga presionado).

Pulsadores

Contactor

Permiten la circulación de corriente al cerrar unos contactos que se atraen por el efecto electroimán que se genera en la bobina del contactor al circular corriente por él.

Los factores que determinan la elección de un contactor son:

- Tensión de trabajo: continua o alterna a 12, 24 o 220 V.
- Número de aperturas y cierres previstos: cuantas más veces ocurran, mayor deterioro sufre.
- Corriente de servicio que lo atraviesa permanentemente.

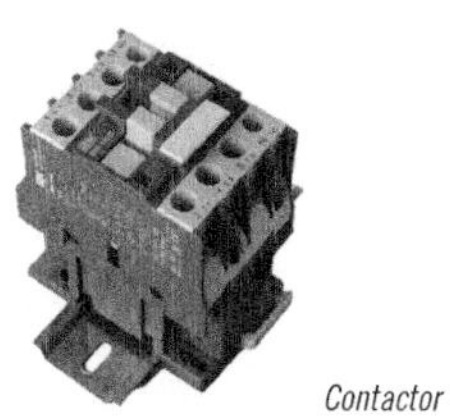

Contactor

Contactos auxiliares

Son módulos independientes que se acoplan al contactor para disponer de más contactos, normalmente cerrados o abiertos.

Contacto auxiliar

Relé

Aunque es un dispositivo de protección, por ejemplo del motor de la instalación, se desconectará cuando durante un tiempo determinado la intensidad de paso sea excesiva.

Nota

El relé puede actuar también como mando de maniobra.

Como se vio anteriormente, los relés pueden ser térmicos o magnetotérmicos.

Relé térmico

Relé magnetotérmico

Fusible

Actúa únicamente como protección frente a cortocircuitos. Consiste en un hilo de un espesor determinado que en caso de corto circuito se funde, interrumpiendo el paso de corriente. Los fusibles nunca se situarán en el interior del cuadro de distribución.

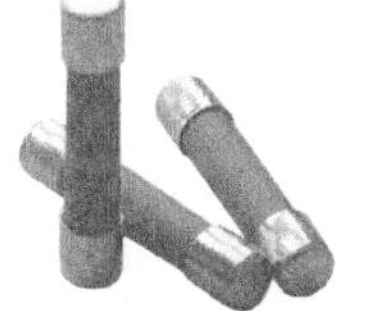

Fusibles para motores eléctricos

Importante

Los fusibles empleados para proteger motores deben soportar las puntas de tensión generadas en el arranque de los mismos.

Seccionador

Se emplea más en corrientes de media y alta tensión para interrumpirla durante labores de mantenimiento, conservando la distancia de seguridad necesaria entre los contactos.

Seccionador tripolar

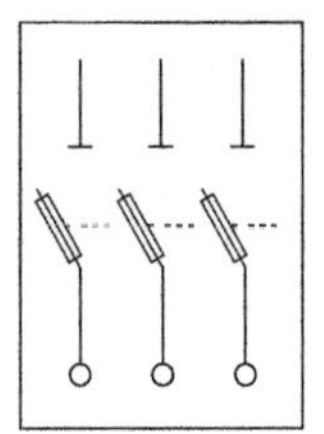

Seccionador tripolar con fusible intermedio

Disyuntor

También llamado interruptor de potencia, pues su función es poder interrumpir la corriente cuando esta es elevada.

Sabía que...

Es más fácil unir dos polos que separarlos cuando están operando.

Lo acciona un relé y, según sus características, le será más o menos fácil cortar la corriente, que puede ser de cortocircuito, de sobrecarga o la nominal.

Disyuntor o interruptor de potencia

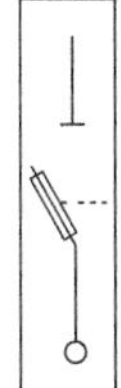

Interruptor

También llamado conmutador, es un dispositivo de maniobra para mantener cerrados o abiertos los contactos sobre un circuito o varios.

Los hay manuales, automáticos y diferenciales.

Interruptor

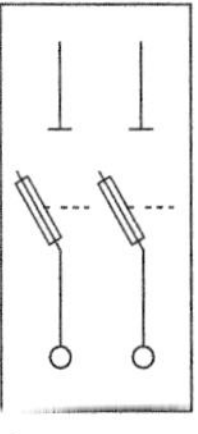
Interruptor bipolar

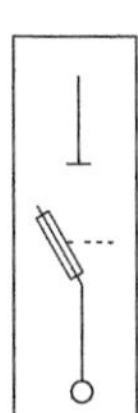
Interruptor unipolar

Interruptor de control de potencia (ICP)

Es un aparato que la empresa suministradora de energía eléctrica instala junto al cuadro general, según la potencia contratada, y que tiene como función cortar el suministro eléctrico en el caso en que se supere dicha potencia al conectar muchos aparatos simultáneamente, por lo que para no ser manipulado por los usuarios se encuentra precintado.

Temporizadores

Se emplean para determinar cuándo debe actuar o dejar de actuar algún dispositivo de la instalación o para sincronizar actuadores.

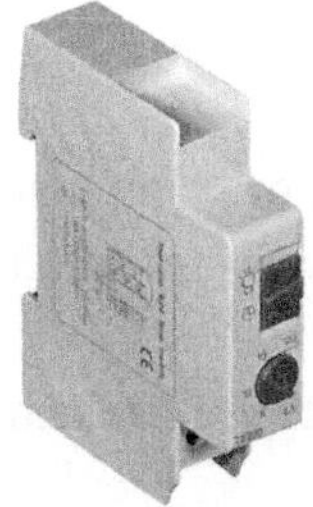

Temporizador eléctrico y analógico

Nota

Su funcionamiento es simple y permiten ser accionados por efecto térmico, neumático o electrónico, lo que les otorga una gran versatilidad.

Programadores

Estos dispositivos abren o cierran uno o varios contactos, alternativa o simultáneamente, según los tiempos que se hayan establecido para ello, mediante el reloj mecánico o electrónico que emplean.

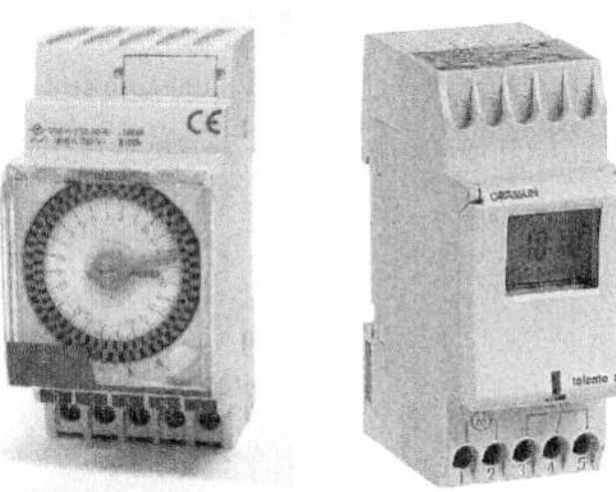

Relojes programadores analógico y digital

Arrancadores

Son automatismos que facilitan el arranque de motores, por ejemplo cuando estos disponen de un sistema de arranque por resistencias estatóricas o por configuración estrella-triángulo.

Arrancador estrella-triángulo

Conmutadores de doble alimentación

Se emplean cuando se interrumpe de forma inesperada el suministro eléctrico proveniente de la red exterior, haciéndolo de forma automática. Se alimenta la instalación desde otra fuente, por lo general un generador autónomo o una batería.

Nota

Además y conforme a las ITC, impiden que dos fuentes de energía funcionen simultáneamente sobre la misma instalación.

Inversores de giro

Cuando se emplean motores trifásicos, por ejemplo para equipos de ventilación-extracción industrial, puede necesitarse un cambio en la dirección del flujo, lo que se puede conseguir invirtiendo el giro del motor.

Inversor de giro con enclavamientos mecánicos

Importante

En el caso en que se empleen, deben de auxiliarse de un temporizador que asegure que el motor está totalmente parado antes de invertir el sentido de giro, para evitar picos de tensión que dañen la instalación.

Variadores de velocidad

Un buen modo de controlar adecuadamente el funcionamiento de motores es empleando estos variadores de velocidad en el comandado de la potencia.

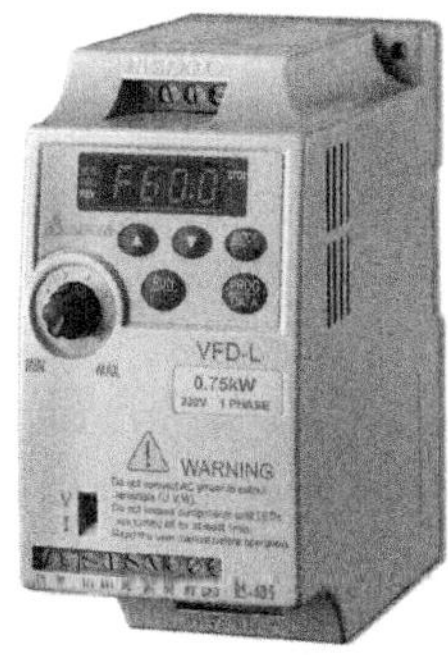

Variador de frecuencia

Algunos de ellos sirven incluso para iniciar la marcha cuando no se requiere un par excesivo.

Este tipo de automatismos permiten ser maniobrados por control remoto fácilmente.

Sabía que...

Algunos modelos actuales son electrónicos y logran una gran eficacia, gracias a que gestionan por separado la potencia eléctrica que les llega del funcionamiento que en sí tiene el aparato, empleando para ello dos módulos independientes.

6. Montaje y conexionado de equipos de control y regulación

Los sistemas de automatización, gestión de la energía y seguridad se instalan según sus constituyentes. Existen tres clasificaciones principales a este respecto:

- Sistemas que transmiten sus señales empleando la instalación eléctrica de baja tensión.
- Sistemas que transmiten sus señales por medio de cables específicos, tipo fibra óptica, cables coaxiales, etcétera.
- Sistemas que transmiten sus señales a través de ondas de radio, tipo infrarrojos, ultrasonidos, red de teléfono, wifi, etcétera.

Los sistemas domóticos pueden emplear todos o algunos de ellos en una misma instalación y estructurarlos en anillos, en árbol, en estrella o en línea (tradicional) o como combinación de ellos.

En cualquiera de los casos, los nodos, actuadores y, en general, cualquier dispositivo de la instalación deben cumplir con los reglamentos y directivas de seguridad que le sean aplicables, no solo en cuanto a compatibilidad electromagnética, sino también en cuanto a incorporar referencias a las instrucciones de uso y condiciones de operación, como pueden ser el uso de apantallamientos, filtros, tipo de cable, aislamiento, intensidad de corriente, etcétera.

Conforme a la ITC-BT-04 (Documentación y puesta en servicio de las instalaciones), las instrucciones de uso y condiciones de operación deben ser declaradas en el proyecto, sean o no relevantes para la instalación.

La instalación se ejecutará en principio bajo los mismos requisitos que cualquier otra instalación ordinaria, salvo en las ocasiones en que los dispositivos trabajen a muy baja tensión (como es el caso de los sistemas domóticos), en cuyo caso se deben seguir las siguientes restricciones particulares:

- Para señales que transmitan a través de la red eléctrica de baja tensión, la emisión de señales será de 3 a 148,5 kHz y deberá cumplir con la norma UNE-EN 50065-1:2012 relativa a la compatibilidad electromagnética.
- Para señales que transmitan a través de cables específicos, si el cable discurre por la misma canalización que los cables de BT, deben interponerse los aislamientos necesarios.
- Para señales que transmitan a través de una señal de radio y en especial las emitidas por radio frecuencia o redes de telecomunicación, se regirán por la legislación vigente (CNAF: Cuadro nacional de atribución de frecuencias).

6.1. Instalación de la unidad de procesamiento

Por lo general, cada fabricante dispone de su propio manual de montaje, al cual ha de referenciarse el operario para asegurar la correcta instalación de la unidad de procesamiento de la información.

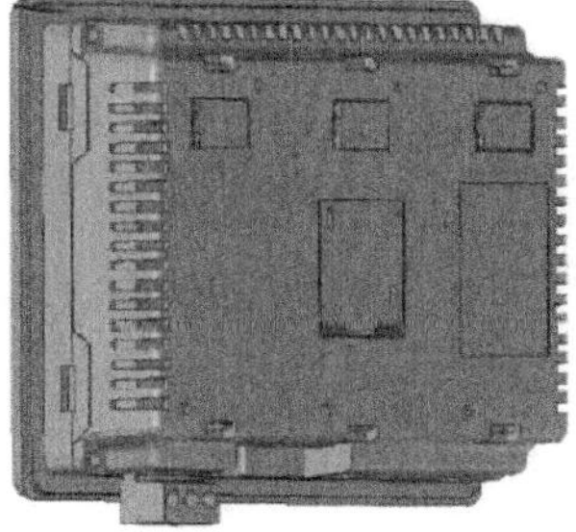

Unidad de procesamiento

Las reglas generales de montaje tienen en común lo siguiente:

- Respecto a la ubicación:
  - No se instalarán en zonas expuestas a ambientes nocivos, gases inflamables, polvos químicos, condensación, etcétera.
  - No serán expuestos a vibraciones o golpes mecánicos o cambios de temperaturas bruscos o temperaturas extremas.
  - Serán correctamente ventilados natural o forzadamente.
- Respecto a la accesibilidad:
  - Se instalarán lejos de máquinas eléctricas y equipos de mayor tensión, a fin de asegurar un óptimo funcionamiento y en previsión de labores de mantenimiento más cómodas.
  - Si se montan sobre una mesa o consola, debe preverse que entren con holgura y se disponga del espacio adecuado para el cableado y las conexiones.
- Respecto al montaje de la unidad:
  - Se verificará que se tienen todos los conectores y que son los adecuados, así como las tapas, juntas y embellecedores necesarios.
  - La carcasa de la unidad debe quedar fijada fuertemente y totalmente estanca tras su sellado.

Nota

Por lo general se comercializa un kit con los accesorios.

- Respecto al cableado:
  - Se confirmará que los conectores quedan enclavados en su lugar.
  - Ha de cerciorarse que la fuente de alimentación funciona a la misma corriente que la unidad (CA o CC).
  - Se emplearán los medios de aislamiento adecuados y se interpondrán los medios de protección necesarios contra sobretensiones, cortocircuitos, etcétera.

- Respecto a las comunicaciones:
  - Los puertos tienen dos funciones: conectar los dispositivos durante la programación y/o configuración y comunicar con otros dispositivos o con el PLC durante su funcionamiento normal.
  - Estos dispositivos cuentan con multitud de puertos de comunicación, COM1, COM2, USB, USB host, etcétera. Ha de verificarse la compatibilidad con el resto.

Conectores de centralita

Conector de alimentación

Puerto COM1

Puerto USB Host

Puerto USB

7. Software y programación de equipos

Los automatismos son sistemas que permiten el funcionamiento de máquinas y equipos con poca o ninguna intervención de personal.

El uso de relés, contactores, temporizadores y demás aparatos eléctricos se ha ido sustituyendo progresivamente por semiconductores, circuitos integrados y operaciones lógicas computerizadas que logran una mejor eficacia y ocupan mucho menor tamaño.

Sabía que...

Los primeros transfers controlados electrónicamente han dado lugar a multitud de autómatas programables o PLC (Program logia control), hasta el punto de que casi todos los fabricantes de automatismos tienen el suyo propio.

En el fondo, todos los autómatas programables se basan en esquemas eléctricos, pero cada uno tiene su propio lenguaje de programación.

En general, todos permiten revisar y tomar valores de determinadas variables y, en función de ellas, controlar los procedimientos automáticamente y su gestión de forma remota por medio de un *software* dedicado a ello.

Ejemplo

Estas variables pueden ser el nivel de apertura de una compuerta, la velocidad de giro en un motor, el nivel de refrigerante en un circuito o presión y temperatura en un punto de la instalación, etcétera.

Estos *software,* además, permiten archivar los datos y generar informes de evaluación, de control, etcétera, según los demande el usuario.

Nota

Tal vez los SCADA *(Supervisory control and data acquisition)* más conocidos sean STEP 7 de MicroWin o PL7 de Siemens, aunque existen otros como Omron, Allan Bradley o Modicon que tienen su propio ámbito de aplicación.

Las ventajas de su empleo pueden ser:

- No requieren elaborar esquemas ni emplear excesivos materiales, lo que abarata el proyecto.
- Permiten modificaciones sin tener que sustituir cables, aparetajes, etcétera.
- Cuadros eléctricos más simples.
- Menor coste de mantenimiento de la instalación.
- Disminuye el número de contactos eléctricos.
- Mayor fiabilidad del sistema.
- Permiten la autogestión y la determinación de averías.
- Un solo programa puede gestionar multitud de máquinas y equipos.
- Pueden ser reprogramados para cumplir otras funciones o cambiar de máquinas.
- La repetitibilidad de las operaciones da como consecuencia obtener siempre productos iguales.
- Adaptación a los entornos.

Entre los inconvenientes, están los siguientes:

- Requieren de personal especializado para realizar la programación y las operaciones de mantenimiento.
- Los costes de implantación son muy elevados.
- Nunca serán totalmente independientes de la gestión humana.

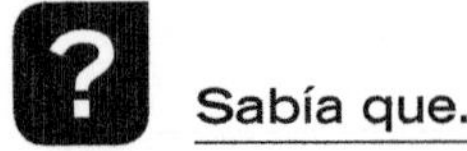

Sabía que...

El manejo de los *software* de gestión es bastante intuitivo; y conocidas las bases es fácil encontrar las similitudes entre ellos y aprender a operarlos.

7.1. Entorno del *software*

La mayoría de estos programas comparten los siguientes apartados:

- **Barra de menú:** si se despliega, se mostrarán todas las funciones que pueden realizarse.
- **Barra de herramientas:** permite acceder directamente a las funciones principales o aplicaciones personalizadas.
- **Barra de navegación:** muestra botones y desplegables de operaciones.
- **Árbol de operaciones:** presenta organizadas todas las operaciones realizadas y/o disponibles para editar.
- **Tabla de variables locales:** son las variables gestionadas por el programa mediante rutinas y subrutinas.
- **Editor de programas:** permite crear, modificar o eliminar rutinas del programa en cuestión, autorizando así modificaciones en el autómata.
- **Ventanas de resultados:** cuando los programas son compilados, muestran las soluciones de los mismos.
- **Barra de estado:** muestra las operaciones que se están ejecutando por el autómata.
- **Tabla de estado:** en ella pueden visualizarse las variables de entrada y salida del programa.
- **Bloque o iniciador de datos:** con él se visualizan y editan los contenidos de los bloques de programas creados.
- **Tablas de símbolos:** para asociar un símbolo a una variable, a un proceso o a cualquier otro ítem, permitiendo dejar una pantalla más despejada.

Recuerde

Los *software* de gestión empleados para un mismo uso; como puede ser gestionar una instalación de climatización o de ventilación-extracción, guardan muchas similitudes entre ellos; desde el número y tipo de señal captada, hasta la apariencia en pantalla del propio programa.

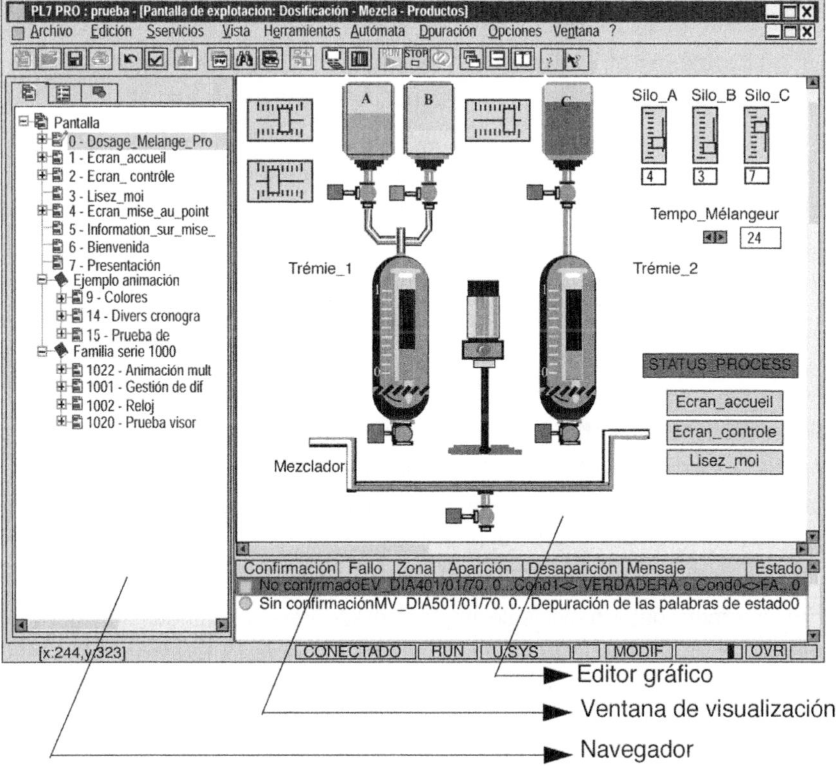

Ventana de un SCADA

7.2. Composición de un sistema de automatismos

Básicamente, los elementos que componen estos sistemas son:

- La máquina, aparato o sistema que va a automatizarse.
- Dispositivos captadores de información.
- *Software* de interpretación y gestión de la información.
- Personal humano encargado de manejar el sistema.
- Elementos de mando y actuación sobre las máquinas, aparatos o sistemas.

Secuencia de funcionamiento

Para desarrollar el concepto de funcionamiento, se va ha suponer que se trata un *software* de gestión de un sistema de climatización simple.

Partiendo de que la instalación está funcionando de modo normal, los captadores de información ubicados en las partes más relevantes del sistema recogen la información proveniente del compresor, de la unidad evaporadora, del condensador, de las canalizaciones de impulsión y retorno y de las bocas terminales de cada sala.

Un sistema de red de comunicación por cable o inalámbrica lleva la información desde los captadores hasta la unidad central de gestión de la información. Se trata de un *software* SCADA, que interpreta la información recibida y la traduce en unas variables parametrizadas que pueden ser interpretables a su vez por el personal encargado de la instalación.

El programa debe haber sido implementado para las condiciones normales de funcionamiento, esto es, para trabajar de forma automática siempre y cuando la información recibida, entre dentro de los valores establecidos de funcionamiento; de este modo, el programa tendrá la autonomía suficiente para gestionar los elementos de mando y actuación, que son variadores de frecuencia, válvulas, temporizadores, compuertas, etcétera, en función del valor de las variables que le llegan.

Ejemplo

En el caso planteado, podría modificar el régimen de giro de la bomba para adaptarse a la demanda, cerrar las bocas de impulsión de una sala vacía, regular la velocidad de salida del aire para no resultar molesto, regular la temperatura en una sala que está entrando en sombra, etcétera.

En cualquiera de las situaciones que se puedan plantear, el diseñador del programa debe haber previsto las circunstancias que se deben dar e implementarlas para que el programa las reconozca y pueda gestionarlas de forma autónoma.

Importante

En los casos en que el programa no sea capaz de gestionar la instalación o existan variables que entren en valores no aceptados de funcionamiento, debe alarmar al personal que gestione la instalación y permitirle actuar sobre el sistema de forma manual. Es por ello fundamental que el personal encargado conozca la instalación, su funcionamiento y sea capaz de entender el lenguaje de comunicación con el *software* autómata.

8. Automatismos

Los automatismos son aquellos dispositivos que operan sin intervención humana sobre algún actuador de forma continua o intermitente, en función de unos valores de variables que captan ellos mismos o a través de otro automatismo.

Los automatismos pueden ser clasificados de varios modos:

- Por su constitución:
  - Mecánicos: engranajes, poleas, levas, etcétera.

  - Hidráulicos: válvulas, pistones, etcétera.
  - Neumáticos: válvulas, pistones, etcétera.
  - Eléctricos: contactores, interruptores, sensores, etcétera.
  - Electrónicos: procesadores, bus de datos, etcétera.

- Por la forma de procesar la información:

  - Analógicos.
  - Digitales.
  - Programables.

- Según su gestión:

  - Abiertos: los valores de entrada y salida son independientes.
  - Cerrados: los valores de entrada influyen sobre los de salida y/o viceversa.

8.1. Tipos

En climatización y ventilación-extracción pueden darse todos o alguna parte de ellos, los más comunes (relés, sensores, contactores, etcétera) y otros que también pueden tener cabida en estas instalaciones se presentan a continuación.

Detectores de proximidad

Son semiconductores que conectan o desconectan la corriente al acercase algo físico a ellos.

Detectores de proximidad inductivo y capacitativo

Recuerde

Actualmente los automatismos son en su mayoría dependientes de impulsos eléctricos, por lo que debe evitarse que se vean afectados por fuentes electromagnéticas que distorsionen los datos captados.

Detectores de posición

Son dispositivos electromecánicos conocidos también como finales de carrera, pues, al detectar que se acercan al final del recorrido del mecanismo sobre el que se montan, conmutan un circuito, parando el mecanismo o indicando que se inicie otra operación.

Detectores de final de carrera

Recuerde

Un *software* nunca es totalmente independiente de la gestión humana.

Detectores fotoeléctricos

Detectan objetos o el paso de ellos a distancias variables, en función de la luz o de las sombras que proyecten, emitiendo una señal eléctrica.

Detectores fotoeléctricos

Contadores

Guardan en memoria el número de piezas, operaciones y cambios de fase en general, compartiendo la información con la unidad de control que le corresponda.

Contador

Nota

La mayoría de los contadores muestran la información mediante un display.

8.2. La forma de procesar la información

A continuación, se indican los modos de procesar la información de los automatismos.

Analógicos

Suelen ser empleados para controlar procesos continuos de máquinas industriales, como revoluciones en motores, temperaturas de calderas, velocidad de un flujo, etcétera, puesto que, aún hoy, la mayoría de ellos se basan en un movimiento mecánico de sus partes.

Digitales

Son hoy día los más extendidos y sofisticados; procesan la información mediante algoritmos matemáticos que son realizados por computadoras de diferente grado de complejidad.

Ejemplo

Desde un simple termómetro PID (proporcional integral derivativo) hasta el macroprocesador/controlador de una planta industrial.

Permiten ser operados a distancia por medio de redes de comunicación.

Programables

Son una evolución de los digitales, si bien existen también analógicos programables. Controlan desde una o pocas variables a todo un sistema global de control de una gran instalación desde un solo puesto de control.

8.3. Autómatas programables

Los automatismos han sufrido una mejora tan notable que incluso algunos modelos pueden considerarse en sí mismos computadoras de procesamiento de datos, lo que desde el punto de vista energético supone un gran ahorro eléctrico y de integración de los procesos de control.

Nota

Además, suponen una mejora de la instalación a nivel de respuestas más rápidas con poca inversión y más flexibles para diversos entornos.

En el mercado, pueden encontrarse hoy día unidades independientes para automatismos, cuyas características más notables son las siguientes:

- Fácil ubicación.
- Compatibilidad con multitud de captadores.
- *Software* intuitivo, con autodiagnósticos y conectable a PC.
- Funcionamiento ininterrumpido y fiable.
- Almacenamiento de la información.
- Pantalla táctil de bajo consumo.
- Fuente de alimentación de emergencia.

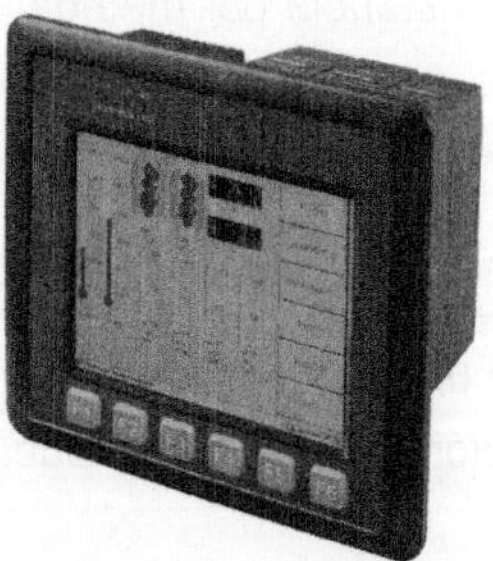

Unidad independiente automática

Sabía que...

Actualmente es común el uso doméstico de asistentes virtuales, como son: Alexa de *Amazon*, Siri de *Apple*, Bixby de *Samsung* o Cortana de *Microsoft*.

El uso e interacción con este tipo de inteligencias artificiales, permiten conocer determinada información, controlar, activar o desactivar una serie de funciones, aparatos, dispositivos, maquinas o sistemas del entorno tecnológico de forma remota, al estar conectados a internet.

9. Resumen

Las canalizaciones eléctricas que distribuyen la energía eléctrica deben cumplir con ciertas características y disponerse de determinada manera, tal y como se ha visto en este capítulo.

En cuanto a cuadros eléctricos, se ha indicado qué objetivos deben cumplir, cómo se componen y cómo pueden ser representadas las redes eléctricas y sus conexiones, haciendo hincapié en las instalaciones de baja tensión.

Se ha expuesto cuál es la secuencia de operaciones para el montaje de las instalaciones eléctricas, haciendo referencia a los aspectos más importantes, como son tableros, empalmes, circuitos, aislamientos o puestas a tierra.

En especial, para las instalaciones de climatización y ventilación-extracción, se han mostrado las formas existentes para arrancar los motores según sus características.

Asimismo, se han dado a conocer los elementos que forman parte de la instalación eléctrica (pulsadores, contactores, relés, fusibles, seccionadores, interruptores, ICP y otros menos usuales como temporizadores, arrancadores, programadores, etcétera).

Los equipos eléctricos han evolucionado hacia los automatismos programables y, en este capítulo, se ha explicado de qué forma se aplican a las distintas instalaciones, pero también se han introducido aquellos otros automatismos que se emplean en multitud de aplicaciones, algunas de las cuales pueden ser llevadas a las instalaciones de climatización y ventilación-extracción.

Ejercicios de repaso y autoevaluación

1. ¿Cuáles son los componentes de un cable eléctrico?

2. Indique algunos de los agentes externos que pueden afectar a las canalizaciones eléctricas.

3. ¿Qué objetivos persigue el reglamento electrotécnico de baja tensión REBT?

4. El esquema de mando y señalización o secundario representa el control de los procesos y dispositivos que se hace mediante dispositivos de enclavamiento, de autorretención o temporizadores.

   - ☐ Verdadero
   - ☐ Falso

5. ¿Cuántas formas de encender motores pueden emplearse si estos son trifásicos?

6. ¿Qué es el ICP de una instalación eléctrica?

7. ¿De qué modo pueden trasmitirse las señales con las que trabajan las unidades automatizadas?

8. Enumere al menos 7 de las ventajas de emplear sistemas PLC.

9. ¿Para qué sirven los dispositivos mostrados en la siguiente imagen?

10. ¿Qué características destacan de los autómatas programables?

Anexo

1 - APARATOS ELÉCTRICOS	
SÍMBOLO	DESIGNACIÓN
∿	Corriente contínua
$\overline{\sim}$	Corriente alterna
$\underline{\sim}$	Aparatos que pueden usarse indistintamente con corriente contínua o alterna
3 ∿ 50Hz 220V	Corriente ondulada o rectificada
N	Neutro
3N ∿ 50Hz 380V	Corriente alterna trifásica de 50 Hz y 220V
2 110V	Corriente contínua 2 conductores 110V
2N 220V	Corriente contínua 3 conductores 220V
+	Polaridad positiva
—	Polaridad negativa
△	Devanado trifásico, conexión triángulo
/ \	Devanado trifásico, triángulo abierto
Y	Devanado trifásico en estrella
Ɏ	Devanado trifásico en estrella con neutro accesible

Continúa en página siguiente >>

<< Viene de página anterior

1 - APARATOS ELÉCTRICOS	
SÍMBOLO	DESIGNACIÓN
	Incorporación de uno o varios conductores en un haz
+	Cruce sin conexión eléctrica
	Resistencia en caso de que no sea necesario especificar si es reactiva o no
R	Resistencia no reactiva
Z	Impedancia
	Inductancia
	Bobina devanado
	Condensador
	Tierra, toma de tierra
	Masa, toma de masa
	Masa puesta a tierra

Continúa en página siguiente >>

<< Viene de página anterior

1 - APARATOS ELÉCTRICOS	
SÍMBOLO	DESIGNACIÓN
 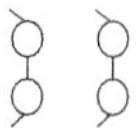	Bornes de conexión
	Motor
	Motor corriente contínua
	Motor corriente alterna
 	Motor inducción trifásico con rotor cortocircuitado
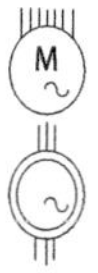 	Motor inducción trifásico con rotor cortocircuitado y con 6 bornes de salida estator
	Motor de inducción trifásico con rotor de anillos
 	Motor de inducción trifásico con estator con estrella con arranque automático en el rotor
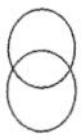 	Transformador con dos devanados separados
 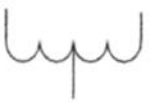	Autotransformador
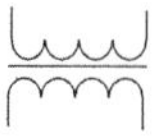	Transformador con núcleo
 	Contacto abierto en reposo

Continúa en página siguiente >>

<< Viene de página anterior

1 - APARATOS ELÉCTRICOS		
SÍMBOLO		DESIGNACIÓN
		Contacto abierto en reposo
		Contacto cerrado en reposo
		Contacto cerrado en reposo
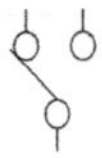		Contacto de conmutación bidireccional sin solape
		Contacto de conmutación bidireccional con posición neutral
		Dos contactos abiertos en reposo para cierres sucesivos
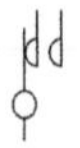		Dos contactos abiertos en reposo para cierres sucesivos
		Dos contactos abiertos en reposo para aperturas sucesivas
		Dos contactos abiertos en reposo para aperturas sucesivas
		Interruptor unipolar
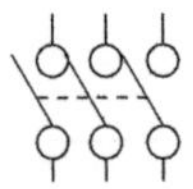		Interruptor tripolar

Continúa en página siguiente >>

<< Viene de página anterior

1 - APARATOS ELÉCTRICOS	
SÍMBOLO	DESIGNACIÓN
	Fusible, cortocircuito fusible
	Lámpara de señalización
	Indicador contacto de alarma
	Bocina
	Timbre
	Sirena
11 12 13 14 15 16 11 12 13 14 15 16	Regleta terminal
	Acoplamiento mecánico
	Acoplamiento mecánico, cuando el espacio disponible es muy limitado
	Sentido del movimiento de translación hacia la derecha
	Sentido del movimiento de translación hacia la izquierda
	Sentido del movimiento de translación en ambos sentidos
	Mando mecánico manual
	Mando mediante leva

Continúa en página siguiente >>

<< Viene de página anterior

1 - APARATOS ELÉCTRICOS	
SÍMBOLO	DESIGNACIÓN
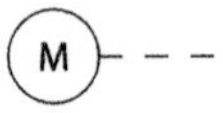 M	Mando mediante motor eléctrico
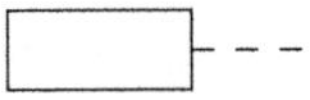	Mando electromagnético
	Arrancador automático
	Arrancador reostático
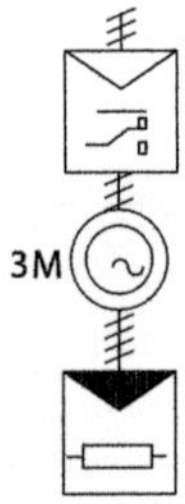 3M	Arrancador reostático rotório automático para motor asíncrono trifásico con arrancador directo y contadores para motor reversible
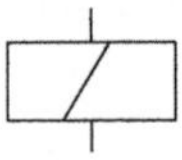	Órgano de mando (Bobina)
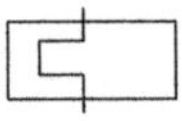	Órgano de mando de un relé térmico
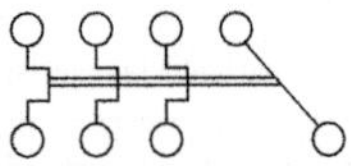	Relé térmico trifásico
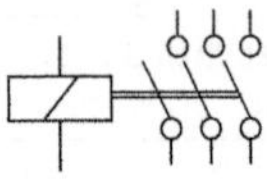	Contactor trifásico
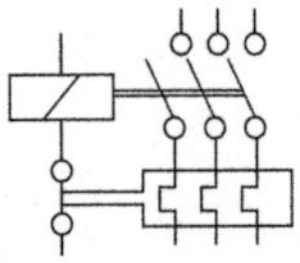	Contactor con relé térmico de sobreintensidad

Continúa en página siguiente >>

<< Viene de página anterior

1 - APARATOS ELÉCTRICOS	
SÍMBOLO	DESIGNACIÓN
A	Amperímetro
V	Voltímetro
	Pulsador que establece contacto al pulsar
	Pulsador que interrumpe el circuito al pulsar

2 - APARATOS PRINCIPALES	
SÍMBOLO	SIGNIFICADO
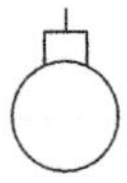	Compresor alternativo con carácter cerrado
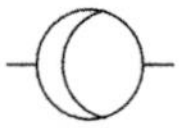	Compresor rotativo
	Compresor de otrnillo
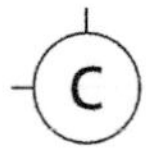 C	Compresor centrífugo
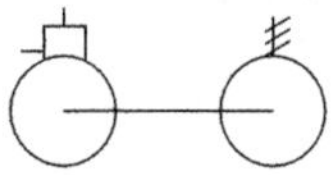	Conjunto motor-compresor a pistón (Acoplamiento directo)
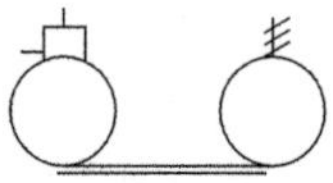	Conjunto motor-compresor a pistón (Acoplamiento por correas)
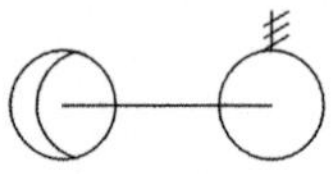	Conjunto motor.compresor rotativo (Acoplamiento directo)
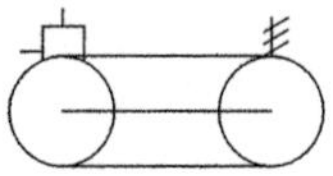	Conjunto motor-compresor a pistón (Hermético, hermético accesible o semihermético)
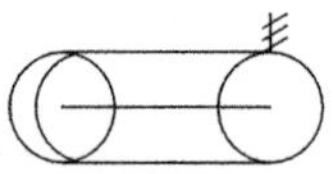	Conjunto motor-compresor rotativo (Hermético, hermético accesible o semihermético)
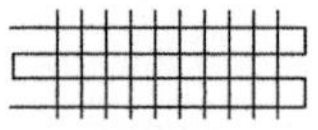	Condensador por aire por convección natural
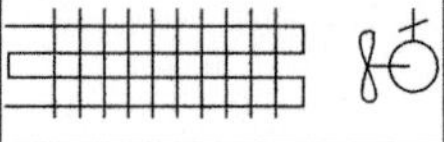	Condensador por aire por convección forzada

Continúa en página siguiente >>

<< Viene de página anterior

2 - APARATOS PRINCIPALES	
SÍMBOLO	SIGNIFICADO
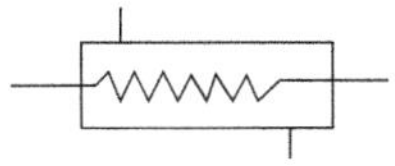	Condesador por agua de inmersión
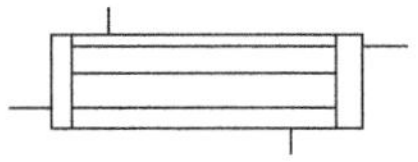	Condensador por agua multipolar horizontal o vertical
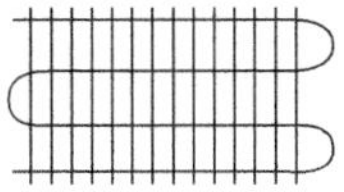	Evaporador (enfriador) de aire de convección natural
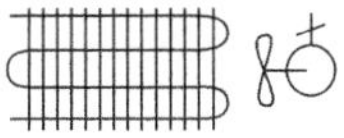	Evaporador (enfriador) de aire de convección forzada
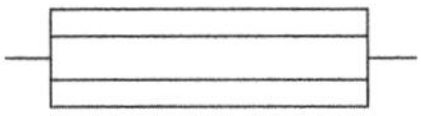	Condensador por agu de doble tubo
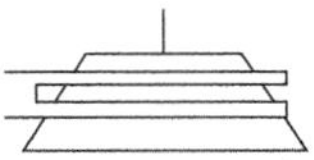	Condensador de lluvia
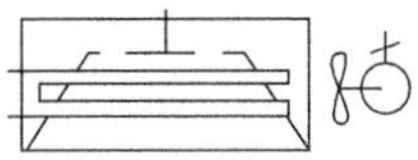	Condensador evaporativa (evaporación forzada)
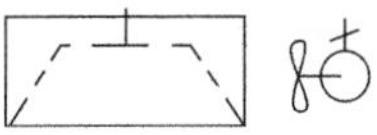	Torre de enfriamiento economizador de agua
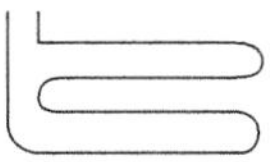	Evaporador (enfriador) de líquido (tipo indudado)
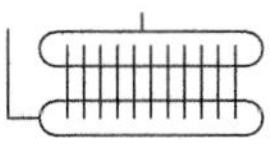	Evaporador (enfriador) de líquido (tipo indudado)
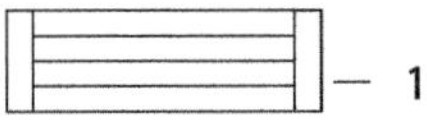	Evaporador multipolar

Continúa en página siguiente >>

2 - APARATOS PRINCIPALES	
SÍMBOLO	SIGNIFICADO
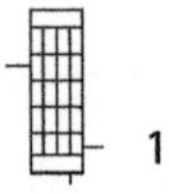 1	Evaporador multipolar vertical
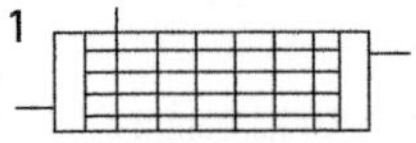 1	Evaporador multitubular. Exp. seca tipo R-717 (nh3)
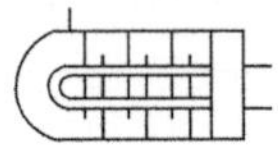	Evaporador multitubular exp. seca tipo R=12, R=22, R=502 etc. (Tubos en horquilla)
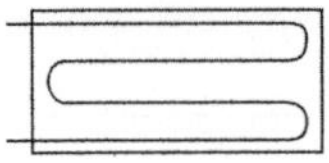	Evaporador tipo placa
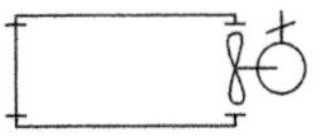	Evaporador lecho
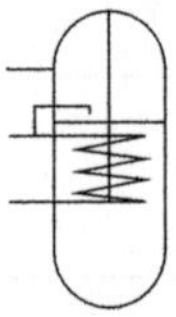	Evaporador intermedio vertical
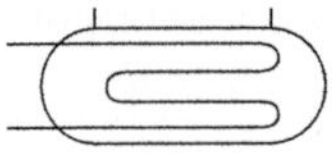	Evaporador intermedio horizontal
	Compresor centrífugo
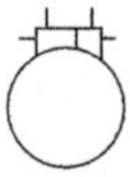	Compresor alternativo hermético
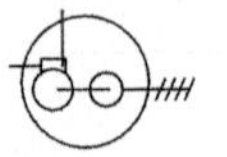	Motor-compresor alternativo hermético
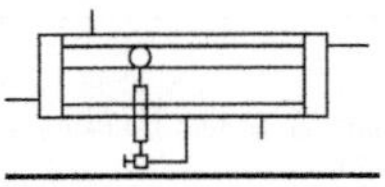	Condensador de agua multitubular con reserva de líquido

Continúa en página siguiente >>

<< Viene de página anterior

2 - APARATOS PRINCIPALES	
SÍMBOLO	SIGNIFICADO
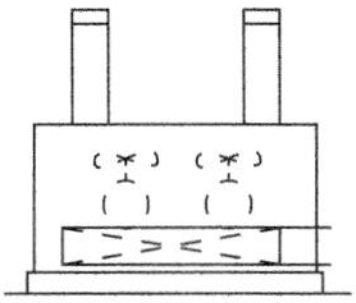	Condensador de aire por convección forzada con conductos distiribuidores
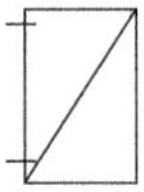	Batería refirgerante de agua fría o helada
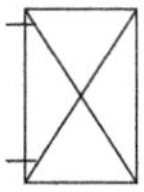	Batería de calentamiento co nagua caliente
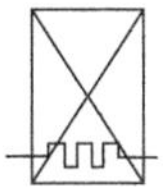	Batería de calentamiento eléctrica

3 - APARATOS ANEXOS	
SÍMBOLO	SIGNIFICADO
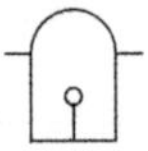	Separador de aceite
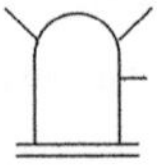	Depósito decantador de aceite
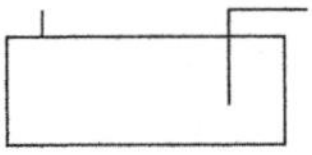	Recipiente refrigerante líquido horizontal
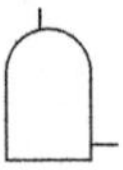	Recipiente refrigerante de líquido vertical
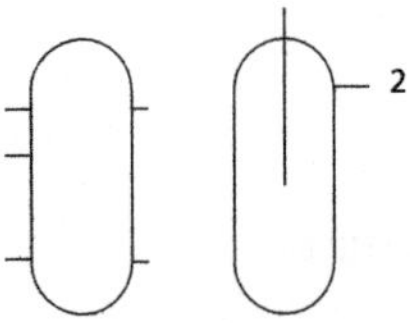 2	1. Separador de líquido (Indicar el número de salidas y retornos) 2. Separador de líquido
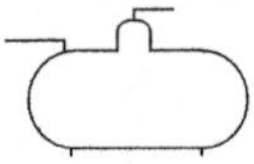	Separador de líquido horizontal (Indicar el número de salidas y retornos)
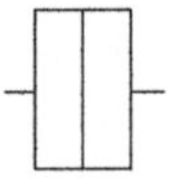	Filtros
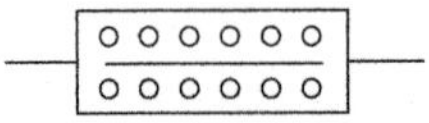	Deshidratador
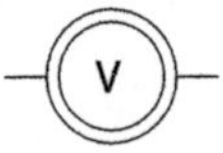 V	Visor de líquido
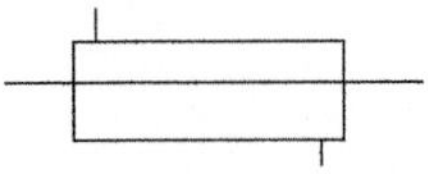	Intercambiador de calor

Continúa en página siguiente >>

<< Viene de página anterior

3 - APARATOS ANEXOS	
SÍMBOLO	SIGNIFICADO
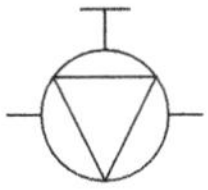	Válvula recta manual
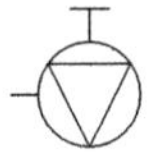	Válvula ángulo manual
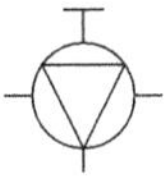	Válvula de tres vias manual o vñlvula del compresor con toma manométrica
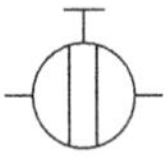	Válvula manual
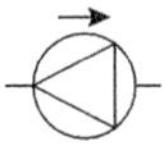	Válvula de retención
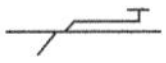	Tubería
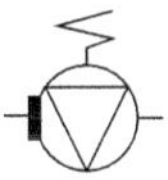	Válvula de seguridad
	Bridas
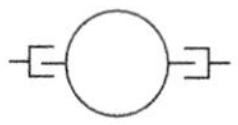	Empalmes roscados macho
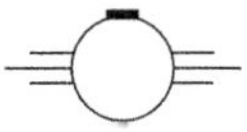	Empalmes roscados hembra
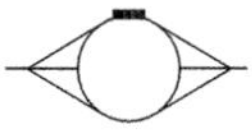	Soldado
	Accionamiento a mano

Continúa en página siguiente >>

<< Viene de página anterior

3 - APARATOS ANEXOS	
SÍMBOLO	SIGNIFICADO
	Accionamiento mecánico y eléctrico
	Accionamiento por le mismo fluido
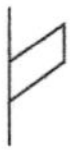	Accionamiento por el fluido auxiliar
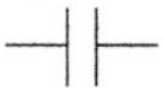	Unión por bridas
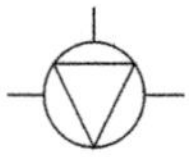	Válvula principal por accionamiento por piloto (indicar el tipo de depósito del piloto)
	Accionamiento por flotador
	Accionamiento por contrapesos
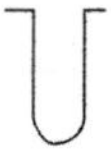	Manómetro de líquido de U
	Rotámetro (Medidor de caudal de líquidos y gases)
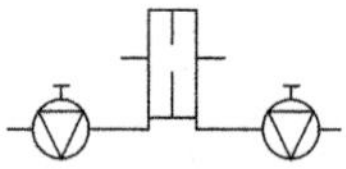	Diafragma
	Venturi
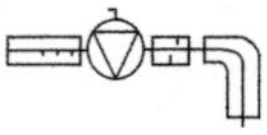	Tubería aislada
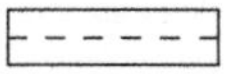	Filtro de aire
	Tramo de pulverizadores

Continúa en página siguiente >>

<< Viene de página anterior

3 - APARATOS ANEXOS	
SÍMBOLO	SIGNIFICADO
	Separadores de gotas
	Resistencias de calentamiento
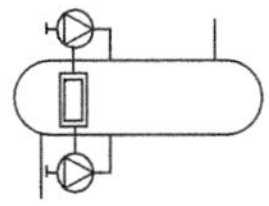	Recipiente de líquido con nivel reflector (Fluidos halógenos)
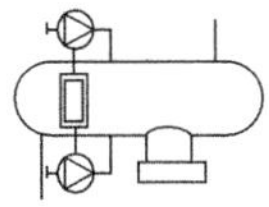	Recipiente de líquido con nivel reflector (Amoníaco)
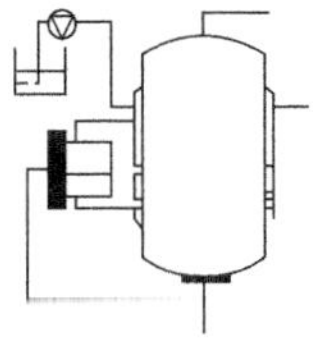	Purgador de aire automático
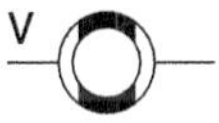 V	Visor de líquido con indicador de humedad
	Nivel de reflector
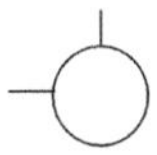	Bomba centrífuga de líquido
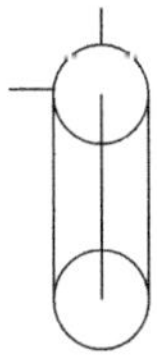	Motobomba de líquido (Hermético accesible)

Continúa en página siguiente >>

<< Viene de página anterior

3 - APARATOS ANEXOS	
SÍMBOLO	SIGNIFICADO
	Tubería accesible (Amortiguador accesible)
	Compensador de dilatación de curva completa
	Compensador de dilatación en forma de lira
	Unión por racores roscados

4 - APARATOS AUTOMÁTICOS	
SÍMBOLO	SIGNIFICADO
	Válvula expansión manual
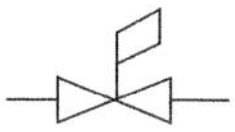	Válvula expansión automática
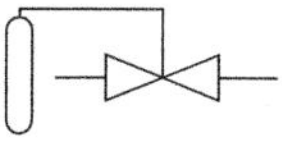	Válvula expansión termostática
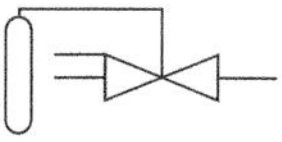	Vávula expansión termostática con igualador externo
	Tubo expansión capilar
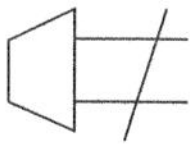	Distribuidor líquido (Indicar número de salidas)
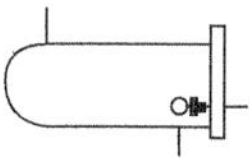	Válvula flotador alta presión
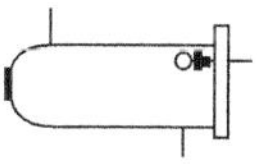	Válvula flotador baja presión
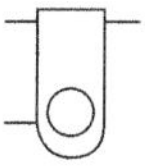	Regulador de nivel (Indicar modelo)
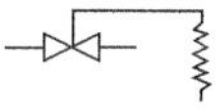	Válvula termostática de inyección
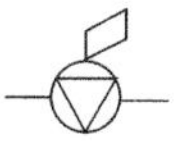 P.C.	Válvula de presión constante
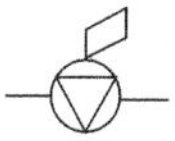 V.A.	Válvula de arranque
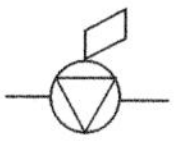 R.C.	Regulador capacidad

Continúa en página siguiente >>

<< Viene de página anterior

4 - APARATOS AUTOMÁTICOS	
SÍMBOLO	SIGNIFICADO
I.A.	Válvula de acción instantánea
E.n.	Válvula de estrangulamiento termostática
A	Válvula presostática de agua
	Válvula electromagnética o de solenoide
A	Válvula termostática de agua
B.P.	Presostato (Indicar baja o alte presión)
A.B.P.	Presostato combiando alta y baja presión
P.D.A.	Presostato diferencial de aceite o presostato de aceite
T	Termostato bilamina
T	Termostato con bulbo incoprporado
T	Termostato con bulbo y capilar
T	Termostato de evaporación

5 - APARATOS DIVERSOS	
SÍMBOLO	SIGNIFICADO
	Motor eléctrico
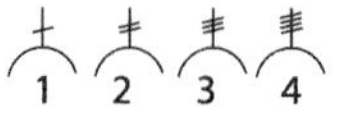 1 2 3 4	Motor eléctrico, tipos de alimentación: 1. Contínua 2. Monofásica 3. Trifásica 4. Polifásica
E	Bomba centrífuga
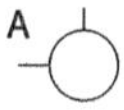 A	Ventilador centrífugo
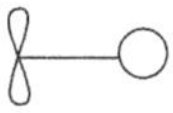	Ventilador helicoidal
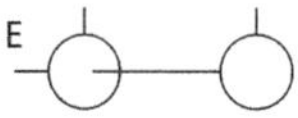 E	Bomba centrífuga de acoplamiento directo
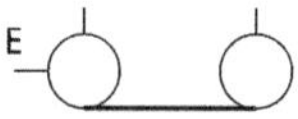 E	Ventilador centrífugo accionado por correa
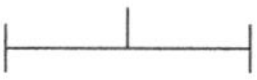	Rampa de agua
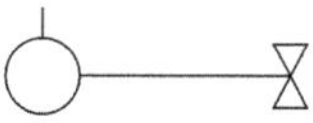	Agitador de líquido (Horizontal o vertical)
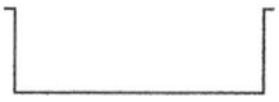	Tanque o depósito abierto
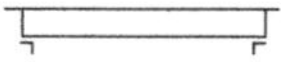	Tapa de tanque o depósito
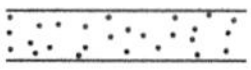	Bomba centrífuga
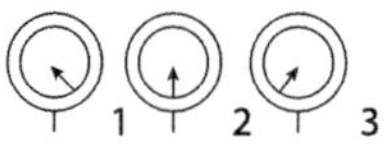 1 2 3	Manómetros 1. Baja presión 2. Presión intermedia 3. Alta presión
	Termómetro
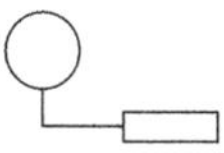	Termómetro a distancia

Bibliografía

Monografías

- GALDÓN, F.: *Curso de instalador de calefacción, climatización y agua caliente sanitaria.* Madrid: ETS Ingenieros Industriales, 2008.

- QUARI, N.: *Sistemas de aire acondicionado.* Buenos Aires: Alsina, 2001.

- VV. AA.: *Fundamentos de climatización: para instaladores e ingenieros recién titulados.* Madrid: Asociación Técnica Española de Climatización y Refrigeración, 2010.

- VV. AA.: *Instalaciones eléctricas en baja tensión.* Santiago de Chile: Procobre, 2003.

- VV. AA.: *Manual electrotécnico. Telesquemario.* Schneider Electric, 1999.

- VV. AA.: *Manual de consulta gestión de aprovisionamiento.* Price Waterhouse Coopers, 2010.

- VV. AA.: *Manual teórico práctico. Instalaciones eléctricas en baja tensión. Volumen 5.1.* Schneider Electric, 2007.

- WHITMAN, W. C.: *Tecnología de la refrigeración y del aire acondicionado.* Madrid: Paraninfo Thomson, 2000.

Legislación

- INSHT (Guías Técnicas). Instituto Nacional de Seguridad e Higiene en el Trabajo, 2011.
- Normas para la presentación formal de proyectos. Escuela Politécnica Superior, Universidad de Málaga, 2011.
- ITC (Instrucciones Técnicas Complementarias al REBT). Ministerio de Industria, Turismo y Comercio, 2009.
- REBT (Reglamento Electrotécnico de Baja Tensión). Ministerio de Industria, Turismo y Comercio, 2002.
- RITE (Reglamento de Instalaciones Térmicas en los Edificios). Ministerio de Industria, Turismo y Comercio, 2007.

Textos electrónicos, bases de datos y programas informáticos

- AENOR, Asociación Española de Normalización y Certificación, de: <http://www.aenor.es>.
- CENELEC, Comité Europeo para la Estandarización Electrotécnica, de: <http://www.cenelec.eu>.
- DirectIndustry, salón virtual de la industria, de: <http://www.directindustry.es>.
- Instituto para la diversificación y ahorro de la energía, de: <http://www.idae.es>.
- Legislación, Ingeniería Técnica Industrial, de: <http://www.coitiab.es/reglamentos>.
- PROCOBRE, Asociación Internacional del Cobre, de: <http://www.procobre.org>.